地图投影计算机代数分析

边少锋　李厚朴　著

国家自然科学基金项目（批准号：42122025、42074010、

42174051、42342024）资助出版

科学出版社

北京

内 容 简 介

本书将计算机代数分析方法应用于地图投影数学分析，借助具有强大符号运算功能的计算机代数系统，导出一系列理论上更为严密、形式上更为简单、精度上更为精确的符号形式的公式和算法。本书的主要内容包括：椭球常用纬度间变换计算机代数分析、椭球面在球面上的投影计算机代数分析、墨卡托投影计算机代数分析、圆锥投影计算机代数分析、高斯投影计算机代数分析、极区高斯投影计算机代数分析、地图投影变换计算机代数分析。

本书可供地图制图、地理信息、大地测量、航海导航、遥感、资源环境、城市规划等领域的科研技术人员，以及高等院校相关专业的高年级本科生、研究生阅读参考。

图书在版编目（CIP）数据

地图投影计算机代数分析/边少锋，李厚朴著. —北京：科学出版社，2024.9
ISBN 978-7-03-076411-9

Ⅰ.① 地… Ⅱ.① 边… ②李… Ⅲ. ① 地图投影-计算机代数-数值分析
Ⅳ. ①P282.1

中国国家版本馆 CIP 数据核字（2023）第 181662 号

责任编辑：杜 权/责任校对：高 嵘
责任印制：彭 超/封面设计：苏 波

科学出版社 出版
北京东黄城根北街 16 号
邮政编码：100717
http://www.sciencep.com
武汉中科兴业印务有限公司印刷
科学出版社发行 各地新华书店经销
*
开本：787×1092 1/16
2024 年 9 月第 一 版 印张：12 1/4
2024 年 9 月第一次印刷 字数：300 000
定价：118.00 元
（如有印装质量问题，我社负责调换）

《地图投影计算机代数分析》

撰写人员

主　笔　边少锋　李厚朴

成　员　纪　兵　陈永冰　李文魁

金立新　黄晓颖　刘　敏

李忠美　焦晨晨　汪绍航

陈　成　李松林　温朝江

李晓勇　亢怡心　朱　博

前言

地图投影是地图从生产到使用都不可缺少的数学基础，需要处理涉及参考椭球的各类数学分析问题，从而不可避免地会遇到大量的椭球偏心率幂级数展开、隐函数高阶导数求取、复变函数运算等一系列复杂的数学分析问题。受历史条件和分析手段的限制，这些问题主要依靠人工推导完成，不仅级数展开式的次数不会很高，而且导出的表达式烦琐冗长，计算效率不高；有时为了计算方便采取的近似处理难免会导致一些小的偏差，影响计算精度；有些算法则包含复杂的迭代计算，理论分析不甚方便；还有些算法表现为适用于特定参考椭球的数值形式，不便于推广应用。

计算机代数是研究利用计算机进行代数分析、代数推理和代数证明的一门新兴理论学科，计算机代数与计算机科学的结合产生了计算机代数系统。计算机代数系统能够进行大规模的代数运算，在一定程度上可以使科学研究和工程技术人员从枯燥烦琐的数学分析和代数推理中解脱出来，从而有效地提高工作效率。目前流行的计算机代数系统有Mathematica、Maple、Mathcad 等。近年来，作者利用计算机代数分析方法，借助计算机代数系统强大的数学分析能力，对地图投影领域中的一些典型数学分析过程进行了系统的研究，推导和建立了一系列理论上更为严密、形式上更为简单、精度上更为精确的地图投影新公式和新算法，实现了地图投影在一些具体数学分析问题上的突破和创新，丰富和完善了地图投影的理论体系。

全书共 9 章：第 1 章介绍地图投影研究进展、计算机代数及其在地图投影中的应用；第 2 章推导椭球常用纬度变换公式；第 3 章研究椭球面在球面上的投影；第 4～8 章分别利用计算机代数解决墨卡托投影、圆锥投影、高斯投影、极区投影、地图投影变换中的数学分析问题；第 9 章为总结与展望。

本书是在作者指导的多篇博士、硕士学位论文基础上完成的，甘肃铁道综合工程勘察院有限公司金立新教授级高级工程师，91001 部队刘敏高级工程师、李晓勇助理工程师，以及海军工程大学纪兵副教授、陈永冰教授、李文魁教授、黄晓颖博士、李忠美博士、陈成博士、李松林博士、温朝江博士、焦晨晨博士研究生、汪绍航硕士、亢怡心硕士研究生、朱博硕士研究生参与了本书的撰写、校对和修改工作。本书在撰写过程中得到了国家自然科学基金委员会地球科学部于晟副主任、冷疏影处长、程惠红主任的关心与支持。广西壮族自治区测绘地理信息局钟业勋高级工程师、海图信息中心丁佳波高级工程师、中国人民解放军战略支援部队信息工程大学孙群教授、中国人民解放军空军指挥学院任留成教授、武汉大学李连营教授、中国人民解放军海军大连舰艇学院黄文骞教授和李树军教授提出了许多有益的意见与建议，在此表示感谢。特别感谢国家自然科学基金项目（42122025、42074010、42174051、42342024）的资助。

由于作者学识水平有限，书中难免有不足之处，恳请各位读者同仁批评指正，作者的邮件地址是 sfbian@sina.com、lihoupu1985@126.com，不胜感激！

作　者

2024 年 3 月于武汉

目录

第1章　绪　　论

地图作为一种特殊的“语言”，是一种高度概括真实世界的抽象模型，具有解释地理空间结构和空间关系的功能，是一切与空间位置有关的自然和社会经济现象定位的依据。地图是一种数据可视化表达的载体，它承载了各类与位置相关的信息，与人类生产生活息息相关。高俊院士（2021，2004）认为，地图是人类空间认知的重要工具，无法想象一个没有地图的世界会是怎样的；王家耀院士（2022，2011）认为，作为人类三大通用语言（音乐、绘画、地图）之一，地图学是一门历经数千年形成且任何社会都不可或缺的科学；郭仁忠院士（2017）认为，地图既是人类认识世界的工具，也是人类改变世界的成果。

地图学的主要矛盾就是地球球面和地图平面之间的矛盾，为解决这一矛盾而建立的数学法则，即地图的数学基础，又称地图投影，是地图学的基础理论之一。地图投影是实现空间信息定位和可视化的基础，是空间信息的定位模型和基础框架。因此在高精度地理空间基准框架下，要将高精度的地理空间信息表征在可识别判读的各类地图产品上，就需要高精度、高效率的地图投影转换数学模型。不同投影方法展绘出的地图，尤其是世界地图，对全球整体结构如海陆分布、陆地相对位置关系等信息的表达都有所差异，会影响使用者对全球规模、地缘政治等方面的认知。

地图投影如此重要，且已经发展了几个世纪，但人们始终无法摆脱一个“地图投影困境”，那就是由于球面的不可展性，无法找到一种绝对完美、绝对正确、绝对“保真”的地图投影方法，将地球曲面准确描写在平面上。但为了得到更加理想的地图产品，国内外地图学家仍然在继续寻找看似最合适的投影几何变换。

本书以地图投影中各种数学分析和空间变换为研究对象，以各种投影数学模型和复变函数为基础，利用计算机代数系统强大的分析和代数运算能力，推导出一系列理论上更严密、形式上更简单、精度上更精确的地图投影非数值符号化公式，极大地提高地图投影数学分析过程的效率和计算精度，实现地图投影学特定领域某些数学分析过程的创新，一定程度上革新地图投影数学分析理论和算法。

1.1　地图投影研究进展

进入21世纪，地图投影学这座“大厦”可以说已经基本建成，但也并非尽善尽美，其数学模型、投影性质、投影变换等一系列理论与应用问题复杂而又美妙。许多地图投影数学问题仍需修补、完善，甚至革新。这一时期地图投影理论与方法研究的突破创新主要体现在以下几个方面。

1.1.1 经典投影算法优化研究

经过一个多世纪的发展，墨卡托投影、圆锥投影和高斯-克吕格投影（本书简称高斯投影）已成为航海导航、地图制图和工程测量等领域应用最广泛的几种投影方法，因此国内外的研究人员针对这几种经典投影方法的公式简化、参数计算、变形分析等问题开展了大量研究。

墨卡托投影方面，Osborne（2008）完整详细地推导并解释了球面和椭球面上的正轴、横轴墨卡托投影（universal transverse Mercator，UTM）理论公式，其专著 *The Mercator Projection* 是目前比较系统的墨卡托投影使用手册；Karney（2011）分别基于 Thompson 公式和 Krüger 级数展开公式将横轴墨卡托投影公式展开到更高阶，使横轴墨卡托投影正解公式精确度接近机器精度；李忠美等（2013b）证明了高斯投影是横轴墨卡托投影的一种特殊情形；金立新等（2012）通过建立斜轴参考椭球，研究了斜轴墨卡托投影的新方法，该方法适用于沿大椭圆方向的区域。

圆锥投影方面，刘宏林等（2010）针对透视圆锥投影、切比雪夫投影和等面积多圆锥投影进行了系统研究，建立了一系列新的圆锥投影算法；Martina 等（2015）对圆锥投影的标准纬线选取进行了讨论。

高斯投影方面，Kawase（2013）推导了高斯投影中广义坐标转换的简明公式，并研究了子午弧长计算的一般公式及其在高斯投影坐标转换中的应用；过家春（2020）基于复分析中全纯函数的定义，以严密的数学语言定义了高斯投影，推导了一组高斯投影 Lee 公式反函数的级数表达新公式，实现了基于 Lee 公式的高斯投影正反算非迭代过程，揭示了高斯投影的本质过程，并补充分析了正轴墨卡托投影和高斯投影的定义域、奇异点和投影区域的边界特征等性质。

1.1.2 高斯投影复变函数表示

针对传统高斯投影公式复杂冗长，且需要换带计算的问题，边少锋等（2001）根据复变函数的保角性质，将高斯投影基本变量由实数域向复数域开拓，推导了不分带的高斯投影复变函数表示公式，以及复变函数表示的长度比和子午线收敛角公式；为了计算方便，李厚朴等（2009）进一步推导了非迭代的高斯投影复变函数公式，刘强等（2015）推导出了球面高斯投影的闭合公式；在此基础上，边少锋等（2016）将高斯投影复变函数公式实虚部分离，推导出了不分带高斯投影实数公式；为解决极点处的奇异性问题，边少锋等（2017）和李忠美等（2017）引入复数等角余纬度的概念，推导了极区非奇异高斯投影正反解公式；此外，根据高斯投影复变函数表示的方法，李厚朴等（2012b）将常用等角投影及其解析变换进行重新表示，李忠美等（2013）证明了高斯投影与横轴墨卡托投影的等价性，刘强（2016）利用复变函数实现了高斯投影换带，刘大海（2011）研究了高斯投影复变换的数值计算方法。

将复变函数用于高斯投影的分析研究，推导的公式有效避免了传统高斯投影分带的问题，并且更加便于理论分析和数值计算，是近年来高斯投影研究的重要创新。

1.1.3 极区地图海图投影研究

蕴藏着丰富能源资源和具有重要战略价值的两极地区日益成为大国利益争夺的焦点，因此极区地图海图投影成为近年来地图投影研究的一大热点。早在20世纪中叶，美国、加拿大、苏联等国家就开始致力于极区投影的研究。Beresford（1953）、Dyer（1971）、Hager等（1989）、Naumann（2011）分别对极区投影的选择进行详细的研究，大致形成极球面投影、日晷投影、横墨卡托投影、等角圆锥投影几种代表性观点。Skopeliti等（2013）通过比对和分析各种投影微分圆与微分椭圆的变形，对不同极区范围应该采用何种投影做了细致的分析，认为不同的极区范围应该采用不同类型的投影。

国内研究方面，王清华等（2002）认为适合于南极地区的地图投影主要有等角极方位投影、通用横轴墨卡托投影和兰勃特等角圆锥投影等，鄂栋臣等（2011）在此基础上分析了中国在南极地区坐标系统的建设情况；李树军等（2012）讨论了墨卡托投影、日晷投影、米勒投影、通用极球面投影和等角斜轴圆柱投影在高纬度地区的适用性，认为墨卡托投影和日晷投影均可用来编制北极航海图；李忠美等（2017）系统研究了极区高斯投影的数学模型，并引入复变函数表示方法，推导出了极区不分带高斯投影复数公式，解决了传统公式在极区的奇异现象，并与常用的日晷投影进行比较，结果表明，极区高斯投影比日晷投影具有更好的变形特性。此外，温朝江等（2015）、张志衡等（2015）、刘文超等（2019）针对极球面投影、等距离正圆柱投影、横墨卡托投影等常用极区投影的正反解、可用性和误差分析等问题开展了大量研究。

1.1.4 空间地图投影理论研究

空间地图投影是伴随卫星遥感制图学发展产生的，不同于传统静态二维的地图投影，这是一种四维空间（考虑了时间变化）与二维平面之间的一一映射。空间地图投影概念最早在1974年由美国地质测量局的Colvocoresses提出，随后学界对空间地图投影开展了广泛的研究，取得了一批显著的成果，丰富了空间地图投影的理论、算法和应用体系。特别是Junkins等（1977）和Snyder（1987）分别用不同的方法建立的空间斜轴墨卡托（space oblique Mercator，SOM）投影算法，是迄今为止应用最广泛的空间地图投影算法。在此基础上，我国地图投影学专家任留成教授又系统研究了空间透视投影、空间高斯投影、空间斜轴圆锥投影、空间斜轴方位投影等一系列投影算法，并先后出版了《空间投影理论及其在遥感技术中的应用》（任留成，2003）和《空间地图投影原理》（任留成，2013）两部专著，有效地推动了空间地图投影研究，提高了我国空间地图投影学在国际上的地位。

1.1.5 基于流形映射的地图投影分析

不同于传统椭球几何学对地图投影的解释，德国斯图加特大学Grafarend教授在其专著*Map Projections: Cartographic Information Systems*中，从流形映射角度分析了地图投影的数学本质，指出地图投影的本质是二维黎曼流形地球椭球面或球面（或看作一维复流形）与二维欧氏平面（或看作一维复平面）的局部流形映射，揭示了地图投影基本矛盾的内涵，将地图投影研究从欧氏空间拓展至黎曼空间（Grafarend et al.，2014）。过家春（2020）在此基础上，较为系统地推导、演绎了几何大地测量与地图投影的相关理论和方法，从共形映射的角度分析了等角投影的一般性原理，总结了等角投影的充分必要条件，纠正了过去将等角条件等同于柯西-黎曼条件的认识，并以严密的数学语言给出了等角投影的一般定义，在一定程度上丰富和革新了经典地图投影理论。

1.1.6 Fibonacci 晶格变形评估方法

传统地图投影变形分析一般关注的是经纬线网格的变形，但由于子午线收敛，这种变形分析显得非常不均匀。西班牙学者 Baselga（2018）基于斐波那契（Fibonacci）晶格理论，提出一种新的变形分析与评估方法，并且基于该方法对兰勃特等角圆锥投影参数进行优化，使欧洲地区的投影变形降低了 10%，同时分析了西班牙地区的最佳标准纬线选择问题。结果表明，应用 Fibonacci 晶格评估地图投影变形系数，其性能明显优于传统基于经纬线网格的分析方法。

1.1.7 交互式地图投影设计软件

瑞士苏黎世联邦理工学院的 Jenny 等（2008）开发了一款设计世界地图投影的交互式软件，将其命名为 Flex Projector，并利用该软件设计了 Equal Earth 地图和 Natural Earth 地图等一系列新的世界地图。该软件允许制图人员自由定义经纬线长度比和纬线圈间距等参数，从而产生特定的地图投影。其数学原理是将投影公式写成多项式形式，根据特定纬度上的变形值来反解多项式系数，从而得到数值的投影公式。这不同于传统的解析投影，不仅形式上更灵活，而且打破了地图投影设计专业壁垒，使任何一个不懂地图投影理论的非专业人员可以根据需要定制所需的世界地图。该软件的局限性在于只能开发伪圆柱投影，且只适用于世界地图。

上述几种典型的地图投影新理论、新方法革新了人们对经典地图投影学的理解和认识，也在一定程度上反映了近期地图投影学的创新发展。这为进一步深入研究地图投影算法、解决地图投影新旧数学问题提供了很好的参考。

此外，国内外地图投影学者还在投影公式改进、投影参数估计、地图投影反解、地图投影选择、不规则质体表面的投影等方面也取得了一定成果。尤其是国外的 Grafarend 等（2014）和国内的吕晓华等（2016）、黄文骞等（2022）、李连营等（2023）在系统总结前人研究成果的基础上，对地图投影理论和方法进行丰富完善，出版了一系列地图投影专著、教材和参考书，已成为制图和导航人员重要的参考资料和测绘导航学科的经典教材。

1.2 计算机代数及其在地图投影中的应用概述

计算机代数系统是计算机科学与数学分析和代数推导相结合的产物。与数值运算不同的是，这类系统的最主要用途是完成符号的运算，即从公式到公式的解析运算，它们的运算对象是符号，而不必赋给每个符号具体的数值。计算机代数系统的优越性主要在于它能够进行大规模的代数运算，在一定程度上可以使科学研究和工程技术人员从枯燥烦琐的数学分析和代数推理中解脱出来，从而有效地提高工作效率。计算机代数系统作为一门新兴的学科工具，使人们认识数学和解决数学问题的方法发生了深刻的变化，因此得到了比较广泛的应用。

国际上，从 20 世纪 90 年代开始，计算机代数系统就在大地测量领域得到了应用。德国斯图加特大学 Grafarend 教授曾用 Mathematica 计算机代数系统对大地测量涉及的许多典型算法的非线性问题（如后方交会、GPS 伪距定位、空间基准变换和摄影测量定位）进行了研究，取得了令人瞩目的研究成果，2005 年他与学生 Joseph Awange 博士合作出版了专著 *Solving Algebraic Computational Problems in Geodesy and Geoinformatics*，2010 年出版了专著 *Algebraic Geodesy and Geoinformatics*。总的看来，Grafarend 等大地测量学者将侧重点放在了计算机代数的“代数”功能上，导出了大地测量中一些新的代数算法，但对利用其强大的数学分析功能解决大地测量复杂数学分析问题研究较少。

近年来，计算机代数系统在国内各领域得到了学者的重视和关注，在大地测量界也得到了一定的应用。郗钦文（1987）首先用计算机代数演绎方法研究了引潮位展开问题，并取得了国际领先的研究成果。边少锋等（2018，2005，2004）较系统地研究了计算机代数技术在大地测量的各分支学科中的应用，在椭圆函数反函数的级数展开、高斯投影的复变函数表示、复杂形体引力的积分计算和人造地球卫星轨道摄动分析等方面取得了较好的效果，在国防工业出版社出版了专著《计算机代数系统与大地测量数学分析》和《大地坐标系与大地基准》，在科学出版社出版了专著《大地测量计算机代数分析》，较系统地总结了有关研究成果，得到了业内专家和读者的好评。金立新等（2012）借助 Mathematica 计算机代数系统对法截面子午线椭球空间几何理论和高斯投影理论中的复杂数学分析问题进行了深入研究，取得了较好的效果，完善了法截面子午线椭球的计算体系；孙东磊等（2011）借助 Mathematica 计算机代数系统推导了较为严密的横轴墨卡托投影公式和高斯投影公式，并通过数值计算对两者进行了比较分析。刘大海（2012）使用计算机代数系统研究了高斯投影复变换的数值计算方法，给出了复积分计算的积分级数分析法、椭圆积分函数法、直接积分法。李忠美等（2014）借助 Mathematica 计算机代数系统对地图投影常用的 6 种纬度进行了全面系统的比较，采用符号迭代法，推导出了常用纬度间的差异极值点及对应差异极值的符号表达式，并将其表示为关于偏心率的幂级数形式。李厚朴等（2015）将计算机代数数学分析方法应用于地理坐标系数学分析，借助 Mathematica 计算机代数系统，研究了常用坐标系统及其转换、常用纬度及其变换、常用航线的数学分析与代数表示、地图投影及其变换和正常重力场的精确计算等问题，导出了一些理论上更为严密、形式上更为简单、精度上更为精确的符号形式的公式和算法，在一定程度上革新了地理坐标系数学分析理论和算法。过家春等（2016）借助 Mathematica 计算机代数系统，推导了以归化纬度、地心纬度解算子午线弧长的展开公式，根据拉格朗日反演定理，得到了由子午线弧长反解归化纬度、地心纬度的直接公式，正反解精度均高于传统基于大地纬度的展开式。边少锋等（2017）将计算机代数分析方法引入地图投影理论研究，推导了一系列形式上更加简单、精度上更高、通用性更强的地图投影公式。陈成等（2019）借助 Mathematica 计算机代数系统推导出了大地纬度与等量纬度、等面积纬度和等子午线纬度等辅助纬度间的直接变换公式，将传统公式提高至少 2 个数量级。理论分析和实际计算表明，计算机分析方法在解决椭圆函数幂级数展开、隐函数复合函数微分、复杂函数积分等复杂烦琐的数学分析问题时十分方便高效，因此在地图投影理论研究中具有无与伦比的优势。

第 2 章　椭球常用纬度变换计算机代数分析

在地球科学和测绘导航计算中，经常会遇到大地纬度、地心纬度、归化纬度、等距离纬度、等角纬度、等面积纬度共 6 种纬度及其变换的计算问题。对于这些问题，国内外许多著名学者如 Adams（1921）、Thomas（1952）、方俊（1958）、吴忠性等（1989，1980）、华棠（1985）、孙群等（1985）、Snyder（1987）、熊介（1988）、杨启和（2000，1989）、胡毓钜等（1992）、钟业勋（2007）、Karney（2011）、Peter（2013）、Grafarend 等（2014）曾进行了卓有成效的研究，取得了显著的成果。但由于这些问题涉及非常复杂的数学推导，限于当时的历史条件，尚没有计算机代数系统可资利用，其间许多推导过程大都由手工完成，展开式的项数不高，有时难免会存在这样或那样的近似甚至小的错误，影响了计算精度；有的表达式复杂冗长，不便于使用，多以具体的数值形式给出，仅适用于我国 1954 北京坐标系和 1980 西安坐标系下的解算，不能满足 2000 国家大地坐标系下的计算需求。随着空间技术和计算机技术在测量、制图和导航中应用的发展，上述 6 种纬度及其变换的研究具有更加重要的实用价值。

鉴于此，本章利用计算机代数分析方法，借助计算机代数系统强大的数学分析能力，全面系统地研究和分析这 6 种纬度的变换问题，推导和建立椭球各纬度间正反解与差异极值的符号表达式，改正以往人工推导的正解展开式系数高阶项存在的偏差，将以往反解展开式系数的数值形式改进为椭球偏心率的幂级数形式，适用于任何参考椭球。

2.1　常用纬度定义

大地纬度是测量和地球科学计算中最常用的一种纬度，但是在测量和地图投影理论推导中，为满足某种投影性质，也常会用到其他 5 种辅助纬度（地心纬度、归化纬度、等距离纬度、等角纬度和等面积纬度），它们都是大地纬度的函数，实际应用中经常会遇到 5 种辅助纬度和大地纬度的转换问题。

2.1.1　大地纬度、地心纬度和归化纬度

大地坐标系示意图如图 2-1 所示，空间某点 P 的大地坐标是由大地纬度 B、大地经度 L 和大地高 H 来表示的。大地纬度 B 是 P 点处参考椭球的法线 PO' 与赤道面的夹角，向北为正，称为北纬（0°～90°），向南为负，称为南纬（0°～90°）。大地经度 L 是 P 点与参考椭球的自转轴所在的面 NQS 与参考椭球起始子午面 NGS 的夹角，由起始子午面起算，向东为正，称为东经（0°～180°），向西为负，称为西经（0°～180°）。大地高 H 是 P 点沿该点法线到椭球面的距离，向上为正，向下为负。

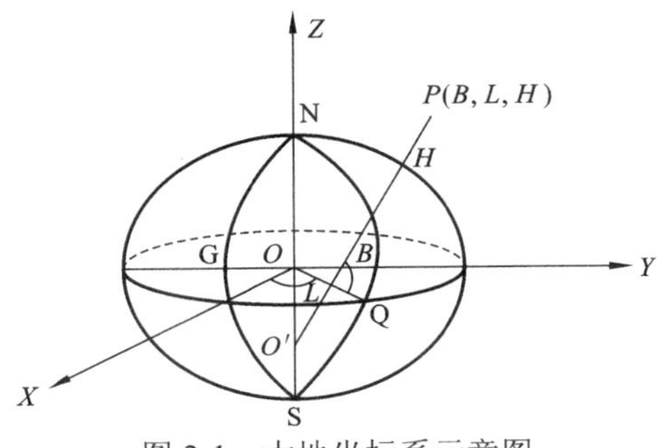

图 2-1　大地坐标系示意图

略去推导，由大地坐标 (B,L,H) 转换为空间直角坐标 (X,Y,Z) 的数学关系式为

$$\begin{cases} X=(N+H)\cos B\cos L \\ Y=(N+H)\cos B\sin L \\ Z=[N(1-e^2)+H]\sin B \end{cases} \tag{2.1.1}$$

式中：$N=\dfrac{a}{\sqrt{1-e^2\sin^2 B}}$ 为卯酉圈曲率半径，a 为椭球长半轴；e 为椭球第一偏心率。

在一些椭球几何关系推导中，除大地纬度外，还常常使用地心纬度和归化纬度的概念。如图 2-2 所示，设椭球面上 P 点的大地纬度为 B，大地经度为 L。在过 P 点的子午面上，以子午圈椭圆中心 O 为原点，建立 x、y 直角坐标系。设该椭圆的长半轴为 a，短半轴为 b，则椭圆方程为

$$\frac{x^2}{a^2}+\frac{y^2}{b^2}=1 \tag{2.1.2}$$

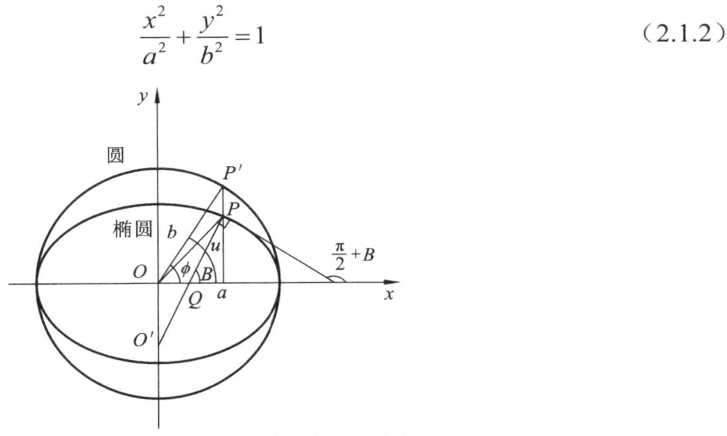

图 2-2　地心纬度和归化纬度的关系图

过 P 点作椭圆的法线，与 x 轴交于 Q 点，与 y 轴交于 O' 点，则 $\angle PQx=B$ 为 P 点的大地纬度。作以原点 O 为中心、半径为 a 的辅助圆，延长 P 点的纵坐标线与圆交于 P' 点，连接 OP 和 OP'，则 $\angle POx=\phi$ 为 P 点的地心纬度，$\angle P'Ox=u$ 为 P 点的归化纬度。

2.1.2　等距离纬度

子午线弧长正解问题即子午线弧长计算，是椭球面测量计算中的一个基本数学问题，在数学上又称为椭圆积分，无分析解，考虑地球椭球的扁率较小，一般的做法是按

二项式定理展开后逐项积分（边少锋 等，2004；熊介，1988）。子午线弧长确定（图 2-3）在大地测量和地图制图中有着广泛的用途，如用于推算地球形状大小的弧度测量、地图投影中的高斯投影计算等。

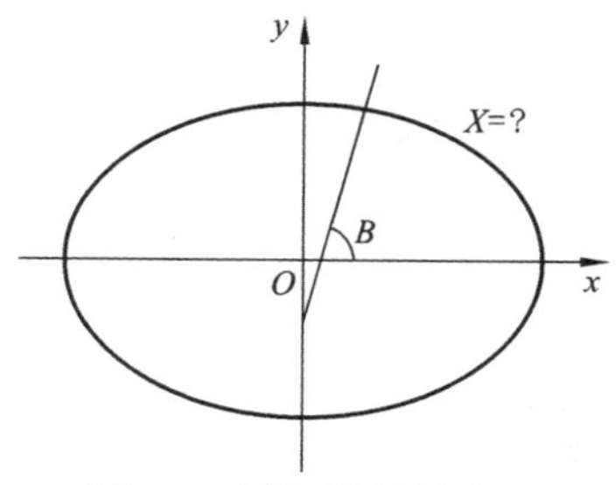

图 2-3　子午线弧长确定

如图 2-3 所示，子午线弧长可表示为如下椭圆积分：

$$X = \int_0^B M \mathrm{d}B = a(1-e^2)\int_0^B (1-e^2\sin^2 B)^{-3/2}\mathrm{d}B \tag{2.1.3}$$

式中：X 为由赤道起算的子午线弧长；a 为参考椭球长半轴；e 为参考椭球第一偏心率；B 为计算点处大地纬度；M 为计算点处子午圈曲率半经。

式（2.1.3）不可能用一般的积分方法求出其解，通常的做法是按牛顿二项式定理展开被积函数，再化三角函数的幂形式为倍角形式后逐项积分。这个过程由人工来做比较复杂，尤其是在精度要求比较高、展至较高阶数时。但用计算机代数系统来做，则只需要以下几条指令就可以实现（边少锋 等，2018）。

（1）用级数展开指令展开被积函数。

（2）用积分指令对展开式逐项积分。

（3）使用化简指令，化三角函数的幂形式为倍角形式。

（4）使用提取系数指令，提取倍角形式的系数。

略去具体的运算步骤，可得展至 $\sin 10B$ 的表达式为

$$X = a(1-e^2)(k_0 B + k_2\sin 2B + k_4\sin 4B + k_6\sin 6B + k_8\sin 8B + k_{10}\sin 10B) \tag{2.1.4}$$

式中系数为

$$\begin{cases} k_0 = 1 + \dfrac{3}{4}e^2 + \dfrac{45}{64}e^4 + \dfrac{175}{256}e^6 + \dfrac{11\,025}{16\,384}e^8 + \dfrac{43\,659}{65\,536}e^{10} \\ k_2 = -\dfrac{3}{8}e^2 - \dfrac{15}{32}e^4 - \dfrac{525}{1024}e^6 - \dfrac{2205}{4096}e^8 - \dfrac{72\,765}{131\,072}e^{10} \\ k_4 = \dfrac{15}{256}e^4 + \dfrac{105}{1024}e^6 + \dfrac{22\,025}{16\,384}e^8 + \dfrac{10\,395}{65\,536}e^{10} \\ k_6 = -\dfrac{35}{3072}e^6 - \dfrac{105}{4096}e^8 - \dfrac{10\,395}{262\,144}e^{10} \\ k_8 = \dfrac{315}{131\,072}e^8 + \dfrac{3465}{524\,288}e^{10} \\ k_{10} = -\dfrac{693}{1\,310\,720}e^{10} \end{cases} \tag{2.1.5}$$

如图 2-4 所示，椭球面上由赤道至大地纬度 B 处的子午线弧长为 X，现假设有一幅角为 ψ、半径为 $R=a(1-e^2)k_0$ 的圆所对弧长与子午线弧长在量值上相等，则有

$$\psi=\frac{X}{R}=\frac{X}{a(1-e^2)k_0} \tag{2.1.6}$$

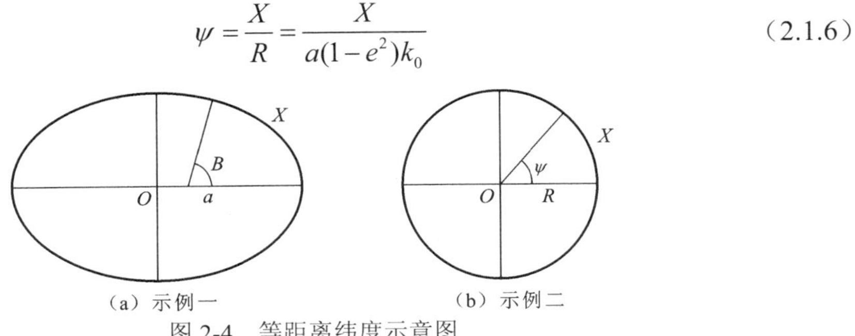

图 2-4　等距离纬度示意图

由于幅角 ψ 所对圆弧与大地纬度 B 所对子午线弧长相等，ψ 一般被称为等距离纬度，在高斯投影中也称为底点纬度。

2.1.3　等面积纬度

由地图投影理论可知，旋转椭球面单位经差由赤道至纬度 B 所围成的曲边梯形面积为

$$F(B)=\int_0^B MN\cos B\mathrm{d}B \tag{2.1.7}$$

式中：M 为纬度 B 处的子午圈曲率半径；N 为纬度 B 处卯酉圈曲率半径，则有

$$MN=\frac{a^2(1-e^2)}{(1-e^2\sin^2 B)^2} \tag{2.1.8}$$

式（2.1.8）有分析解，积分并化简后得

$$F(B)=a^2(1-e^2)\left[\frac{\sin B}{2(1-e^2\sin^2 B)}+\frac{1}{4e}\ln\frac{1+e\sin B}{1-e\sin B}\right] \tag{2.1.9}$$

将 $B=\dfrac{\pi}{2}$ 代入式（2.1.9），可得

$$F\left(\frac{\pi}{2}\right)=a^2(1-e^2)\left[\frac{1}{2(1-e^2)}+\frac{1}{4e}\ln\frac{1+e}{1-e}\right] \tag{2.1.10}$$

并记

$$A=\frac{1}{2(1-e^2)}+\frac{1}{4e}\ln\frac{1+e}{1-e} \tag{2.1.11}$$

设半径平方为 $R'^2=F\left(\dfrac{\pi}{2}\right)=\alpha^2(1-e^2)A$ 的球面，单位经差由赤道至纬度 ϑ 所围成的面积与 $F(B)$ 相等，则有

$$R'^2\sin\vartheta=F(B) \tag{2.1.12}$$

式中：ϑ 为等面积纬度；$F(B)$ 为等面积纬度函数。

由式（2.1.9）～式（2.1.11），可得

$$\sin\vartheta=\frac{1}{A}\left[\frac{\sin B}{2(1-e^2\sin^2 B)}+\frac{1}{4e}\ln\frac{1+e\sin B}{1-e\sin B}\right] \tag{2.1.13}$$

对式（2.1.13）两端同时取反三角函数，可得

$$\vartheta=\arcsin\left[\frac{1}{A}\left(\frac{\sin B}{2(1-e^2\sin^2 B)}+\frac{1}{4e}\ln\frac{1+e\sin B}{1-e\sin B}\right)\right] \tag{2.1.14}$$

2.1.4 等角纬度

由地图投影理论可知，椭球面在球面上的一般投影公式为

$$\begin{cases}\lambda=\alpha l\\ \varphi=f(B)\end{cases} \tag{2.1.15}$$

式中：B 和 l 分别为原椭球面上的纬度（大地纬度）和经差；φ 和 λ 分别为球面上的纬度和经差；α 为常数，一般取地球椭球的赤道与球体的赤道面重合，而且中心位置一致，即 $\alpha=1$。

由式（2.1.15）可知，椭球面上经纬线投影到球面上仍然保持正交性，即保持主方向不变，双重投影的（极值）长度比为椭球面到球面投影、球面到平面投影长度的乘积。经纬线正交性的保持为双重投影的相关计算提供了方便。

椭球面到球面投影的经纬线长度比 m 和 n 为

$$\begin{cases}m=\dfrac{R\mathrm{d}\varphi}{M\mathrm{d}B}\\ n=\dfrac{R\cos\varphi}{N\cos B}\end{cases} \tag{2.1.16}$$

式中：R 为球半径；M 和 N 分别为纬度 B 处子午圈和卯酉圈曲率半径。

椭球面到球面上的等角投影，只需经纬线长度比 $m=n$，即

$$\frac{\mathrm{d}\varphi}{\cos\varphi}=\frac{M}{N\cos B}\mathrm{d}B \tag{2.1.17}$$

式（2.1.17）积分后可得

$$\tan\left(\frac{\pi}{4}+\frac{\varphi}{2}\right)=\tan\left(\frac{\pi}{4}+\frac{B}{2}\right)\left(\frac{1-e\sin B}{1+e\sin B}\right)^{e/2} \tag{2.1.18}$$

式中：e 为椭球第一偏心率；φ 为等角纬度，有

$$\varphi=2\arctan\left[\tan\left(\frac{\pi}{4}+\frac{B}{2}\right)\left(\frac{1-e\sin B}{1+e\sin B}\right)^{e/2}\right]-\frac{\pi}{2} \tag{2.1.19}$$

2.2 大地纬度地心纬度和归化纬度间的变换

大地纬度 B 是 P 点椭圆法线与横轴 x 的夹角。因此，由图 2-2 可知：

$$\frac{\mathrm{d}y}{\mathrm{d}x}=\tan\left(\frac{\pi}{2}+B\right)=-\frac{1}{\tan B} \tag{2.2.1}$$

椭圆方程式（2.1.2）对 x 求导，并将式（2.2.1）代入，得

$$\frac{\mathrm{d}y}{\mathrm{d}x}=-\frac{b^2}{a^2}\frac{x}{y}=-\frac{1}{\tan B} \tag{2.2.2}$$

顾及 $b=a\sqrt{1-e^2}$，可得

$$y=x(1-e^2)\tan B \tag{2.2.3}$$

将式（2.2.3）代入椭圆方程式（2.1.2），整理后可得

$$\begin{cases} x=\dfrac{a}{\sqrt{1-e^2\sin^2 B}}\cos B \\ y=\dfrac{a(1-e^2)}{\sqrt{1-e^2\sin^2 B}}\sin B \end{cases} \tag{2.2.4}$$

由图 2-2 可知横坐标 x 与归化纬度 u 的关系为 $x=a\cos u$，代入椭圆方程式（2.1.1）可解出纵坐标 y 与 u 的关系，联立可得以归化纬度 u 为参数的椭圆方程：

$$\begin{cases} x=a\cos u \\ y=b\sin u \end{cases} \tag{2.2.5}$$

将式（2.2.4）与式（2.2.5）进行对比，可得

$$\begin{cases} \cos u=\dfrac{\cos B}{\sqrt{1-e^2\sin^2 B}} \\ \sin u=\dfrac{\sqrt{1-e^2}}{\sqrt{1-e^2\sin^2 B}}\sin B \end{cases} \tag{2.2.6}$$

式（2.2.6）两式相除，可得

$$\tan u=\sqrt{1-e^2}\tan B \tag{2.2.7}$$

式（2.2.7）即大地纬度 B 与归化纬度 u 的正切关系式。

归化纬度传统正解展开式（熊介，1988）为

$$u=B-n\sin 2B+\frac{n^2}{2}\sin 4B-\frac{n^3}{3}\sin 6B+\cdots \tag{2.2.8}$$

式中：$n=\dfrac{1-\sqrt{1-e^2}}{1+\sqrt{1-e^2}}$。

由式（2.2.7），可得

$$u=\arctan(\sqrt{1-e^2}\tan B) \tag{2.2.9}$$

借助计算机代数系统，将式（2.2.9）展开为 e 的幂级数形式，取至 e^{10} 项，略去具体的运算步骤，可得

$$u=B+m_2\sin 2B+m_4\sin 4B+m_6\sin 6B+m_8\sin 8B+m_{10}\sin 10B \tag{2.2.10}$$

式中系数为

$$
\begin{cases}
m_2 = -\dfrac{1}{4}e^2 - \dfrac{1}{8}e^4 - \dfrac{5}{64}e^6 - \dfrac{7}{128}e^8 - \dfrac{21}{512}e^{10} \\
m_4 = \dfrac{1}{32}e^4 + \dfrac{1}{32}e^6 + \dfrac{7}{256}e^8 + \dfrac{3}{128}e^{10} \\
m_6 = -\dfrac{1}{192}e^6 - \dfrac{1}{128}e^8 - \dfrac{9}{1024}e^{10} \\
m_8 = \dfrac{1}{1024}e^8 + \dfrac{1}{512}e^{10} \\
m_{10} = -\dfrac{1}{5120}e^{10}
\end{cases}
\tag{2.2.11}
$$

归化纬度传统反解展开式为（熊介，1988）

$$
B = u + n\sin 2u + \frac{n^2}{2}\sin 4u + \frac{n^3}{3}\sin 6u + \cdots \tag{2.2.12}
$$

式中：$n = \dfrac{1-\sqrt{1-e^2}}{1+\sqrt{1-e^2}}$。

由式（2.2.7）可得

$$
B = \arctan\frac{\tan u}{\sqrt{1-e^2}} \tag{2.2.13}
$$

借助计算机代数系统，将式（2.2.13）展开为 e 的幂级数形式，取至 e^{10} 项，略去具体的运算步骤，可得

$$
B = u - m_2\sin 2u + m_4\sin 4u - m_6\sin 6u + m_8\sin 8u - m_{10}\sin 10u \tag{2.2.14}
$$

式中系数如式（2.2.11）所示。

由图 2-2 可知：

$$
\tan\phi = \frac{y}{x} = \frac{b\sin u}{a\cos u} = \sqrt{1-e^2}\tan u \tag{2.2.15}
$$

式（2.2.15）即为地心纬度 ϕ 与归化纬度 u 的正切关系式。

将式（2.2.7）代入式（2.2.15），可得

$$
\tan\phi = (1-e^2)\tan B \tag{2.2.16}
$$

式（2.2.16）即为地心纬度 ϕ 与大地纬度 B 的正切关系式。

地心纬度传统正解展开式为（熊介，1988）

$$
\phi = B - m\sin 2B + \frac{m^2}{2}\sin 4B - \frac{m^3}{3}\sin 6B + \cdots \tag{2.2.17}
$$

式中：$m = \dfrac{e^2}{2-e^2}$。

传统公式形式简明，但正弦函数倍角项仅展开至 6 倍。为提高精度，本书借助计算机代数系统将倍角项扩展至 10 倍。由式（2.2.16），可得

$$
\phi = \arctan[(1-e^2)\tan B] \tag{2.2.18}
$$

式（2.2.18）可展开为 e 的幂级数形式：

$$
\phi = \phi\big|_{e=0} + \frac{\partial\phi}{\partial e}\bigg|_{e=0} e + \frac{1}{2!}\frac{\partial^2\phi}{\partial e^2}\bigg|_{e=0} e^2 + \frac{1}{3!}\frac{\partial^3\phi}{\partial e^3}\bigg|_{e=0} e^3 + \cdots + \frac{1}{10!}\frac{\partial^{10}\phi}{\partial e^{10}}\bigg|_{e=0} e^{10} + \cdots \tag{2.2.19}
$$

上述过程由人工推导费时费力，且容易出错，可以借助计算机代数系统完成，取至 e^{10} 项，整理后可得

$$\phi = B + n_2 \sin 2B + n_4 \sin 4B + n_6 \sin 6B + n_8 \sin 8B + n_{10} \sin 10B \tag{2.2.20}$$

式中系数为

$$\begin{cases} n_2 = -\dfrac{1}{2}e^2 - \dfrac{1}{4}e^4 - \dfrac{1}{8}e^6 - \dfrac{1}{16}e^8 - \dfrac{1}{32}e^{10} \\ n_4 = \dfrac{1}{8}e^4 + \dfrac{1}{8}e^6 + \dfrac{3}{32}e^8 + \dfrac{1}{16}e^{10} \\ n_6 = -\dfrac{1}{24}e^6 - \dfrac{1}{16}e^8 - \dfrac{1}{16}e^{10} \\ n_8 = \dfrac{1}{64}e^8 + \dfrac{1}{32}e^{10} \\ n_{10} = -\dfrac{1}{160}e^{10} \end{cases} \tag{2.2.21}$$

将我国常用大地坐标系采用的椭球参数代入式（2.2.21），可得展开式中相应的系数值，如表 2-1 所示。

表 2-1　不同椭球对应的式（2.2.21）中的系数值

椭球	n_2	n_4	n_6	n_8	n_{10}
克拉索夫斯基椭球	$-3.357\,948\,895\,354\times10^{-3}$	$5.637\,910\,388\times10^{-6}$	$-1.262\,120\,5\times10^{-8}$	3.1783×10^{-11}	-8.4×10^{-14}
IUGG1975 椭球	$-3.358\,433\,824\,300\times10^{-3}$	$5.639\,538\,873\times10^{6}$	$-1.262\,667\,4\times10^{-8}$	3.1801×10^{-11}	-8.4×10^{-14}
WGS84 椭球	$-3.358\,431\,302\,725\times10^{-3}$	$5.639\,530\,404\times10^{-6}$	$-1.262\,664\,6\times10^{-8}$	3.1801×10^{-11}	-8.4×10^{-14}
CGCS2000 椭球	$-3.358\,431\,319\,214\,81\times10^{-3}$	$5.639\,530\,459\times10^{-6}$	$-1.262\,664\,6\times10^{-8}$	3.1801×10^{-11}	-8.4×10^{-14}

注：IUGG 为 International Union of Geodesy and Geophysics，国际大地测量学与地球物理学联合会；WGS 为 Word Geodetic System，世界大地坐标系；CGCS 为 China Geodetic Coordinate System，国家大地坐标系。

地心纬度传统反解展开式（熊介，1988）为

$$B = \phi + m\sin 2\phi + \frac{m^2}{2}\sin 4\phi + \frac{m^3}{3}\sin 6\phi + \cdots \tag{2.2.22}$$

式中：$m = \dfrac{e^2}{2 - e^2}$。

由式（2.2.16），可得

$$B = \arctan\frac{\tan\phi}{1 - e^2} \tag{2.2.23}$$

同理，借助计算机代数系统，将式（2.2.23）展开为 e 的幂级数形式，取至 e^{10} 项，略去具体的运算步骤，可得地心纬度反解展开式：

$$B = \phi - n_2 \sin 2\phi + n_4 \sin 4\phi - n_6 \sin 6\phi + n_8 \sin 8\phi - n_{10} \sin 10\phi \tag{2.2.24}$$

式中系数如式（2.2.21）所示。

2.3 基于大地纬度的等距离纬度、等面积纬度和等角纬度变换

2.3.1 基于大地纬度的等距离纬度变换

1. 等距离纬度的正解表达式

将式（2.1.4）表示的 X 代入式（2.1.6），可得

$$\psi = B + \alpha_2 \sin 2B + \alpha_4 \sin 4B + \alpha_6 \sin 6B + \alpha_8 \sin 8B + \alpha_{10} \sin 10B \tag{2.3.1}$$

式中：$\alpha_2 = \dfrac{k_2}{k_0}$；$\alpha_4 = \dfrac{k_4}{k_0}$；$\alpha_6 = \dfrac{k_6}{k_0}$；$\alpha_8 = \dfrac{k_8}{k_0}$；$\alpha_{10} = \dfrac{k_{10}}{k_0}$。

与式（2.3.1）相比，杨启和（1989）将 ψ 展开至 $\sin 8B$，系数表达式仍然为上述形式，使用起来较为不便，而借助计算机代数系统可将系数展开为椭球偏心率 e 的幂级数形式：

$$\begin{cases}
\alpha_2 = -\dfrac{3}{8}e^2 - \dfrac{3}{16}e^4 - \dfrac{111}{1024}e^6 - \dfrac{141}{2048}e^8 - \dfrac{1533}{32\,768}e^{10} \\
\alpha_4 = \dfrac{15}{256}e^4 + \dfrac{15}{256}e^6 + \dfrac{405}{8192}e^8 + \dfrac{165}{4096}e^{10} \\
\alpha_6 = -\dfrac{35}{3072}e^6 - \dfrac{35}{2048}e^8 - \dfrac{4935}{262\,144}e^{10} \\
\alpha_8 = \dfrac{315}{131\,072}e^8 + \dfrac{315}{65\,536}e^{10} \\
\alpha_{10} = -\dfrac{693}{1\,310\,720}e^{10}
\end{cases} \tag{2.3.2}$$

2. 基于幂级数展开法的等距离纬度反解展开式

基于幂级数展开法求解等距离纬度反解展开式的基本思路：首先导出大地纬度关于等距离纬度、等面积纬度和等角纬度三种纬度的隐式微分方程，之后利用复合函数的求导法则，借助计算机代数系统求出该方程关于这三种纬度正弦值的导数，将微分方程展开成幂级数形式，最后通过积分求出这三种纬度的反解展开式。

对式（2.1.3）微分，可得

$$\mathrm{d}X = \frac{a(1-e^2)}{(1-e^2\sin^2 B)^{3/2}}\mathrm{d}B \tag{2.3.3}$$

由式（2.1.6），可得 $\mathrm{d}X = R\mathrm{d}\psi$，代入式（2.3.3），整理后可得

$$\frac{\mathrm{d}B}{\mathrm{d}\psi} = k_0(1-e^2\sin^2 B)^{3/2} \tag{2.3.4}$$

为求式（2.3.4）以 $\sin\psi$ 表示的幂级数展开式，引入新变量 $t = \sin\psi$，则有

$$\mathrm{d}t = \cos\psi\,\mathrm{d}\psi, \quad \frac{\mathrm{d}\psi}{\mathrm{d}t} = \frac{1}{\cos\psi} \tag{2.3.5}$$

记

$$f(t)=\frac{\mathrm{d}B}{\mathrm{d}\psi}=k_0(1-e^2\sin^2 B)^{3/2} \tag{2.3.6}$$

然后设法将 $f(t)$ 展开成如下幂级数形式：

$$f(t)=f(0)+f_t'(0)t+\frac{1}{2!}f_t''(0)t^2+\frac{1}{3!}f_t'''(0)t^3+\cdots+\frac{1}{10!}f_t^{10}(0)t^{10}+\cdots \tag{2.3.7}$$

利用复合函数求导的链式法则：

$$f_t'=\frac{\mathrm{d}f}{\mathrm{d}B}\frac{\mathrm{d}B}{\mathrm{d}\psi}\frac{\mathrm{d}\psi}{\mathrm{d}t},\quad f_t''=\frac{\mathrm{d}f'}{\mathrm{d}B}\frac{\mathrm{d}B}{\mathrm{d}\psi}\frac{\mathrm{d}\psi}{\mathrm{d}t}+\frac{\mathrm{d}f'}{\mathrm{d}\psi}\frac{\mathrm{d}\psi}{\mathrm{d}t},\quad\cdots \tag{2.3.8}$$

借助计算机代数系统可求出式（2.3.7）中的导数值，略去具体的推导过程，可得

$$\frac{\mathrm{d}B}{\mathrm{d}\psi}=k_0+A_2\sin^2\psi+A_4\sin^4\psi+A_6\sin^6\psi+A_8\sin^8\psi+A_{10}\sin^{10}\psi \tag{2.3.9}$$

式中系数为

$$\begin{cases}A_2=-\frac{3}{2}e^2-\frac{27}{8}e^4-\frac{729}{128}e^6-\frac{4329}{512}e^8-\frac{381\,645}{32\,768}e^{10}\\ A_4=\frac{21}{8}e^4+\frac{621}{64}e^6+\frac{11\,987}{512}e^8+\frac{757\,215}{16\,384}e^{10}\\ A_6=-\frac{151}{32}e^6-\frac{775}{32}e^8-\frac{621\,445}{8192}e^{10}\\ A_8=\frac{1097}{128}e^8+\frac{57\,607}{1024}e^{10}\\ A_{10}=-\frac{8011}{512}e^{10}\end{cases} \tag{2.3.10}$$

在计算机代数系统中对式（2.3.9）求变量 ψ 的积分，整理后可得

$$B=\psi+a_2\sin 2\psi+a_4\sin 4\psi+a_6\sin 6\psi+a_8\sin 8\psi+a_{10}\sin 10\psi \tag{2.3.11}$$

式中系数为

$$\begin{cases}a_2=\frac{3}{8}e^2+\frac{3}{16}e^4+\frac{213}{2048}e^6+\frac{255}{4096}e^8+\frac{20\,861}{524\,288}e^{10}\\ a_4=\frac{21}{256}e^4+\frac{21}{256}e^6+\frac{533}{8192}e^8+\frac{197}{4096}e^{10}\\ a_6=\frac{151}{6144}e^6+\frac{151}{4096}e^8+\frac{5019}{131\,072}e^{10}\\ a_8=\frac{1097}{131\,072}e^8+\frac{1097}{65\,536}e^{10}\\ a_{10}=\frac{8011}{2\,621\,440}e^{10}\end{cases} \tag{2.3.12}$$

式（2.3.11）和式（2.3.12）即为采用幂级数展开法导出的等距离纬度反解展开式，式中系数统一表示为椭球偏心率的幂级数形式，适用于不同参考椭球下的计算问题。

3. 基于 Hermite 插值法的等距离纬度反解展开式

基于埃尔米特（Hermite）插值法求解等距离纬度反解展开式的基本思路：首先由三角级数回求公式（熊介，1988）知，反解展开式与正解展开式形式一致，即大地纬度均可展开为等距离纬度、等面积纬度和等角纬度三种纬度的正弦函数倍角形式，之后利用该展开式在特殊点处的导数值（或函数值）与通过反解微分方程确定的导数值（或函数值）相等来确定反解公式中的待定系数，进而可以确定这三种纬度的反解展开式，这一过程涉及的推导计算非常复杂，可借助计算机代数系统完成。

考虑式（2.3.1），根据三角级数回求公式，等距离纬度反解展开式可以假定为

$$B=\psi+a_2\sin 2\psi+a_4\sin 4\psi+a_6\sin 6\psi+a_8\sin 8\psi+a_{10}\sin 10\psi \tag{2.3.13}$$

式中：a_2、a_4、a_6、a_8、a_{10} 均为待定系数。则有 $\psi=0$，$B=0$；$\psi=\dfrac{\pi}{2}$，$B=\dfrac{\pi}{2}$。

由式（2.3.4）可知：

$$B'(0)=k_0,\quad B'\left(\frac{\pi}{2}\right)=k_0(1-e^2)^{3/2} \tag{2.3.14}$$

对 $B'(\psi)$ 求导可得 $B''(\psi)$，但它在 $\psi=0$、$\psi=\dfrac{\pi}{2}$ 处均为 0，不能构成有效的插值条件，因此只能对 $B''(\psi)$ 继续求导得到 $B'''(\psi)$。在计算机代数系统中可以求出：

$$B'''(0)=-3e^2-\frac{27}{4}e^4-\frac{729}{64}e^6-\frac{4329}{256}e^8-\frac{381\,645}{16\,384}e^{10} \tag{2.3.15}$$

$$B'''\left(\frac{\pi}{2}\right)=3e^2-\frac{15}{4}e^4+\frac{57}{64}e^6+\frac{3}{256}e^8-\frac{51}{16\,384}e^{10} \tag{2.3.16}$$

对 $B'''(\psi)$ 求导可得 $B^{(4)}(\psi)$，但 $B^{(4)}(0)=0$，$B^{(4)}\left(\dfrac{\pi}{2}\right)=0$，不能构成有效的插值条件，继续求导得 $B^{(5)}(\psi)$，在计算机代数系统中可以求出：

$$B^{(5)}(0)=12e^2+90e^4+\frac{4455}{16}e^6+\frac{20\,145}{32}e^8+\frac{4\,924\,935}{4096}e^{10} \tag{2.3.17}$$

对式（2.3.13）两端求一阶导数、三阶导数、五阶导数，并联立导出的 5 个插值条件，得到下述确定 5 个未知待定系数的线性方程组：

$$\begin{pmatrix} 2 & 4 & 6 & 8 & 10 \\ -2 & 4 & -6 & 8 & -10 \\ -8 & -64 & -216 & -512 & -1000 \\ 8 & -64 & -216 & -512 & 1000 \\ 32 & 1024 & 7776 & 32\,768 & 100\,000 \end{pmatrix}\begin{pmatrix} a_2 \\ a_4 \\ a_6 \\ a_8 \\ a_{10} \end{pmatrix}=\begin{pmatrix} B'(0)-1 \\ B'\left(\dfrac{\pi}{2}\right)-1 \\ B'''(0) \\ B'''\left(\dfrac{\pi}{2}\right) \\ B^{(5)}(0) \end{pmatrix} \tag{2.3.18}$$

上述线性方程组的解为

$$\begin{pmatrix} a_2 \\ a_4 \\ a_6 \\ a_8 \\ a_{10} \end{pmatrix} = \begin{pmatrix} 2 & 4 & 6 & 8 & 10 \\ -2 & 4 & -6 & 8 & -10 \\ -8 & -64 & -216 & -512 & -1000 \\ 8 & -64 & -216 & -512 & 1000 \\ 32 & 1024 & 7776 & 32\,768 & 100\,000 \end{pmatrix}^{-1} \begin{pmatrix} B'(0)-1 \\ B'\left(\dfrac{\pi}{2}\right)-1 \\ B'''(0) \\ B'''\left(\dfrac{\pi}{2}\right) \\ B^{(5)}(0) \end{pmatrix} \tag{2.3.19}$$

至此，式（2.3.19）中待定系数已经确定。更方便的是，可以借助计算机代数系统将式（2.3.19）进一步展开为椭球偏心率 e 的幂级数形式：

$$\begin{cases} a_2 = \dfrac{3}{8}e^2 + \dfrac{3}{16}e^4 + \dfrac{213}{2048}e^6 + \dfrac{255}{4096}e^8 + \dfrac{20\,861}{524\,288}e^{10} \\ a_4 = \dfrac{21}{256}e^4 + \dfrac{21}{256}e^6 + \dfrac{533}{8192}e^8 + \dfrac{197}{4096}e^{10} \\ a_6 = \dfrac{151}{6144}e^6 + \dfrac{151}{4096}e^8 + \dfrac{5019}{131\,072}e^{10} \\ a_8 = \dfrac{1097}{131\,072}e^8 + \dfrac{1097}{65\,536}e^{10} \\ a_{10} = \dfrac{8\,011}{2\,621\,440}e^{10} \end{cases} \tag{2.3.20}$$

式（2.3.13）和式（2.3.20）即为采用 Hermite 插值法导出的等距离纬度反解展开式，其系数和采用幂级数展开法确定的系数式（2.3.12）完全一致。

4. 基于 Lagrange 级数法的等距离纬度反解展开式

基于拉格朗日（Lagrange）级数法（杨启和，1989）求解等距离纬度反解展开式的基本思路：首先根据 Lagrange 级数法写出等距离纬度、等面积纬度和等角纬度三种纬度的反解计算式，之后利用相应的正解展开式，在计算机代数系统中对反解计算式进行化简整理，得到正弦倍角多项式形式的反解展开式，最后借助计算机代数系统将展开式系数统一表示为椭球偏心率的幂级数形式。

首先研究形如

$$y = h + x \cdot \varphi(y) \tag{2.3.21}$$

的特殊方程式。函数 $\varphi(y)$ 在点 $y=h$ 处为解析函数，在 x 不大时，y 是 x 的函数，在 $x=0$ 处解析，并且 $x=0$ 时 $y=h$ 。

对于更一般的情况，考虑 y 的一个函数 $u=f(y)$，如果它在 $y=h$ 处为解析函数，当 x 不大时，由于 y 是 x 的函数，u 也是 x 的函数，在 $y=h$ 处可展成 x 的幂级数形式：

$$u = u_0 + x\left(\frac{\partial u}{\partial x}\right)_0 + \frac{x^2}{2!}\left(\frac{\partial^2 u}{\partial x^2}\right)_0 + \cdots + \frac{x^n}{n!}\left(\frac{\partial^n u}{\partial x^n}\right)_0 + \cdots \tag{2.3.22}$$

式中：下标 0 表示函数及其导数取 $x=0$ 时的值。在 $x=0$ 时 $y=h$ ，故 $u_0 = f(h)$ 。

注意式（2.3.21）中 y 是 x 和 h 两个变量的函数，于是 u 也是 x 和 h 这两个变量的函数。式（2.3.21）分别对 x 和 h 求导，可得

$$[1-x\varphi'(y)]\frac{\partial y}{\partial x}=\varphi(y) \tag{2.3.23}$$

$$[1-x\varphi'(y)]\frac{\partial y}{\partial h}=1 \tag{2.3.24}$$

于是有

$$\frac{\partial y}{\partial x}=\varphi(y)\frac{\partial y}{\partial h} \tag{2.3.25}$$

而一般地，当$u=f(y)$时，同样有

$$\frac{\partial u}{\partial x}=\varphi(y)\frac{\partial u}{\partial h} \tag{2.3.26}$$

此外，不论$F(y)$是怎样一个函数，只要它对y的导数存在，则有

$$\frac{\partial}{\partial x}\left[F(y)\frac{\partial u}{\partial h}\right]=\frac{\partial}{\partial h}\left[F(y)\frac{\partial u}{\partial x}\right] \tag{2.3.27}$$

将式（2.3.27）直接微分，并代入式（2.3.25）和式（2.3.26），即可证明该式的正确性。利用上述公式，采用归纳法可以证明如下公式成立：

$$\frac{\partial^n u}{\partial x^n}=\frac{\partial^{n-1}}{\partial h^{n-1}}\left[\varphi^n(y)\cdot\frac{\partial u}{\partial h}\right] \tag{2.3.28}$$

注意$x=0$时，$y=h$，$\frac{\partial u}{\partial h}=f'(h)$，则式（2.3.28）可写成

$$\left(\frac{\partial^n u}{\partial x^n}\right)_0=\frac{\mathrm{d}^{n-1}}{\mathrm{d}\alpha^{n-1}}[\varphi^n(h)f'(h)] \tag{2.3.29}$$

将式（2.3.29）代入式（2.3.22），可得

$$f(y)=f(h)+x\varphi(h)f'(h)+\frac{x^2}{2!}\frac{\mathrm{d}}{\mathrm{d}h}[\varphi^2(h)f'(h)]+\cdots+\frac{x^n}{n!}\frac{\mathrm{d}^{n-1}}{\mathrm{d}a^{n-1}}[\varphi^n(h)f'(h)]+\cdots \tag{2.3.30}$$

式（2.3.30）称为 Lagrange 级数。如果$f(y)=f$，则得

$$y=h+x\varphi(h)+\frac{x^2}{2!}\frac{\mathrm{d}}{\mathrm{d}h}[\varphi^2(h)]+\cdots+\frac{x^n}{n'}\frac{\mathrm{d}^{n-1}}{\mathrm{d}h^{n-1}}[\varphi^n(h)]+\cdots \tag{2.3.31}$$

据此，凡形如式（2.3.21）的方程，可利用式（2.3.31）求得其反解计算公式。

等距离纬度、等角纬度、等面积纬度正解展开式可统一写成类似于式（2.3.29）的形式：

$$\begin{cases}B=\theta+f(B)\\ f(B)=-\alpha\sin 2B-\beta\sin 4B-\gamma\sin 6B-\delta\sin 8B-\eta\sin 10B\end{cases} \tag{2.3.32}$$

式中：θ为这三种纬度；α、β、γ、δ、η为相应的正解展开式系数。

根据式（2.3.31），可得式（2.3.32）的反解公式为

$$B=\theta+f(\theta)+\frac{1}{2!}\frac{\mathrm{d}}{\mathrm{d}\theta}[f(\theta)]^2+\frac{1}{3!}\frac{\mathrm{d}^2}{\mathrm{d}\theta^2}[f(\theta)]^3+\frac{1}{4!}\frac{\mathrm{d}^3}{\mathrm{d}\theta^3}[f(\theta)]^4+\frac{1}{5!}\frac{\mathrm{d}^4}{\mathrm{d}\theta^4}[f(\theta)]^5+\cdots \tag{2.3.33}$$

由于$f(\theta)$形式比较复杂，手工推导其高阶导数难度极大，本书借助计算机代数系统推导出式（2.3.33）中的各阶导数，经整理并按正弦函数的倍角形式合并后，可得

$$B=\theta+d_2\sin 2\theta+d_4\sin 4\theta+d_6\sin 6\theta+d_8\sin 8\theta+d_{10}\sin 10\theta \tag{2.3.34}$$

式中：d_2、d_4、d_6、d_8、d_{10}为待定系数。

孙群等（1985）曾手工推导出式（2.3.32）的反解公式，所得表达式虽然与式（2.3.34）形式一致，但系数的高阶项略有不同，如表 2-2 所示。

表 2-2　孙群等（1985）与本书推导的式（2.3.32）中的系数比较

孙群等（1985）推导的系数	本书推导的系数
$\begin{cases} d_2=-\alpha-\alpha\beta-\beta\gamma+\frac{1}{2}\alpha^3+\alpha\beta^2-\frac{1}{2}\alpha^2\gamma-18.3\alpha^3\beta \\ d_4=-\beta+\alpha^2-2\alpha\gamma+4\alpha^2\beta-1.3\alpha^4 \\ d_6=-\gamma+3\alpha\beta-3\alpha\delta-\frac{3}{2}\alpha^3+\frac{9}{2}\alpha\beta^2+9\alpha^2\gamma-12.5\alpha^3\beta \\ d_8=-\delta+2\beta^2+4\alpha\gamma-8\alpha^2\beta+2.7\alpha^4 \\ d_{10}=-\eta+5\alpha\delta-12.5\alpha\beta^2-12\alpha^2\gamma+20\alpha^3\beta \end{cases}$	$\begin{cases} d_2=-\alpha-\alpha\beta-\beta\gamma+\frac{1}{2}\alpha^3+\alpha\beta^2-\frac{1}{2}\alpha^2\gamma+\frac{1}{3}\alpha^3\beta-\frac{1}{12}\alpha^5 \\ d_4=-\beta+\alpha^2-2\alpha\gamma+4\alpha^2\beta-\frac{4}{3}\alpha^4 \\ d_6=-\gamma+3\alpha\beta-3\alpha\delta-\frac{3}{2}\alpha^3+\frac{9}{2}\alpha\beta^2+9\alpha^2\gamma-\frac{27}{2}\alpha^3\beta+\frac{27}{8}\alpha^5 \\ d_8=-\delta+2\beta^2+4\alpha\gamma-8\alpha^2\beta+\frac{8}{3}\alpha^4 \\ d_{10}=-\eta+5\alpha\delta+5\beta\gamma-\frac{25}{2}\alpha\beta^2-\frac{25}{2}\alpha^2\gamma+\frac{125}{6}\alpha^3\beta-\frac{125}{24}\alpha^5 \end{cases}$

需要说明的是，孙群等（1985）在式（2.3.33）中只展开至 $\dfrac{1}{4!}\dfrac{\mathrm{d}^3}{\mathrm{d}\theta^3}[f(\theta)]^4$，实际上 $\dfrac{1}{5!}\dfrac{\mathrm{d}^3}{\mathrm{d}\theta^3}[f(\theta)]^5$ 不应当被忽略，因为该项整理后仍然含有 $\sin 10\theta$ 项。此外，孙群等（1985）的展开过程是由手工完成的，存在一些小的近似，而本书的展开过程是借助计算机代数系统完成的，计算结果有更高的准确度。

令 $\theta=\psi$，将等距离纬度正解展开式系数式（2.3.2）代入本书导出的反解系数表达式，反解展开式系数仍用 a_2、a_4、a_6、a_8、a_{10} 表示，则等距离纬度反解展开式可以表示为

$$B=\psi+a_2\sin 2\psi+a_4\sin 4\psi+a_6\sin 6\psi+a_8\sin 8\psi+a_{10}\sin 10\psi \tag{2.3.35}$$

式中系数为

$$\begin{cases} a_2=-\alpha_2-\alpha_2\alpha_4-\alpha_4\alpha_6+\frac{1}{2}\alpha_2^3+\alpha_2\alpha_4^2-\frac{1}{2}\alpha_2^2\alpha_6+\frac{1}{3}\alpha_2^3\alpha_4-\frac{1}{12}\alpha_2^5 \\ a_4=-\alpha_4+\alpha_2^2-2\alpha_2\alpha_6+4\alpha_2^2\alpha_4-\frac{4}{3}\alpha_2^4 \\ a_6=-\alpha_6+3\alpha_2\alpha_4-3\alpha_2\alpha_8-\frac{3}{2}\alpha_2^3+\frac{9}{2}\alpha_2\alpha_4^2+9\alpha_2^2\alpha_6-\frac{27}{2}\alpha_2^3\alpha_4+\frac{27}{8}\alpha_2^5 \\ a_8=-\alpha_8+2\alpha_4^2+4\alpha_2\alpha_6-8\alpha_2^2\alpha_4+\frac{8}{3}\alpha_2^4 \\ a_{10}=-\alpha_{10}+5\alpha_2\alpha_8+5\alpha_4\alpha_6-\frac{25}{2}\alpha_2\alpha_4^2-\frac{25}{2}\alpha_2^2\alpha_6+\frac{125}{6}\alpha_2^3\alpha_4-\frac{125}{24}\alpha_2^5 \end{cases} \tag{2.3.36}$$

式（2.3.36）将等距离纬度反解系数表示为正解系数的多项式形式，非常复杂，不便于使用。可借助计算机代数系统将反解系数展开为椭球偏心率 e 的幂级数形式：

$$
\begin{cases}
a_2=\dfrac{3}{8}e^2+\dfrac{3}{16}e^4+\dfrac{213}{2048}e^6+\dfrac{255}{4096}e^8+\dfrac{20\,861}{524\,288}e^{10}\\
a_4=\dfrac{21}{256}e^4+\dfrac{21}{256}e^6+\dfrac{533}{8192}e^8+\dfrac{197}{4096}e^{10}\\
a_6=\dfrac{151}{6144}e^6+\dfrac{151}{4096}e^8+\dfrac{5019}{131\,072}e^{10}\\
a_8=\dfrac{1097}{131\,072}e^8+\dfrac{1097}{65\,536}e^{10}\\
a_{10}=\dfrac{8\,011}{2\,621\,440}e^{10}
\end{cases}
\tag{2.3.37}
$$

式（2.3.35）和式（2.3.37）即为采用 Lagrange 级数法导出的等距离纬度反解展开式，其系数和采用幂级数展开法确定的系数式（2.3.12）完全一致。

5. 第三扁率 *n*

传统的椭球大地测量和地图投影数学问题多基于偏心率 e 进行展开，表达式较为烦琐冗长，近年来椭球第三扁率 n 经常被用于大地测量计算，它与第一偏心率 e 的关系为

$$
n=\frac{a-b}{a+b}=\frac{1-\sqrt{1-e^2}}{1+\sqrt{1-e^2}} \tag{2.3.38}
$$

将式（2.3.38）代入式（2.3.2）和式（2.3.12），得到展开式关于第三扁率 n 的幂级数形式：

$$
\begin{cases}
\alpha_2=-\dfrac{3}{2}n+\dfrac{9}{16}n^3-\dfrac{3}{32}n^5\\
\alpha_4=\dfrac{15}{16}n^2-\dfrac{15}{32}n^4\\
\alpha_6=-\dfrac{35}{48}n^3+\dfrac{105}{256}n^5\\
\alpha_8=\dfrac{315}{512}n^4\\
\alpha_{10}=-\dfrac{693}{1280}n^5
\end{cases}
\tag{2.3.39}
$$

$$
\begin{cases}
a_2=\dfrac{3}{2}n-\dfrac{27}{32}n^3+\dfrac{269}{512}n^5\\
a_4=\dfrac{21}{16}n^2-\dfrac{55}{32}n^4\\
a_6=\dfrac{151}{96}n^3-\dfrac{417}{128}n^5\\
a_8=\dfrac{1097}{512}n^4\\
a_{10}=\dfrac{8011}{2560}n^5
\end{cases}
\tag{2.3.40}
$$

由对比式（2.3.2）和式（2.3.39）、式（2.3.12）和式（2.3.40）可以看出，关于 n 的展开式与 e 的展开式相比，表达式系数的幂次更低，表示形式更简单，计算量级更小，部分项消失，总项数减少，因此收敛速度将会更快。

2.3.2 基于大地纬度的等面积纬度变换

1. 等面积纬度的正解展开式

由于偏心率 e 很小，ϑ 与 B 很接近，杨启和（1989）将 $\sin\vartheta$ 在 B 处展开成泰勒级数，取近似后得

$$\vartheta = B + \gamma_2 \sin 2B + \gamma_4 \sin 4B + \gamma_6 \sin 6B + \gamma_8 \sin 8B \tag{2.3.41}$$

式中各项系数见表 2-3。

表 2-3 杨启和（1989）与本书推导的等面积纬度正解展开式系数比较

杨启和（1989）推导的系数	本书推导的系数
$\begin{cases} \gamma_2 = -\frac{1}{3}e^2 - \frac{31}{180}e^4 - \frac{59}{560}e^6 - \frac{126\,853}{518\,400}e^8 \\ \gamma_4 = \frac{17}{360}e^4 + \frac{61}{1260}e^6 + \frac{3\,622\,447}{94\,089\,600}e^8 \\ \gamma_6 = -\frac{383}{43\,560}e^6 - \frac{6\,688\,039}{658\,627\,200}e^8 \\ \gamma_8 = -\frac{27\,787}{23\,522\,400}e^8 \end{cases}$	$\begin{cases} \gamma_2 = -\frac{1}{3}e^2 - \frac{31}{180}e^4 - \frac{59}{560}e^6 - \frac{42\,811}{604\,800}e^8 - \frac{605\,399}{11\,975\,040}e^{10} \\ \gamma_4 = \frac{17}{360}e^4 + \frac{61}{1260}e^6 + \frac{76\,969}{1\,814\,400}e^8 + \frac{215\,431}{5\,987\,520}e^{10} \\ \gamma_6 = -\frac{383}{45\,360}e^6 - \frac{3347}{259\,200}e^8 - \frac{1\,751\,791}{119\,750\,400}e^{10} \\ \gamma_8 = \frac{6007}{3\,628\,800}e^8 + \frac{201\,293}{59\,875\,200}e^{10} \\ \gamma_{10} = -\frac{5839}{17\,107\,200}e^{10} \end{cases}$

由于在推导过程中使用了 $\sin\vartheta$ 的级数表达式，推导过程变得更加复杂。实际上，存在更准确、更方便的方法，可将式（2.3.41）展开成偏心率 e 的幂级数形式：

$$\vartheta(B,e) = \vartheta(B,0) + \left.\frac{\partial \vartheta}{\partial e}\right|_{e=0} e + \frac{1}{2}\left.\frac{\partial^2 \vartheta}{\partial e^2}\right|_{e=0} e^2 + \frac{1}{3!}\left.\frac{\partial^3 \vartheta}{\partial e^3}\right|_{e=0} e^3 + \cdots + \frac{1}{10!}\left.\frac{\partial^{10} \vartheta}{\partial e^{10}}\right|_{e=0} e^{10} + \cdots \tag{2.3.42}$$

借助计算机代数系统可快捷地求出式（2.3.42）中的各阶导数，并将各偏导数值代入式（2.3.42），经整理并按正弦函数的倍角形式合并后可得

$$\vartheta = B + \gamma_2 \sin 2B + \gamma_4 \sin 4B + \gamma_6 \sin 6B + \gamma_8 \sin 8B + \gamma_{10} \sin 10B \tag{2.3.43}$$

式中系数见表 2-3。

需要说明的是，Adams（1921）手工导出的展开式只展至 $\sin 6B$，与杨启和（1989）导出的展开式相比，本书导出的展开式有更高的倍角项 $\sin 10B$，杨启和（1989）和本书推导出的展开式系数在高阶项 e^8 存在偏差，而计算机代数系统中的推导不存在近似，导出的系数有更高的准确度。

将第三扁率 n 代入本书推导的系数，得

$$\begin{cases}\gamma_2 = -\frac{4}{3}n - \frac{4}{45}n^2 + \frac{88}{315}n^3 + \frac{538}{4725}n^4 + \frac{20\,824}{467\,775}n^5 \\ \gamma_4 = \frac{34}{45}n^2 + \frac{8}{105}n^3 - \frac{2482}{14\,175}n^4 - \frac{37\,192}{467\,775}n^5 \\ \gamma_6 = -\frac{1532}{2835}n^3 - \frac{898}{14\,175}n^4 + \frac{54\,968}{467\,775}n^5 \\ \gamma_8 = \frac{6007}{14\,175}n^4 + \frac{24\,496}{467\,775}n^5 \\ \gamma_{10} = -\frac{23\,356}{66\,825}n^5\end{cases} \tag{2.3.44}$$

2. 等面积纬度的反解展开式

等面积纬度的反解展开式同样采用 2.3.1 小节中的三种方法，本小节采用基于幂级数的展开法，其他方法不做赘述。

式（2.3.35）对 B 求导后可得

$$\frac{\mathrm{d}F}{\mathrm{d}B} = \frac{a^2(1-e^2)\cos B}{(1-e^2\sin^2 B)^2} \tag{2.3.45}$$

式（2.3.41）对 ϑ 求导后可得

$$\frac{\mathrm{d}F}{\mathrm{d}\vartheta} = a^2(1-e^2)A\cos\vartheta \tag{2.3.46}$$

因此有

$$\frac{\mathrm{d}B}{\mathrm{d}\vartheta} = \frac{A(1-e^2\sin^2 B)^2\cos\vartheta}{\cos B} \tag{2.3.47}$$

引入变量 $t=\sin\vartheta$，并记

$$f(t) = \frac{\mathrm{d}B}{\mathrm{d}\vartheta} = \frac{A(1-e^2\sin^2 B)^2\cos\vartheta}{\cos B} \tag{2.3.48}$$

将式（2.3.48）展开成关于 t 的幂级数形式，利用复合函数的链式法则，借助计算机代数系统求得各阶导数值，略去推导过程，可得

$$\frac{\mathrm{d}B}{\mathrm{d}\vartheta} = A + C_2\sin^2\vartheta + C_4\sin^4\vartheta + C_6\sin^6\vartheta + C_8\sin^8\vartheta + C_{10}\sin^{10}\vartheta \tag{2.3.49}$$

式中系数为

$$\begin{cases}C_2 = -\frac{4}{3}e^2 - \frac{41}{15}e^4 - \frac{4108}{945}e^6 - \frac{58\,427}{9450}e^8 - \frac{28\,547}{3465}e^{10} \\ C_4 = \frac{92}{45}e^4 + \frac{6574}{945}e^6 + \frac{223\,469}{14\,175}e^8 + \frac{2\,768\,558}{93\,555}e^{10} \\ C_6 = -\frac{3044}{945}e^6 - \frac{28\,901}{1890}e^8 - \frac{21\,018\,157}{467\,775}e^{10} \\ C_8 = \frac{24\,236}{4725}e^8 + \frac{2\,086\,784}{66\,825}e^{10} \\ C_{10} = -\frac{768\,272}{93\,555}e^{10}\end{cases} \tag{2.3.50}$$

在计算机代数系统中对式（2.3.49）求变量 ϑ 的积分，整理后可得

$$B = \vartheta + C_2 \sin 2\vartheta + C_4 \sin 4\vartheta + C_6 \sin 6\vartheta + C_8 \sin 8\vartheta + C_{10} \sin 10\vartheta \tag{2.3.51}$$

式中系数为

$$\begin{cases} C_2 = \frac{1}{3}e^2 + \frac{31}{180}e^4 + \frac{517}{5040}e^6 + \frac{120\,389}{181\,400}e^8 + \frac{1\,362\,253}{29\,937\,600}e^{10} \\ C_4 = \frac{23}{360}e^4 + \frac{251}{3780}e^6 + \frac{102\,287}{1\,814\,400}e^8 + \frac{450\,739}{997\,920}e^{10} \\ C_6 = \frac{761}{45\,360}e^6 + \frac{47\,561}{1\,814\,400}e^8 + \frac{434\,501}{14\,968\,800}e^{10} \\ C_8 = \frac{6059}{1\,209\,600}e^8 + \frac{625\,511}{59\,875\,200}e^{10} \\ C_{10} = \frac{48\,017}{29\,937\,600}e^{10} \end{cases} \tag{2.3.52}$$

式（2.3.51）和式（2.3.52）即采用幂级数展开法导出的等面积纬度反解展开式，式中系数统一表示为椭球偏心率的幂级数形式，适用于不同参考椭球下的计算问题。

将第三扁率 n 代入得

$$\begin{cases} C_2 = \frac{4}{3}n + \frac{4}{45}n^2 - \frac{16}{35}n^3 - \frac{2582}{14\,175}n^4 + \frac{60\,136}{467\,775}n^5 \\ C_4 = \frac{46}{45}n^2 + \frac{152}{945}n^3 - \frac{11\,966}{14\,175}n^4 - \frac{21\,016}{51\,975}n^5 \\ C_6 = \frac{3044}{2835}n^3 + \frac{3802}{14\,175}n^4 - \frac{94\,388}{66\,825}n^5 \\ C_8 = \frac{6059}{4725}n^4 + \frac{41\,072}{93\,555}n^5 \\ C_{10} = \frac{768\,272}{467\,775}n^5 \end{cases} \tag{2.3.53}$$

式（2.3.53）与式（2.3.52）相比，系数得到简化，分母的数值明显变小，如 C_{10} 分母由原来的 8 位数变为现在的 6 位数。

2.3.3 基于大地纬度的等角纬度变换

1. 等角纬度的正解展开式

由地图投影理论可知，等量纬度 q 与大地纬度 B 有如下数学关系：

$$\begin{aligned} q &= \int_0^B \frac{1-e^2}{(1-e^2\sin^2 B)\cos B}\mathrm{d}B = \ln\left[\tan\left(\frac{\pi}{4}+\frac{B}{2}\right)\left(\frac{1-e\sin B}{1+e\sin B}\right)^{e/2}\right] \\ &= \operatorname{arctanh}(\sin B) - e\operatorname{arctanh}(e\sin B) \end{aligned} \tag{2.3.54}$$

椭球面在球面上等角投影关系式为

$$\tan\left(\frac{\pi}{4}+\frac{\varphi}{2}\right) = \tan\left(\frac{\pi}{4}+\frac{B}{2}\right)\left(\frac{1-e\sin B}{1+e\sin B}\right)^{e/2} \tag{2.3.55}$$

式中φ为等角纬度，于是有

$$q=\ln\left[\tan\left(\frac{\pi}{4}+\frac{\varphi}{2}\right)\right]=\operatorname{arctanh}(\sin\varphi) \tag{2.3.56}$$

由式（2.3.55）可解得等角纬度与大地纬度的显式形式为

$$\varphi=2\arctan\left[\tan\left(\frac{\pi}{4}+\frac{B}{2}\right)\left(\frac{1-e\sin B}{1+e\sin B}\right)^{e/2}\right]-\frac{\pi}{2} \tag{2.3.57}$$

由于偏心率e很小，等角纬度与大地纬度相差不大，可将式（2.3.57）展开成偏心率e的幂级数形式：

$$\varphi(B,e)=\varphi(B,0)+\left.\frac{\partial\varphi}{\partial e}\right|_{e=0}e+\frac{1}{2!}\left.\frac{\partial^2\varphi}{\partial e^2}\right|_{e=0}e^2+\frac{1}{3!}\left.\frac{\partial^3\varphi}{\partial e^3}\right|_{e=0}e^3+\cdots+\frac{1}{10!}\left.\frac{\partial^{10}\varphi}{\partial e^{10}}\right|_{e=0}e^{10}+\cdots \tag{2.3.58}$$

由于被展开的函数形式比较复杂，Adams（1921）、杨启和（1989）手工推导的展开式只展至 sin 8B：

$$\varphi=B+\beta_2\sin 2B+\beta_4\sin 4B+\beta_6\sin 6B+\beta_8\sin 8B \tag{2.3.59}$$

本书借助计算机代数系统重新进行推导，将展开式系数扩展至 sin 10B：

$$\varphi=B+\beta_2\sin 2B+\beta_4\sin 4B+\beta_6\sin 6B+\beta_8\sin 8B+\beta_{10}\sin 10B \tag{2.3.60}$$

式（2.3.59）和式（2.3.60）中的系数列于表 2-4。

表 2-4　杨启和（1989）与本书推导的等角纬度正解展开式系数比较

杨启和（1989）推导的系数	本书推导的系数
$\begin{cases}\beta_2=-\frac{1}{2}e^2-\frac{5}{24}e^4-\frac{3}{32}e^6-\frac{1399}{53\,760}e^8\\ \beta_4=\frac{5}{48}e^4+\frac{7}{80}e^6+\frac{689}{17\,920}e^8\\ \beta_6=-\frac{13}{480}e^6-\frac{1363}{53\,760}e^8\\ \beta_8=\frac{677}{17\,520}e^8\end{cases}$	$\begin{cases}\beta_2=-\frac{1}{2}e^2-\frac{5}{24}e^4-\frac{3}{32}e^6-\frac{281}{5760}e^8-\frac{7}{240}e^{10}\\ \beta_4=\frac{5}{48}e^4+\frac{7}{80}e^6+\frac{697}{11\,520}e^8+\frac{93}{2240}e^{10}\\ \beta_6=-\frac{13}{480}e^6-\frac{461}{13\,440}e^8-\frac{1693}{53\,760}e^{10}\\ \beta_8=\frac{1237}{161\,280}e^8+\frac{131}{10\,080}e^{10}\\ \beta_{10}=-\frac{367}{161\,280}e^{10}\end{cases}$

由表 2-4 可以看出，杨启和（1989）推导的系数与本书推导的系数只有部分主项是相同的，高阶项e^8存在偏差。杨启和（1989）采用的是手工推导，而本书是借助计算机代数系统求出式（2.3.58）中被展函数的高阶导数的，当求至 8 阶导数时，其表达式竟达 10 页之多，如此准确的展开过程由人工完成几乎是不可能的，而计算机代数系统的程序化计算则可以保证结果的准确性和可靠性。

将第三扁率n代入得

$$
\begin{cases}
\beta_2 = -2n + \dfrac{2}{3}n^2 + \dfrac{4}{3}n^3 - \dfrac{82}{45}n^4 + \dfrac{32}{45}n^5 \\
\beta_4 = \dfrac{5}{3}n^2 - \dfrac{16}{15}n^3 - \dfrac{13}{9}n^4 + \dfrac{904}{315}n^5 \\
\beta_6 = -\dfrac{26}{15}n^3 + \dfrac{34}{21}n^4 + \dfrac{8}{5}n^5 \\
\beta_8 = \dfrac{1237}{630}n^4 - \dfrac{12}{5}n^5 \\
\beta_{10} = -\dfrac{734}{315}n^5
\end{cases}
\tag{2.3.61}
$$

式（2.3.61）与表 2-4 中本书推导的系数相比，系数得到简化，分母的数值明显变小，如 β_{10} 分母由 6 位数变为 3 位数。

2. 等角纬度的反解展开式

等角纬度的反解展开式同样采用 2.3.1 小节中的三种方法，本小节采用基于幂级数的展开法，其他方法不做赘述。

式（2.3.54）对 B 求导，可得

$$
\frac{\mathrm{d}q}{\mathrm{d}B} = \frac{1-e^2}{(1-e^2\sin^2 B)\cos B}
\tag{2.3.62}
$$

式（2.3.56）对 φ 求导，可得

$$
\frac{\mathrm{d}q}{\mathrm{d}\varphi} = \frac{1}{\cos\varphi}
\tag{2.3.63}
$$

因此有

$$
\frac{\mathrm{d}B}{\mathrm{d}\varphi} = \frac{(1-e^2\sin^2 B)\cos B}{(1-e^2)\cos\varphi}
\tag{2.3.64}
$$

引入变量 $t=\sin\varphi$，并记

$$
f(t) = \frac{\mathrm{d}B}{\mathrm{d}\varphi} = \frac{(1-e^2\sin^2 B)\cos B}{(1-e^2)\cos\varphi}
\tag{2.3.65}
$$

将式（2.3.65）展成关于 t 的幂级数形式，利用复合函数的链式法则，借助计算机代数系统求得各阶导数值，略去推导过程，可得

$$
\frac{\mathrm{d}B}{\mathrm{d}\varphi} = \frac{1}{1-e^2} + B_2\sin^2\varphi + B_4\sin^4\varphi + B_6\sin^6\varphi + B_8\sin^8\varphi + B_{10}\sin^{10}\varphi
\tag{2.3.66}
$$

式中系数为

$$
\begin{cases}
B_2 = -2e^2 - \dfrac{11}{2}e^4 - \dfrac{21}{2}e^6 - 17e^8 - 25e^{10} \\
B_4 = \dfrac{14}{3}e^4 + \dfrac{62}{3}e^6 + \dfrac{1369}{24}e^8 + \dfrac{3005}{24}e^{10} \\
B_6 = -\dfrac{56}{5}e^6 - \dfrac{614}{9}e^8 - \dfrac{4909}{20}e^{10} \\
B_8 = \dfrac{8558}{315}e^8 + \dfrac{7367}{35}e^{10} \\
B_{10} = -\dfrac{4174}{63}e^{10}
\end{cases}
\tag{2.3.67}
$$

在计算机代数系统中对式（2.3.66）求变量φ的积分，整理后可得

$$B=\varphi+b_2\sin 2\varphi+b_4\sin 4\varphi+b_6\sin 6\varphi+b_8\sin 8\varphi+b_{10}\sin 10\varphi \tag{2.3.68}$$

式中系数为

$$\begin{cases} b_2=\dfrac{1}{2}e^2+\dfrac{5}{24}e^4+\dfrac{1}{12}e^6+\dfrac{13}{360}e^8+\dfrac{3}{160}e^{10} \\ b_4=\dfrac{7}{48}e^4+\dfrac{29}{240}e^6+\dfrac{811}{11\,520}e^8+\dfrac{81}{2240}e^{10} \\ b_6=\dfrac{7}{120}e^6+\dfrac{81}{1120}e^8+\dfrac{3029}{53\,760}e^{10} \\ b_8=\dfrac{4279}{161\,280}e^8+\dfrac{883}{20\,160}e^{10} \\ b_{10}=\dfrac{2087}{161\,280}e^{10} \end{cases} \tag{2.3.69}$$

式（2.3.68）和式（2.3.69）即为采用幂级数展开法导出的等角纬度反解展开式，式中系数统一表示为椭球偏心率的幂级数形式，适用于不同参考椭球下的计算问题。

将第三扁率n代入得

$$\begin{cases} b_2=2n-\dfrac{2}{3}n^2-2n^3+\dfrac{116}{45}n^4+\dfrac{26}{45}n^5 \\ b_4=\dfrac{7}{3}n^2-\dfrac{8}{5}n^3-\dfrac{227}{45}n^4+\dfrac{2704}{315}n^5 \\ b_6=\dfrac{56}{15}n^3-\dfrac{136}{35}n^4-\dfrac{1262}{105}n^5 \\ b_8=\dfrac{4279}{630}n^4-\dfrac{332}{35}n^5 \\ b_{10}=\dfrac{4174}{315}n^5 \end{cases} \tag{2.3.70}$$

式（2.3.70）与式（2.3.69）相比，系数得到简化，分母的数值明显变小，如b_{10}分母由原来的 6 位数变为现在的 3 位数。

2.4 基于地心纬度的等距离纬度、等面积纬度和等角纬度变换

在大地测量及地图投影的相关理论中，归化纬度u、等距离纬度ψ、等面积纬度ϑ、等角纬度φ和等量纬度q一般以大地纬度B为自变量进行表达和运算。然而，在地图投影、空间大地测量和地球物理等领域的相关理论中，地心纬度也是常用辅助变量之一。例如：在椭球面日晷投影中，从椭球面上投影到球面上是基于地心纬度进行分析；在空间大地测量的理论问题尤其是几何问题中，以地心纬度为自变量进行计算分析可以使问题得到简化；在卫星轨道确定、卫星测高等问题中，地心纬度也有着重要的作用。

虽然国内外许多学者对地心纬度进行了许多研究，但对于地图投影中以地心纬度为变量的常用纬度变换问题，相关研究十分匮乏。事实上，在地图投影中常常会直接用到地心纬度进行计算。鉴于此，本节借助 Mathematica 计算机代数系统，推导以地心纬度为变量的常用纬度的正解展开式，并通过算例分析展开式的精度。

2.4.1 基于地心纬度的等距离纬度变换

1. 等距离纬度的正解展开式

式（2.1.2）可用地心纬度ϕ和地心向径ρ表示为

$$\begin{cases} x=\rho\cos\phi \\ y=\rho\sin\phi \end{cases} \tag{2.4.1}$$

将式（2.4.1）左右两边平方代入式（2.1.2），可得

$$\rho=\frac{ab}{\sqrt{a^2\sin^2\phi+b^2\cos^2\phi}} \tag{2.4.2}$$

设椭球第一偏心率为e，并记$M(\phi)=\sqrt{\rho^2(\phi)+\rho'^2(\phi)}$，结合极坐标中弧长微分公式得

$$\mathrm{d}X=\sqrt{\rho^2(\phi)+\rho'^2(\phi)}\mathrm{d}\phi=M(\phi)\mathrm{d}\phi \tag{2.4.3}$$

则以地心纬度为变量的$M(\phi)$和纬线圈半径r分别为

$$M(\phi)=a\sqrt{1-e^2}\sqrt{\frac{1-(2-e^2)e^2\cos^2\phi}{(1-e^2\cos^2\phi)^3}} \tag{2.4.4}$$

$$r=\frac{a\cos\phi\sqrt{1-e^2}}{\sqrt{1-e^2\cos^2\phi}} \tag{2.4.5}$$

根据地图投影理论，椭球面上由赤道至地心纬度ϕ处的子午线弧长X为

$$X=\int_0^\phi M(\phi)\mathrm{d}\phi=a\sqrt{1-e^2}\int_0^\phi\sqrt{\frac{1-(2-e^2)\ e^2\cos^2\phi}{(1-e^2\cos^2\phi)^3}}\mathrm{d}\phi \tag{2.4.6}$$

设一幅角为ψ、半径为$R=a(1-e^2)k_0$的圆弧与子午线弧长在数值上相等，则有

$$\psi=\frac{X}{R}=\frac{X}{a(1-e^2)k_0} \tag{2.4.7}$$

式中：$k_0=1+\frac{3}{4}e^2+\frac{45}{64}e^4+\frac{175}{256}e^6+\frac{11025}{16384}e^8+\frac{43659}{65536}e^{10}$；$\psi$为等距离纬度。

式（2.4.7）可展开为e的幂级数形式：

$$\psi(\phi)=\psi\left.\right|_{e=0}+\left.\frac{\partial\psi}{\partial e}\right|_{e=0}e+\frac{1}{2!}\left.\frac{\partial^2\psi}{\partial e^2}\right|_{e=0}e^2+\frac{1}{3!}\left.\frac{\partial^3\psi}{\partial e^3}\right|_{e=0}e^3+\cdots+\frac{1}{10!}\left.\frac{\partial^{10}\psi}{\partial e^{10}}\right|_{e=0}e^{10}+\cdots \tag{2.4.8}$$

借助计算机代数系统，略去推导过程，得到以地心纬度为变量的等距离纬度ψ正解表达式，并在$e=0$处将其展开为e的幂级数形式，取到e^{10}项，整理后得

$$\psi(\phi)=\phi+a_2\sin2\phi+a_4\sin4\phi+a_6\sin6\phi+a_8\sin8\phi+a_{10}\sin10\phi \tag{2.4.9}$$

式中系数为

$$
\begin{cases}
a_2 = \dfrac{1}{8}e^2 + \dfrac{1}{16}e^4 + \dfrac{53}{1024}e^6 + \dfrac{95}{2048}e^8 + \dfrac{1359}{32\,768}e^{10} \\
a_4 = -\dfrac{1}{256}e^4 - \dfrac{1}{256}e^6 + \dfrac{5}{8192}e^8 + \dfrac{21}{4096}e^{10} \\
a_6 = -\dfrac{5}{1024}e^6 - \dfrac{15}{2048}e^8 - \dfrac{1811}{262\,144}e^{10} \\
a_8 = -\dfrac{261}{131\,072}e^8 - \dfrac{261}{65\,536}e^{10} \\
a_{10} = -\dfrac{921}{1\,310\,720}e^{10}
\end{cases}
\tag{2.4.10}
$$

将第三扁率 n 代入得

$$
\begin{cases}
a_2 = \dfrac{1}{2}n + \dfrac{13}{16}n^3 - \dfrac{15}{32}n^5 \\
a_4 = -\dfrac{1}{16}n^2 + \dfrac{33}{32}n^4 \\
a_6 = -\dfrac{5}{16}n^3 + \dfrac{349}{256}n^5 \\
a_8 = -\dfrac{261}{512}n^4 \\
a_{10} = -\dfrac{921}{1280}n^5
\end{cases}
\tag{2.4.11}
$$

式（2.4.11）要比式（2.4.10）简明得多，项数得到压缩，系数也得到极大简化，分母的数值明显变小，如 a_2 由 5 项变为 3 项，a_{10} 分母由原来的 7 位数变为现在的 4 位数。

2. 等距离纬度的反解展开式

在地图投影理论推导中，经常会遇到超越函数、反三角函数、隐函数等函数的反解问题。对于这类问题，国内外许多学者采用符号迭代法、幂级数展开法、Hermite 插值法、Lagrange 级数法等方法推导了以大地纬度为变量的常用纬度反解展开式，而在地图投影、空间大地测量和地球物理等领域的相关理论中，地心纬度也是常用辅助变量之一。因此，有必要推导出一套以地心纬度为变量的符号化的常用纬度反解展开式。本小节将分别利用幂级数展开法，借助 Mathematica 计算机代数系统推导等距离纬度、等面积纬度和等角纬度三种辅助纬度的反解展开式，将展开式系数统一表示为椭球偏心率 e 和第三扁率 n 的幂级数形式。

对式（2.4.3）微分，可得

$$
\mathrm{d}X = M(\phi)\mathrm{d}\phi \tag{2.4.12}
$$

由式（2.4.7），可得 $\mathrm{d}X = R\mathrm{d}\psi$，代入式（2.4.12），整理后可得

$$
\frac{\mathrm{d}\phi}{\mathrm{d}\psi} = \frac{\mathrm{d}\phi}{\mathrm{d}X}\frac{\mathrm{d}X}{\mathrm{d}\psi} = \frac{R}{M(\phi)} = \frac{1}{\sqrt{1-e^2}}\sqrt{\frac{(1-e^2\cos^2\phi)^3}{1-(2-e^2)e^2\cos^2\phi}} \tag{2.4.13}
$$

为求式（2.4.13）以 $\sin\psi$ 表示的幂级数展开式，引入变量 $t = \sin\psi$，则有

$$
\mathrm{d}t = \cos\psi\,\mathrm{d}\psi, \quad \frac{\mathrm{d}\psi}{\mathrm{d}t} = \frac{1}{\cos\psi} \tag{2.4.14}
$$

记

$$f(t)=\frac{\mathrm{d}\phi}{\mathrm{d}\psi}=\frac{R}{M(\phi)}=\frac{1}{\sqrt{1-e^2}}\sqrt{\frac{(1-e^2\cos^2\phi)^3}{1-(2-e^2)e^2\cos^2\phi}} \tag{2.4.15}$$

然后将 $f(t)$ 展开成如下幂级数形式：

$$f(t)=f(0)+f_t'(0)t+\frac{1}{2!}f_t''(0)t^2+\frac{1}{3!}f_t'''(0)t^3+\cdots+\frac{1}{10!}f_t^{(10)}(0)t^{10}+\cdots \tag{2.4.16}$$

利用复合函数求导的链式法则：

$$f_t'=\frac{\mathrm{d}f}{\mathrm{d}\phi}\frac{\mathrm{d}\phi}{\mathrm{d}\psi}\frac{\mathrm{d}\psi}{\mathrm{d}t},\quad f_t''=\frac{\mathrm{d}f'}{\mathrm{d}\phi}\frac{\mathrm{d}\phi}{\mathrm{d}\psi}\frac{\mathrm{d}\psi}{\mathrm{d}t}+\frac{\mathrm{d}f'}{\mathrm{d}\psi}\frac{\mathrm{d}\psi}{\mathrm{d}t},\quad \cdots \tag{2.4.17}$$

借助计算机代数系统可求出式（2.4.16）中的导数值，并求变量 ψ 的积分，整理后可得

$$\phi(\psi)=\psi+\beta_2\sin 2\psi+\beta_4\sin 4\psi+\beta_6\sin 6\psi+\beta_8\sin 8\psi+\beta_{10}\sin 10\psi \tag{2.4.18}$$

式中系数为

$$\left\{\begin{aligned}
\beta_2&=-\frac{1}{8}e^2-\frac{1}{16}e^4-\frac{103}{2048}e^6-\frac{181}{4096}e^8-\frac{61\,565}{1\,572\,864}e^{10}\\
\beta_4&=\frac{5}{256}e^4+\frac{5}{256}e^6+\frac{415}{24\,576}e^8+\frac{175}{12\,288}e^{10}\\
\beta_6&=\frac{1}{2048}e^6+\frac{3}{4096}e^8+\frac{31}{131\,072}e^{10}\\
\beta_8&=\frac{283}{393\,216}e^8+\frac{283}{196\,608}e^{10}\\
\beta_{10}&=\frac{1301}{7\,864\,320}e^{10}
\end{aligned}\right. \tag{2.4.19}$$

式（2.4.18）和式（2.4.19）即为采用幂级数展开法导出等距离纬度反解展开式。将第三扁率 n 代入得

$$\left\{\begin{aligned}
\beta_2&=-\frac{1}{2}n-\frac{23}{32}n^3+\frac{499}{1536}n^5\\
\beta_4&=\frac{5}{16}n^2-\frac{5}{96}n^4\\
\beta_6&=\frac{1}{32}n^3-\frac{77}{128}n^5\\
\beta_8&=\frac{283}{1536}n^4\\
\beta_{10}&=\frac{1301}{7680}n^5
\end{aligned}\right. \tag{2.4.20}$$

式（2.4.20）要比式（2.4.19）简明得多，项数得到压缩，系数也得到极大简化，分母的数值明显变小，如 β_{10} 分母由原来的 7 位数变为现在的 4 位数。

2.4.2 基于地心纬度的等面积纬度变换

1. 等面积纬度的正解展开式

根据地图投影理论，在椭球面上，由赤道到地心纬度 ϕ 及单位经差所围成的曲边梯

形的面积即为等面积纬度函数，一般用 $F(\phi)$ 表示为

$$F(\phi)=\int_0^{\phi}M(\phi)r\mathrm{d}\phi=a^2(1-e^2)\int_0^{\phi}\frac{\cos\phi\sqrt{1-(2-e^2)e^2\cos^2\phi}}{(1-e^2\cos^2\phi)^2}\mathrm{d}\phi \tag{2.4.21}$$

设半径平方为 R^2，由赤道至纬度 ϑ 及单位经差所围曲边梯形面积与 $F(\phi)$ 相等，故由球面积分公式得

$$\sin\vartheta=\frac{F(\phi)}{R^2}=\frac{F(\phi)}{a^2(1-e^2)A} \tag{2.4.22}$$

式中：$A=1+\frac{2}{3}e^2+\frac{3}{5}e^4+\frac{4}{7}e^6+\frac{5}{9}e^8+\frac{6}{11}e^{10}$；$\vartheta$ 为等面积纬度。

式（2.4.3）可展开为 e 的幂级数形式：

$$\vartheta(\phi)=\vartheta|_{e=0}+\left.\frac{\partial\vartheta}{\partial e}\right|_{e=0}e+\frac{1}{2!}\left.\frac{\partial^2\vartheta}{\partial e^2}\right|_{e=0}e^2+\frac{1}{3!}\left.\frac{\partial^3\vartheta}{\partial e^3}\right|_{e=0}e^3+\cdots+\frac{1}{10!}\left.\frac{\partial^{10}\vartheta}{\partial e^{10}}\right|_{e=0}e^{10}+\cdots \tag{2.4.23}$$

借助计算机代数系统，略去推导过程，得到以地心纬度为变量的等面积纬度正解展开式，并在 $e=0$ 处进行展开，取至 e^{10} 项，整理得

$$\vartheta(\phi)=\phi+b_2\sin2\phi+b_4\sin4\phi+b_6\sin6\phi+b_8\sin8\phi+b_{10}\sin10\phi \tag{2.4.24}$$

式中系数为

$$\begin{cases}b_2=\frac{1}{6}e^2+\frac{7}{90}e^4+\frac{281}{5040}e^6+\frac{27\,869}{604\,800}e^8+\frac{593\,207}{14\,968\,800}e^{10}\\ b_4=\frac{1}{180}e^4+\frac{1}{252}e^6+\frac{10\,669}{1\,814\,400}e^8+\frac{507\,841}{59\,875\,200}e^{10}\\ b_6=-\frac{131}{45\,360}e^6-\frac{8669}{1\,814\,400}e^8-\frac{537\,259}{119\,750\,400}e^{10}\\ b_8=-\frac{5933}{3\,628\,800}e^8-\frac{81\,229}{23\,950\,080}e^{10}\\ b_{10}=-\frac{80\,011}{119\,750\,400}e^{10}\end{cases} \tag{2.4.25}$$

将第三扁率 n 代入得

$$\begin{cases}b_2=\frac{2}{3}n-\frac{4}{45}n^2+\frac{62}{105}n^3+\frac{778}{4725}n^4-\frac{193\,082}{467\,775}n^5\\ b_4=\frac{4}{45}n^2-\frac{32}{315}n^3+\frac{12\,338}{14\,175}n^4+\frac{92\,696}{467\,775}n^5\\ b_6=-\frac{524}{2835}n^3-\frac{1618}{14\,175}n^4+\frac{612\,536}{467\,775}n^5\\ b_8=-\frac{5933}{14\,175}n^4-\frac{8324}{66\,825}n^5\\ b_{10}=-\frac{320\,044}{467\,775}n^5\end{cases} \tag{2.4.26}$$

式（2.4.26）与式（2.4.25）相比，系数得到简化，分母的数值明显变小，如 b_{10} 分母由原来的 9 位数变为现在的 6 位数。

2. 等面积纬度的反解展开式

对式（2.4.1）微分可得

$$dF = M(\phi)r d\phi \tag{2.4.27}$$

由式（2.4.2），可得 $dF = R^2 \cos\vartheta d\vartheta$，代入式（2.4.21）整理后可得

$$\frac{d\phi}{d\vartheta} = \frac{d\phi}{dF}\frac{dF}{d\vartheta} = \frac{R^2\cos\vartheta}{M(\phi)r} = \frac{\cos\vartheta(1-e^2\cos^2\phi)^2}{(1-e^2)\cos\phi\sqrt{1-(2-e^2)e^2\cos^2\phi}} \tag{2.4.28}$$

为求式（2.4.21）以 $\sin\vartheta$ 表示的幂级数展开式，引入变量 $t=\sin\vartheta$，则有

$$dt = \cos\theta d\vartheta, \quad \frac{d\vartheta}{dt} = \frac{1}{\cos\vartheta} \tag{2.4.29}$$

记

$$f(t) = \frac{d\phi}{d\vartheta} = \frac{R^2\cos\vartheta}{M(\phi)r} = \frac{\cos\vartheta(1-e^2\cos^2\phi)^2}{(1-e^2)\cos\phi\sqrt{1-(2-e^2)e^2\cos^2\phi}} \tag{2.4.30}$$

然后将 $f(t)$ 展开成如下幂级数形式：

$$f(t) = f(0) + f_t'(0)t + \frac{1}{2!}f_t''(0)t^2 + \frac{1}{3!}f_t'''(0)t^3 + \cdots + \frac{1}{10!}f_t^{(10)}(0)t^{10} + \cdots \tag{2.4.31}$$

利用复合函数求导的链式法则：

$$f_t' = \frac{df}{d\phi}\frac{d\phi}{d\vartheta}\frac{d\vartheta}{dt} + \frac{df}{d\vartheta}\frac{d\vartheta}{dt}, \quad f_t'' = \frac{df'}{d\phi}\frac{d\phi}{d\vartheta}\frac{d\vartheta}{dt} + \frac{df'}{d\vartheta}\frac{d\vartheta}{dt}, \quad \cdots \tag{2.4.32}$$

借助计算机代数系统可求出式（2.4.24）中的导数值，并求变量 ϑ 的积分，整理后可得

$$\phi(\vartheta) = \vartheta + \gamma_2\sin 2\vartheta + \gamma_4\sin 4\vartheta + \gamma_6\sin 6\vartheta + \gamma_8\sin 8\vartheta + \gamma_{10}\sin 10\vartheta \tag{2.4.33}$$

式中系数为

$$\begin{cases} \gamma_2 = -\dfrac{1}{6}e^2 - \dfrac{7}{90}e^4 - \dfrac{137}{2520}e^6 - \dfrac{79\,711}{1\,814\,400}e^8 - \dfrac{4\,470\,689}{119\,750\,400}e^{10} \\ \gamma_4 = \dfrac{1}{45}e^4 + \dfrac{83}{3780}e^6 + \dfrac{35\,027}{1\,814\,400}e^8 + \dfrac{333\,097}{19\,958\,400}e^{10} \\ \gamma_6 = -\dfrac{29}{22\,680}e^6 - \dfrac{3019}{1\,814\,400}e^8 - \dfrac{483\,577}{239\,500\,800}e^{10} \\ \gamma_8 = \dfrac{719}{1\,209\,600}e^8 + \dfrac{144\,037}{119\,750\,400}e^{10} \\ \gamma_{10} = \dfrac{7177}{239\,500\,800}e^{10} \end{cases} \tag{2.4.34}$$

式（2.4.26）和式（2.4.27）即为采用幂级数展开法导出等面积纬度反解展开式。将第三扁率 n 代入得

$$
\begin{cases}
\gamma_2 = -\dfrac{2}{3}n + \dfrac{4}{45}n^2 - \dfrac{158}{315}n^3 - \dfrac{2102}{14\,175}n^4 + \dfrac{109\,042}{467\,775}n^5 \\
\gamma_4 = \dfrac{16}{45}n^2 - \dfrac{16}{945}n^3 + \dfrac{934}{14\,175}n^4 - \dfrac{7256}{155\,925}n^5 \\
\gamma_6 = -\dfrac{232}{2835}n^3 + \dfrac{922}{14\,175}n^4 - \dfrac{25\,286}{66\,825}n^5 \\
\gamma_8 = \dfrac{719}{4725}n^4 + \dfrac{268}{18\,711}n^5 \\
\gamma_{10} = \dfrac{14\,354}{467\,775}n^5
\end{cases}
\tag{2.4.35}
$$

式（2.4.35）与式（2.4.34）相比，系数得到简化，分母的数值明显变小，如γ_{10}分母由原来的 9 位数变为现在的 6 位数。

2.4.3 基于地心纬度的等角纬度变换

1. 等角纬度的正解展开式

根据地图投影理论（杨启和，1989；Snyder，1987），结合式（2.4.4）和式（2.4.5），可得等量纬度q关于地心纬度ϕ的函数关系式为

$$
q = \int_0^{\phi} \frac{M(\phi)}{r}\mathrm{d}\phi = \int_0^{\phi} \frac{\sqrt{1-(2-e^2)e^2\cos^2\phi}}{(1-e^2\cos^2\phi)\cos\phi}\mathrm{d}\phi
\tag{2.4.36}
$$

若将地球视为球体，则$e=0$，ϕ变为等角纬度φ，即

$$
\varphi = 2\arctan(\exp(q)) - \frac{\pi}{2}
\tag{2.4.37}
$$

式（2.4.2）可展开为e的幂级数形式：

$$
\varphi(\phi) = \varphi|_{e=0} + \left.\frac{\partial\varphi}{\partial e}\right|_{e=0} e + \frac{1}{2!}\left.\frac{\partial^2\varphi}{\partial e^2}\right|_{e=0} e^2 + \frac{1}{3!}\left.\frac{\partial^3\varphi}{\partial e^3}\right|_{e=0} e^3 + \cdots + \frac{1}{10!}\left.\frac{\partial^{10}\varphi}{\partial e^{10}}\right|_{e=0} e^{10} + \cdots
\tag{2.4.38}
$$

借助计算机代数系统，略去推导过程，得到以地心纬度为变量的等角纬度φ正解表达式，并在$e=0$处将其展开为e的幂级数形式，取到e^{10}项，整理得

$$
\varphi(\phi) = \phi + c_2\sin 2\phi + c_4\sin 4\phi + c_6\sin 6\phi + c_8\sin 8\phi + c_{10}\sin 10\phi
\tag{2.4.39}
$$

式中系数为

$$
\begin{cases}
c_2 = \dfrac{1}{24}e^4 + \dfrac{5}{96}e^6 + \dfrac{59}{1152}e^8 + \dfrac{539}{11\,520}e^{10} \\
c_4 = -\dfrac{1}{48}e^4 - \dfrac{1}{60}e^6 - \dfrac{19}{2304}e^8 - \dfrac{7}{5760}e^{10} \\
c_6 = -\dfrac{1}{160}e^6 - \dfrac{25}{2688}e^8 - \dfrac{71}{7680}e^{10} \\
c_8 = -\dfrac{55}{32\,256}e^8 - \dfrac{41}{11\,520}e^{10} \\
c_{10} = -\dfrac{11}{23\,040}e^{10}
\end{cases}
\tag{2.4.40}
$$

将第三扁率 n 代入得

$$\begin{cases} c_2 = \dfrac{2}{3}n^2 + \dfrac{2}{3}n^3 - \dfrac{2}{9}n^4 - \dfrac{14}{45}n^5 \\ c_4 = -\dfrac{1}{3}n^2 + \dfrac{4}{15}n^3 + \dfrac{43}{45}n^4 - \dfrac{4}{45}n^5 \\ c_6 = -\dfrac{2}{5}n^3 + \dfrac{2}{105}n^4 + \dfrac{124}{105}n^5 \\ c_8 = -\dfrac{55}{126}n^4 - \dfrac{16}{105}n^5 \\ c_{10} = -\dfrac{22}{45}n^5 \end{cases} \tag{2.4.41}$$

式（2.4.41）与式（2.4.40）相比，系数得到简化，分母的数值明显变小，如 c_{10} 分母由原来的 5 位数变为现在的 2 位数。

2. 等角纬度的反解展开式

对式（2.4.1）微分，可得

$$\mathrm{d}q = \frac{M(\phi)}{r}\mathrm{d}\phi \tag{2.4.42}$$

由式（2.4.3），可得 $\dfrac{\mathrm{d}q}{\mathrm{d}\varphi} = \dfrac{1}{\cos\varphi}$，代入式（2.4.42），整理后可得

$$\frac{\mathrm{d}\phi}{\mathrm{d}\varphi} = \frac{\mathrm{d}\phi}{\mathrm{d}q}\frac{\mathrm{d}q}{\mathrm{d}\varphi} = \frac{r}{M(\phi)\cos\varphi} = \frac{1}{\cos\varphi}\frac{(1-e^2\cos^2\phi)\cos\phi}{\sqrt{1-(2-e^2)e^2\cos^2\phi}} \tag{2.4.43}$$

为求式（2.4.43）以 $\sin\varphi$ 表示的幂级数展开式，引入变量 $t = \sin\varphi$，则有

$$\mathrm{d}t = \cos\varphi\mathrm{d}\varphi, \qquad \frac{\mathrm{d}\varphi}{\mathrm{d}t} = \frac{1}{\cos\varphi} \tag{2.4.44}$$

记

$$f(t) = \frac{\mathrm{d}\phi}{\mathrm{d}\varphi} = \frac{r}{M(\phi)\cos\varphi} = \frac{1}{\cos\varphi}\frac{(1-e^2\cos^2\phi)\cos\phi}{\sqrt{1-(2-e^2)e^2\cos^2\phi}} \tag{2.4.45}$$

然后将 $f(t)$ 展开成如下幂级数形式：

$$f(t) = f(0) + f_t'(0)t + \frac{1}{2!}f_t''(0)t^2 + \frac{1}{3!}f_t'''(0)t^3 + \cdots + \frac{1}{10!}f_t^{(10)}(0)t^{10} + \cdots \tag{2.4.46}$$

利用复合函数求导的链式法则：

$$f_t' = \frac{\mathrm{d}f}{\mathrm{d}\phi}\frac{\mathrm{d}\phi}{\mathrm{d}\varphi}\frac{\mathrm{d}\varphi}{\mathrm{d}t} + \frac{\mathrm{d}f}{\mathrm{d}\varphi}\frac{\mathrm{d}\varphi}{\mathrm{d}t}, \qquad f_t'' = \frac{\mathrm{d}f'}{\mathrm{d}\phi}\frac{\mathrm{d}\phi}{\mathrm{d}\varphi}\frac{\mathrm{d}\varphi}{\mathrm{d}t} + \frac{\mathrm{d}f'}{\mathrm{d}\varphi}\frac{\mathrm{d}\varphi}{\mathrm{d}t}, \quad \cdots \tag{2.4.47}$$

借助计算机代数系统可求出式（2.4.46）中的导数值，并求变量 φ 的积分，整理后可得

$$\phi(\varphi) = \varphi + \eta_2\sin 2\varphi + \eta_4\sin 4\varphi + \eta_6\sin 6\varphi + \eta_8\sin 8\varphi + \eta_{10}\sin 10\varphi \tag{2.4.48}$$

式中系数为

$$
\begin{cases}
\eta_2 = -\dfrac{1}{24}e^4 - \dfrac{5}{96}e^6 - \dfrac{29}{576}e^8 - \dfrac{13}{288}e^{10} \\
\eta_4 = \dfrac{1}{48}e^4 + \dfrac{1}{60}e^6 + \dfrac{23}{2304}e^8 + \dfrac{7}{1152}e^{10} \\
\eta_6 = \dfrac{1}{160}e^6 + \dfrac{3}{448}e^8 + \dfrac{1}{256}e^{10} \\
\eta_8 = \dfrac{83}{32\,256}e^8 + \dfrac{1}{256}e^{10} \\
\eta_{10} = \dfrac{13}{11\,520}e^{10}
\end{cases}
\tag{2.4.49}
$$

式（2.4.48）和式（2.4.49）即为采用幂级数展开法导出等角纬度反解展开式，将第三扁率 n 代入得

$$
\begin{cases}
n_2 = -\dfrac{2}{3}n^2 - \dfrac{2}{3}n^3 + \dfrac{4}{9}n^4 + \dfrac{2}{9}n^5 \\
n_4 = \dfrac{1}{3}n^2 - \dfrac{4}{15}n^3 - \dfrac{23}{45}n^4 + \dfrac{68}{45}n^5 \\
n_6 = \dfrac{2}{5}n^3 - \dfrac{24}{35}n^4 - \dfrac{46}{35}n^5 \\
n_8 = \dfrac{83}{126}n^4 - \dfrac{80}{63}n^5 \\
n_{10} = \dfrac{52}{45}n^5
\end{cases}
\tag{2.4.50}
$$

式（2.4.50）与式（2.4.49）相比，系数得到简化，分母的数值明显变小，如 n_{10} 分母由原来的 5 位数变为现在的 2 位数。

2.5　基于归化纬度的等距离纬度、等面积纬度和等角纬度变换

归化纬度是地图投影与大地测量中常用的一种纬度，在地图投影与大地测量理论分析中，常引入归化纬度来简化问题。例如基于归化纬度的子午线弧长微分表达式更简单，与第二类椭圆积分的联系更加密切，基于归化纬度的子午线弧长正反解展开式均具有更高的精度（过家春 等，2016，2012）。归化纬度也是贝塞尔大地主题解算方法中重要的中间变量，在椭球大地测量的许多领域，归化纬度都可以使复杂的问题得以简化（郭际明 等，2021）。在以往的地图投影变换中，以大地纬度 B 为变量的常用纬度正反解公式最为常用，常用纬度与归化纬度之间的变换往往利用大地纬度作为中间变量进行间接转换。鉴于此，本节推导等距离纬度、纬度关于归化纬度的正反解，以及差异极值表达式，使辅助纬度与归化纬度间的转换更简便直接，也更加完善。

2.5.1 基于归化纬度的等距离纬度变换

1. 等距离纬度的正解展开式

根据椭球几何学原理，坐标系下 P 点的坐标可表示为

$$\begin{cases} x(u) = a\cos u \\ y(u) = b\sin u \end{cases} \tag{2.5.1}$$

则 P 点所在子午线弧长微分为

$$\mathrm{d}X = \sqrt{\mathrm{d}x^2 + \mathrm{d}y^2}\,\mathrm{d}u \tag{2.5.2}$$

从赤道出发 P 点的子午线弧长可以表示为

$$X = a\int_0^u \sqrt{1 - e^2\cos^2 u}\,\mathrm{d}u \tag{2.5.3}$$

同理，可得子午圈半径为

$$M = a\sqrt{1 - e^2\cos^2 u} \tag{2.5.4}$$

纬线圈半径为

$$r = a\cos u \tag{2.5.5}$$

现假设有一辐角为 ψ 、半径为 R 的圆所对弧长与 P 点所在子午线弧长在量值上相等，则有

$$R = a\int_0^{\pi/2} \sqrt{1 - e^2\cos^2 u}\,\mathrm{d}u \tag{2.5.6}$$

则等距离纬度 ψ 可以表示为

$$\psi = \frac{X}{R} = \frac{\int_0^u \sqrt{1 - e^2\cos^2 u}\,\mathrm{d}u}{(1-e^2)k_0} \tag{2.5.7}$$

式中： $k_0 = 1 + \frac{3}{4}e^2 + \frac{45}{64}e^4 + \frac{175}{256}e^6 + \frac{11\,025}{16\,384}e^8 + \frac{43\,659}{65\,536}e^{10}$ 。

将被积函数级数展开为椭球偏心率 e 的幂级数，取至 e^{10} ，对展开式逐项积分，化三角函数幂形式为倍角形式，得到等距离纬度关于归化纬度的正解表达式，即

$$\psi = u + \alpha_2\sin 2u + \alpha_4\sin 4u + \alpha_6\sin 6u + \alpha_8\sin 8u + \alpha_{10}\sin 10u \tag{2.5.8}$$

式中系数为

$$\begin{cases} \alpha_2 = -\frac{1}{8}e^2 - \frac{1}{16}e^4 - \frac{37}{1024}e^6 - \frac{1}{2048}e^8 - \frac{511}{32\,768}e^{10} \\ \alpha_4 = -\frac{1}{256}e^4 - \frac{1}{256}e^6 - \frac{27}{8192}e^8 - \frac{11}{4096}e^{10} \\ \alpha_6 = -\frac{1}{3072}e^6 - \frac{1}{2048}e^8 - \frac{141}{262\,144}e^{10} \\ \alpha_8 = -\frac{5}{131\,072}e^8 - \frac{5}{65\,536}e^{10} \\ \alpha_{10} = -\frac{7}{1\,310\,720}e^{10} \end{cases} \tag{2.5.9}$$

将第三扁率 n 代入得

$$
\begin{cases}
\alpha_2 = -\dfrac{1}{2}n + \dfrac{3}{16}n^3 - \dfrac{1}{32}n^5 \\
\alpha_4 = \dfrac{1}{3}n^2 - \dfrac{4}{15}n^3 - \dfrac{23}{45}n^4 + \dfrac{68}{45}n^5 \\
\alpha_6 = -\dfrac{1}{48}n^3 + \dfrac{3}{256}n^5 \\
\alpha_8 = -\dfrac{5}{512}n^4 \\
\alpha_{10} = -\dfrac{7}{1280}n^5
\end{cases}
\tag{2.5.10}
$$

对比式（2.5.9）和式（2.5.10）可以看出，后者系数和项数得到了很大的简化，如 a_2 由原来的 5 项变为现在的 3 项，a_2 最后一项系数的分母由 5 位数变为 2 位数。

2. 等距离纬度的反解展开式

本节在归化纬度关于辅助纬度的隐式微分方程的基础上，引入辅助纬度的正弦作为新的辅助变量 t，将微分方程泰勒展开为 t 的幂级数形式；利用复合函数求导法则，借助 Mathematica 计算机代数系统求出该方程关于 t 的高阶导数；将微分方程级数展开为椭球偏心率 e 的幂级数，取至 e^{10}，并逐项求积分得到反解表达式。

由式（2.5.3）及式（2.5.6）可得归化纬度关于等距离纬度的隐式微分方程，即

$$
\frac{\mathrm{d}u}{\mathrm{d}\psi} = \frac{\mathrm{d}u}{\mathrm{d}X}\frac{\mathrm{d}X}{\mathrm{d}\psi} = \frac{R}{a\sqrt{1-e^2\cos^2 u}}
\tag{2.5.11}
$$

为了将式（2.5.11）按照 $\sin\psi$ 幂级数展开，引入新的变量 $t=\sin\psi$，则有

$$
\frac{\mathrm{d}\psi}{\mathrm{d}t} = \frac{1}{\cos\psi}
\tag{2.5.12}
$$

记

$$
f = \frac{\mathrm{d}u}{\mathrm{d}\psi} = \frac{R}{a\sqrt{1-e^2\cos^2 u}}
\tag{2.5.13}
$$

将 $f(t)$ 泰勒展开成关于 t 的幂级数形式：

$$
f(t) = f(0) + f'(0)t + \frac{1}{2}f''(0)t^2 + t^3 + \cdots + \frac{1}{n!}f^{(n)}(0)t^n
\tag{2.5.14}
$$

基于链式求导法则将计算得到的 $f(t)$ 展开为椭球偏心率 e 的幂级数，逐项积分，取至 e^8。截去高阶项，将 $t=\sin\psi$ 代入表达式，整理化简得到等距离纬度关于归化纬度的反解表达式，即

$$
u = \psi + a_2\sin 2u + a_4\sin 4u + a_6\sin 6u + a_8\sin 8u + a_{10}\sin 10u
\tag{2.5.15}
$$

式中系数为

$$
\begin{cases}
a_2=\dfrac{1}{8}e^2+\dfrac{1}{16}e^4+\dfrac{71}{2048}e^6+\dfrac{85}{4096}e^8+\dfrac{20\,797}{1\,572\,864}e^{10}\\
a_4=\dfrac{5}{256}e^4+\dfrac{5}{256}e^6+\dfrac{383}{24\,576}e^8+\dfrac{143}{12\,288}e^{10}\\
a_6=\dfrac{29}{6144}e^6+\dfrac{29}{4096}e^8+\dfrac{969}{131\,072}e^{10}\\
a_8=\dfrac{539}{393\,216}e^8+\dfrac{539}{196\,608}e^{10}\\
a_{10}=\dfrac{3467}{7\,864\,320}e^{10}
\end{cases}
\tag{2.5.16}
$$

将第三扁率 n 代入得

$$
\begin{cases}
a_2=\dfrac{1}{2}n-\dfrac{9}{32}n^3+\dfrac{205}{1536}n^5\\
a_4=\dfrac{5}{16}n^2-\dfrac{37}{96}n^4\\
a_6=\dfrac{29}{96}n^3-\dfrac{75}{128}n^5\\
a_8=\dfrac{539}{1536}n^4\\
a_{10}=\dfrac{3467}{7680}n^5
\end{cases}
\tag{2.5.17}
$$

对比式（2.5.16）和式（2.5.17）可以看出，引入第三扁率后的表达式不但项数得到压缩，而且系数的分子分母也得到了极大的简化，如 a_{10} 的分母由原来的 7 位数变为现在的 4 位数。

2.5.2　基于归化纬度的等面积纬度变换

1. 等面积纬度的正解展开式

设旋转椭球面由赤道至纬度 u 的曲边梯形面积 F 为

$$
F=\int_0^u Mr\mathrm{d}u=a^2\int_0^u \cos u\sqrt{1-e^2\cos^2 u}\mathrm{d}u \tag{2.5.18}
$$

设半径平方为 R^2 的球面上，单位经差由赤道至纬度 ϑ 所界曲边梯形面积与 F 相等，由地图投影理论可知：

$$
R^2=\int_0^{\pi/2} Mr\mathrm{d}u=a^2\int_0^{\pi/2}\cos u\sqrt{1-e^2\cos^2 u}\mathrm{d}u \tag{2.5.19}
$$

则等面积纬度 ϑ 可以表示为

$$
\vartheta=\frac{F}{R^2}=\frac{\int_0^u \cos u\sqrt{1-e^2\cos^2 u}\mathrm{d}u}{\int_0^{\pi/2}\cos u\sqrt{1-e^2\cos^2 u}\mathrm{d}u} \tag{2.5.20}
$$

同理，将被积函数展开为 e 的幂级数形式，取至 e^{10}，逐项积分，转化为三角函数倍角形式，得到等面积纬度关于归化纬度的正解表达式，即

$$\vartheta = u + \beta_2 \sin 2u + \beta_4 \sin 4u + \beta_6 \sin 6u + \beta_8 \sin 8u + \beta_{10} \sin 10u \tag{2.5.21}$$

式中系数为

$$\begin{cases} \beta_2 = -\dfrac{1}{12}e^2 - \dfrac{17}{360}e^4 - \dfrac{121}{4032}e^6 - \dfrac{6203}{302\,400}e^8 - \dfrac{3\,535\,339}{239\,500\,800}e^{10} \\ \beta_4 = -\dfrac{7}{1440}e^4 - \dfrac{17}{3360}e^6 - \dfrac{15\,997}{3\,628\,800}e^8 - \dfrac{441\,499}{119\,750\,400}e^{10} \\ \beta_6 = -\dfrac{83}{181\,440}e^6 - \dfrac{311}{453\,600}e^8 - \dfrac{72\,437}{95\,800\,320}e^{10} \\ \beta_8 = -\dfrac{797}{14\,515\,200}e^8 - \dfrac{12917}{119\,750\,400}e^{10} \\ \beta_{10} = -\dfrac{3673}{479\,001\,600}e^{10} \end{cases} \tag{2.5.22}$$

将第三扁率 n 代入得

$$\begin{cases} \beta_2 = -\dfrac{1}{3}n - \dfrac{4}{45}n^2 + \dfrac{32}{315}n^3 + \dfrac{34}{675}n^4 + \dfrac{2476}{467\,775}n^5 \\ \beta_4 = -\dfrac{7}{90}n^2 - \dfrac{4}{315}n^3 + \dfrac{74}{2025}n^4 + \dfrac{3992}{467\,775}n^5 \\ \beta_6 = -\dfrac{83}{2835}n^3 + \dfrac{2}{14\,175}n^4 + \dfrac{7052}{467\,775}n^5 \\ \beta_8 = -\dfrac{797}{56\,700}n^4 + \dfrac{934}{467\,775}n^5 \\ \beta_{10} = -\dfrac{3673}{467\,775}n^5 \end{cases} \tag{2.5.23}$$

式（2.5.23）与式（2.5.22）相比，系数得到很大简化，分母的数值明显变小，如 β_{10} 分母由原来的 9 位数变为现在的 6 位数。

2. 等面积纬度的反解展开式

等面积纬度关于归化纬度的反解表达式，即

$$u = \vartheta + a_2 \sin 2\vartheta + a_4 \sin 4\vartheta + a_6 \sin 6\vartheta + a_8 \sin 8\vartheta + a_{10} \sin 10\vartheta \tag{2.5.24}$$

式中系数为

$$\begin{cases} a_2 = \dfrac{1}{12}e^2 + \dfrac{17}{360}e^4 + \dfrac{197}{6720}e^6 + \dfrac{4393}{226\,800}e^8 + \dfrac{50\,207}{3\,742\,200}e^{10} \\ a_4 = \dfrac{17}{1440}e^4 + \dfrac{391}{30\,240}e^6 + \dfrac{41\,239}{3\,628\,800}e^8 + \dfrac{24\,863}{2\,661\,120}e^{10} \\ a_6 = \dfrac{461}{181\,440}e^6 + \dfrac{3733}{907\,200}e^8 + \dfrac{1\,121\,807}{2\,395\,000\,800}e^{10} \\ a_8 = \dfrac{3161}{4\,838\,400}e^8 + \dfrac{10\,477}{7\,484\,400}e^{10} \\ a_{10} = \dfrac{22\,217}{119\,750\,400}e^{10} \end{cases} \tag{2.5.25}$$

将第三扁率 n 代入得

$$
\begin{cases}
a_2 = \dfrac{1}{3}n + \dfrac{4}{45}n^2 - \dfrac{46}{315}n^3 - \dfrac{1082}{14\,175}n^4 + \dfrac{11\,824}{467\,775}n^5 \\
a_4 = \dfrac{17}{90}n^2 + \dfrac{68}{945}n^3 - \dfrac{338}{2025}n^4 - \dfrac{16\,672}{155\,925}n^5 \\
a_6 = \dfrac{461}{2835}n^3 + \dfrac{1102}{14\,175}n^4 - \dfrac{101\,069}{467\,775}n^5 \\
a_8 = \dfrac{3161}{18\,900}n^4 + \dfrac{1786}{18\,711}n^5 \\
a_{10} = \dfrac{88\,868}{467\,775}n^5
\end{cases}
\tag{2.5.26}
$$

式（2.5.26）与式（2.5.25）相比，系数得到极大简化，分母的数值明显变小，如 a_{10} 分母由原来的 9 位数变为现在的 6 位数。

2.5.3 基于归化纬度的等角纬度变换

1. 等角纬度的正解展开式

根据椭球面在球面上等角投影的关系式，可推导出等量纬度 q 与等角度纬度 φ 的关系如下：

$$
q = \operatorname{arctanh}(\sin\varphi) \tag{2.5.27}
$$

则等角纬度 φ 可以表示为

$$
\varphi = \arcsin(\tanh q) \tag{2.5.28}
$$

将 $q = \int_0^u \dfrac{M}{r}\mathrm{d}u = \int_0^u \dfrac{\sqrt{1-e^2\cos^2 u}}{\cos u}\mathrm{d}u$ 代入式（2.5.29）得到等角纬度关于归化纬度的正解表达式，即

$$
\varphi = u + \gamma_2 \sin 2u + \gamma_4 \sin 4u + \gamma_6 \sin 6u + \gamma_8 \sin 8u + \gamma_{10} \sin 10u \tag{2.5.29}
$$

式中系数为

$$
\begin{cases}
\gamma_2 = -\dfrac{1}{4}e^2 - \dfrac{1}{12}e^4 - \dfrac{7}{192}e^6 - \dfrac{113}{5760}e^8 - \dfrac{7}{576}e^{10} \\
\gamma_4 = \dfrac{1}{96}e^4 + \dfrac{1}{240}e^6 + \dfrac{1}{13\,440}e^8 + \dfrac{29}{80\,640}e^{10} \\
\gamma_6 = -\dfrac{1}{960}e^6 - \dfrac{13}{13\,440}e^8 - \dfrac{83}{107\,520}e^{10} \\
\gamma_8 = -\dfrac{17}{322\,560}e^8 + \dfrac{1}{32\,256}e^{10} \\
\gamma_{10} = -\dfrac{1}{107\,520}e^{10}
\end{cases}
\tag{2.5.30}
$$

将第三扁率 n 代入得

$$
\begin{cases}
\gamma_2 = -n + \dfrac{2}{3}n^2 - \dfrac{16}{45}n^4 + \dfrac{2}{5}n^5 \\
\gamma_4 = \dfrac{1}{6}n^2 - \dfrac{2}{5}n^3 + \dfrac{19}{45}n^4 - \dfrac{22}{105}n^5 \\
\gamma_6 = -\dfrac{1}{15}n^3 + \dfrac{16}{105}n^4 - \dfrac{22}{105}n^5 \\
\gamma_8 = \dfrac{17}{1260}n^4 - \dfrac{8}{105}n^5 \\
\gamma_{10} = -\dfrac{1}{105}n^5
\end{cases}
\tag{2.5.31}
$$

式（2.5.31）要比式（2.5.30）简明得多，系数得到极大简化，分母的数值明显变小，如 γ_{10} 分母由原来的 6 位数变为现在的 3 位数。

2. 等角纬度的反解展开式

等角纬度关于归化纬度的反解表达式为

$$
\mu = \varphi + c_2 \sin 2\varphi + c_4 \sin 4\varphi + c_6 \sin 6\varphi + c_8 \sin 8\varphi + c_{10} \sin 10\varphi
\tag{2.5.32}
$$

式中系数为

$$
\begin{cases}
c_2 = \dfrac{1}{4}e^2 + \dfrac{1}{12}e^4 + \dfrac{1}{32}e^6 + \dfrac{79}{5760}e^8 \\
c_4 = \dfrac{5}{96}e^4 + \dfrac{3}{80}e^6 + \dfrac{119}{5760}e^8 \\
c_6 = \dfrac{1}{60}e^6 + \dfrac{251}{13\,440}e^8 \\
c_8 = \dfrac{2069}{322\,560}e^8 + \dfrac{1579}{161\,280}e^{10} \\
c_{10} = \dfrac{883}{322\,560}e^{10}
\end{cases}
\tag{2.5.33}
$$

将第三扁率 n 代入得

$$
\begin{cases}
c_2 = n - \dfrac{2}{3}n^2 - \dfrac{1}{3}n^3 + \dfrac{38}{45}n^4 - \dfrac{1}{3}n^5 \\
c_4 = \dfrac{5}{6}n^2 - \dfrac{14}{15}n^3 - \dfrac{7}{9}n^4 + \dfrac{50}{21}n^5 \\
c_6 = \dfrac{16}{15}n^3 - \dfrac{34}{21}n^4 - \dfrac{5}{3}n^5 \\
c_8 = \dfrac{2069}{1260}n^4 - \dfrac{28}{9}n^5 \\
c_{10} = \dfrac{883}{315}n^5
\end{cases}
\tag{2.5.34}
$$

式（2.5.34）要比式（2.5.33）简明得多，系数得到极大简化，分母的数值明显变小，如 c_{10} 分母由原来的 6 位数变为现在的 3 位数。

2.6 等距离纬度、等面积纬度、等角纬度之间的变换

2.6.1 等距离纬度与等角纬度变换的直接展开式

等距离纬度 ψ 变换至等角纬度 φ 的公式为

$$\begin{cases} B = \psi + a_2 \sin 2\psi + a_4 \sin 4\psi + a_6 \sin 6\psi + a_8 \sin 8\psi + a_{10} \sin 10\psi \\ \varphi = B + \beta_2 \sin 2B + \beta_4 \sin 4B + \beta_6 \sin 6B + \beta_8 \sin 8B + \beta_{10} \sin 10B \end{cases} \tag{2.6.1}$$

使用式（2.6.1）需要经过两步计算方可完成变换。为简化计算，可将式（2.6.1）中的变量 B 消去，得到由等距离纬度 ψ 计算等角纬度 φ 的直接展开式。但是，该过程由人工推导非常烦琐，借助 Mathematica 计算机代数系统强大的符号运算功能，通过定义相关系数和变量，在 $e=0$ 处将 φ 展开为 e 的幂级数形式，取至 e^{10} 项，即 $\varphi = \text{FullSimplify}[\text{Series}[\varphi\{e,0,10\}]]$，整理后得到等距离纬度 ψ 计算等角纬度 φ 的直接展开式：

$$\varphi = \psi + \delta_2 \sin 2\psi + \delta_4 \sin 4\psi + \delta_6 \sin 6\psi + \delta_8 \sin 8\psi + \delta_{10} \sin 10\psi \tag{2.6.2}$$

式中系数为

$$\begin{cases} \delta_2 = -\dfrac{1}{8}e^2 - \dfrac{1}{48}e^4 - \dfrac{7}{2048}e^6 + \dfrac{17}{184\,320}e^8 + \dfrac{17\,837}{23\,592\,960}e^{10} \\ \delta_4 = -\dfrac{1}{768}e^4 - \dfrac{3}{1280}e^6 - \dfrac{559}{368\,640}e^8 - \dfrac{1021}{1\,290\,240}e^{10} \\ \delta_6 = -\dfrac{17}{30\,720}e^6 - \dfrac{263}{430\,080}e^8 - \dfrac{7489}{13\,762\,560}e^{10} \\ \delta_8 = -\dfrac{4397}{41\,287\,680}e^8 - \dfrac{1319}{6\,881\,280}e^{10} \\ \delta_{10} = -\dfrac{4583}{165\,150\,720}e^{10} \end{cases} \tag{2.6.3}$$

将第三扁率 n 代入得

$$\begin{cases} \delta_2 = -\dfrac{1}{2}n + \dfrac{2}{3}n^2 - \dfrac{37}{96}n^3 + \dfrac{1}{360}n^4 + \dfrac{81}{512}n^5 \\ \delta_4 = -\dfrac{1}{48}n^2 - \dfrac{1}{15}n^3 + \dfrac{437}{1440}n^4 - \dfrac{46}{105}n^5 \\ \delta_6 = -\dfrac{17}{480}n^3 + \dfrac{37}{840}n^4 + \dfrac{209}{4480}n^5 \\ \delta_8 = -\dfrac{4397}{161\,280}n^4 + \dfrac{11}{504}n^5 \\ \delta_{10} = -\dfrac{4583}{161\,280}n^5 \end{cases} \tag{2.6.4}$$

等角纬度 φ 变换至等距离纬度 ψ 的公式为

$$\begin{cases} B = \varphi + b_2 \sin 2\varphi + b_4 \sin 4\varphi + b_6 \sin 6\varphi + b_8 \sin 8\varphi + b_{10} \sin 10\varphi \\ \psi = B + \alpha_2 \sin 2B + \alpha_4 \sin 4B + \alpha_6 \sin 6B + \alpha_8 \sin 8B + \alpha_{10} \sin 10B \end{cases} \tag{2.6.5}$$

类似于式（2.6.2）的推导，可得等角纬度 φ 变换至等距离纬度 ψ 的直接展开式为

$$\psi = \varphi + d_2 \sin 2\varphi + d_4 \sin 4\varphi + d_6 \sin 6\varphi + d_8 \sin 8\varphi + d_{10} \sin 10\varphi \tag{2.6.6}$$

式中系数为

$$\begin{cases} d_2 = \dfrac{1}{8}e^2 + \dfrac{1}{48}e^4 + \dfrac{7}{3072}e^6 - \dfrac{83}{92\,160}e^8 - \dfrac{189}{163\,840}e^{10} \\ d_4 = \dfrac{13}{768}e^4 + \dfrac{29}{3840}e^6 + \dfrac{833}{368\,640}e^8 + \dfrac{143}{430\,080}e^{10} \\ d_6 = \dfrac{61}{15\,360}e^6 + \dfrac{221}{71\,680}e^8 + \dfrac{41\,317}{27\,525\,120}e^{10} \\ d_8 = \dfrac{49\,561}{41\,287\,680}e^8 + \dfrac{28\,081}{20\,643\,840}e^{10} \\ d_{10} = \dfrac{34\,729}{62\,575\,360}e^{10} \end{cases} \tag{2.6.7}$$

将第三扁率 n 代入得

$$\begin{cases} d_2 = \dfrac{1}{2}n - \dfrac{2}{3}n^2 + \dfrac{5}{16}n^3 + \dfrac{41}{180}n^4 - \dfrac{127}{288}n^5 \\ d_4 = \dfrac{13}{48}n^2 - \dfrac{3}{5}n^3 + \dfrac{557}{1440}n^4 + \dfrac{281}{630}n^5 \\ d_6 = \dfrac{61}{240}n^3 - \dfrac{103}{140}n^4 + \dfrac{15\,061}{26\,890}n^5 \\ d_8 = \dfrac{49\,561}{161\,280}n^4 - \dfrac{179}{168}n^5 \\ d_{10} = \dfrac{34\,729}{80\,640}n^5 \end{cases} \tag{2.6.8}$$

式（2.6.8）要比式（2.6.7）简明得多，系数得到极大简化，分母的数值明显变小，如 d_{10} 分母由原来的 8 位数变为现在的 5 位数。

2.6.2 等距离纬度与等面积纬度间变换的直接展开式

采用与 2.6.1 小节相同的推导思路，可得等距离纬度 ψ 变换至等面积纬度 ϑ 的直接展开式为

$$\vartheta = \psi + \varepsilon_2 \sin 2\psi + \varepsilon_4 \sin 4\psi + \varepsilon_6 \sin 6\psi + \varepsilon_8 \sin 8\psi + \varepsilon_{10} \sin 10\psi \tag{2.6.9}$$

式中系数为

$$
\begin{cases}
\varepsilon_2 = \dfrac{1}{24}e^2 + \dfrac{11}{720}e^4 + \dfrac{1333}{215\,040}e^6 + \dfrac{7249}{2\,764\,800}e^8 + \dfrac{269\,762\,411}{245\,248\,619\,200}e^{10} \\
\varepsilon_4 = \dfrac{49}{11\,520}e^4 + \dfrac{271}{80\,640}e^6 + \dfrac{35\,293}{1\,658\,800}e^8 + \dfrac{2\,390\,219}{1\,916\,006\,400}e^{10} \\
\varepsilon_6 = \dfrac{4463}{5\,806\,060}e^6 + \dfrac{55\,277}{5\,806\,000}e^8 + \dfrac{50\,581\,021}{61\,312\,204\,800}e^{10} \\
\varepsilon_8 = \dfrac{331\,799}{1\,857\,945\,600}e^8 + \dfrac{9\,312\,679}{30\,656\,102\,400}e^{10} \\
\varepsilon_{10} = \dfrac{11\,744\,233}{245\,248\,619\,200}e^{10}
\end{cases}
\tag{2.6.10}
$$

将第三扁率 n 代入得

$$
\begin{cases}
\varepsilon_2 = \dfrac{1}{6}n - \dfrac{4}{45}n^2 - \dfrac{817}{10\,080}n^3 + \dfrac{1297}{18\,900}n^4 + \dfrac{7\,764\,059}{239\,500\,800}n^5 \\
\varepsilon_4 = \dfrac{49}{720}n^2 - \dfrac{2}{35}n^3 - \dfrac{29\,609}{453\,600}n^4 + \dfrac{35\,474}{467\,775}n^5 \\
\varepsilon_6 = \dfrac{4463}{90\,720}n^3 - \dfrac{2917}{56\,700}n^4 - \dfrac{430\,6823}{59\,875\,200}n^5 \\
\varepsilon_8 = \dfrac{331\,799}{7\,257\,600}n^4 - \dfrac{102\,293}{1\,871\,100}n^5 \\
\varepsilon_{10} = \dfrac{11\,744\,233}{239\,500\,800}n^5
\end{cases}
\tag{2.6.11}
$$

等面积纬度 ϑ 变换至等距离纬度 ψ 的直接展开式为

$$
\psi = \vartheta + p_2 \sin 2\vartheta + p_4 \sin 4\vartheta + p_6 \sin 6\vartheta + p_8 \sin 8\vartheta + p_{10} \sin 10\vartheta \tag{2.6.12}
$$

式中系数为

$$
\begin{cases}
p_2 = -\dfrac{1}{24}e^2 - \dfrac{11}{720}e^4 - \dfrac{409}{64\,512}e^6 - \dfrac{80\,911}{29\,030\,400}e^8 - \dfrac{3\,797\,279}{3\,065\,610\,240}e^{10} \\
p_4 = -\dfrac{29}{11\,520}e^4 - \dfrac{101}{48\,384}e^6 - \dfrac{23\,491}{16\,568\,800}e^8 - \dfrac{576\,923}{63\,866\,800}e^{10} \\
p_6 = -\dfrac{1003}{2\,903\,040}e^6 - \dfrac{13\,249}{29\,030\,400}e^8 - \dfrac{10\,515\,037}{24\,524\,881\,920}e^{10} \\
p_8 = -\dfrac{40\,457}{619\,315\,200}e^8 - \dfrac{3\,653\,003}{30\,656\,102\,400}e^{10} \\
p_{10} = -\dfrac{1\,800\,439}{12\,262\,409\,600}e^{10}
\end{cases}
\tag{2.6.13}
$$

将第三扁率 n 代入得

$$
\left\{
\begin{aligned}
p_2 &= -\frac{1}{6}n + \frac{4}{45}n^2 + \frac{12}{1680}n^3 - \frac{1609}{28\,350}n^4 - \frac{384\,229}{14\,968\,800}n^5 \\
p_4 &= -\frac{29}{720}n^2 + \frac{26}{945}n^3 + \frac{16\,463}{453\,600}n^4 - \frac{431}{17\,325}n^5 \\
p_6 &= -\frac{1003}{45\,360}n^3 + \frac{449}{26\,350}n^4 + \frac{3\,746\,047}{119\,750\,400}n^5 \\
p_8 &= -\frac{40\,457}{2\,419\,200}n^4 + \frac{629}{53\,460}n^5 \\
p_{10} &= -\frac{1\,800\,439}{119\,750\,400}n^5
\end{aligned}
\right.
\tag{2.6.14}
$$

2.6.3 等角纬度与等面积纬度函数间变换的直接展开式

同理，等角纬度 φ 变换至等面积纬度 ϑ 的直接展开式为

$$
\vartheta = \varphi + \eta_2 \sin 2\varphi + \eta_4 \sin 4\varphi + \eta_6 \sin 6\varphi + \eta_8 \sin 8\varphi + \eta_{10} \sin 10\varphi \tag{2.6.15}
$$

式中系数为

$$
\left\{
\begin{aligned}
\eta_2 &= \frac{1}{6}e^2 + \frac{13}{360}e^4 + \frac{1}{140}e^6 + \frac{359}{604\,800}e^8 - \frac{43\,993}{59\,875\,200}e^{10} \\
\eta_4 &= \frac{19}{720}e^4 + \frac{23}{1680}e^6 + \frac{18\,083}{3\,628\,800}e^8 + \frac{79\,237}{59\,875\,200}e^{10} \\
\eta_6 &= \frac{31}{4536}e^6 + \frac{10\,621}{1\,814\,400}e^8 + \frac{759\,061}{239\,500\,800}e^{10} \\
\eta_8 &= \frac{16\,049}{7\,257\,600}e^8 + \frac{321\,373}{119\,750\,400}e^{10} \\
\eta_{10} &= \frac{7801}{9\,580\,032}e^{10}
\end{aligned}
\right.
\tag{2.6.16}
$$

将第三扁率 n 代入得

$$
\left\{
\begin{aligned}
\eta_2 &= \frac{2}{3}n - \frac{34}{45}n^2 + \frac{46}{315}n^3 + \frac{2458}{4725}n^4 - \frac{55\,222}{93\,555}n^5 \\
\eta_4 &= \frac{19}{45}n^2 - \frac{256}{315}n^3 + \frac{3413}{14\,175}n^4 + \frac{516\,944}{467\,775}n^5 \\
\eta_6 &= \frac{248}{567}n^3 - \frac{15\,958}{14\,175}n^4 + \frac{206\,834}{467\,775}n^5 \\
\eta_6 &= \frac{16\,049}{28\,350}n^4 - \frac{832\,976}{467\,775}n^5 \\
\eta_{10} &= \frac{15\,602}{18\,711}n^5
\end{aligned}
\right.
\tag{2.6.17}
$$

等面积纬度 ϑ 变换至等角纬度 φ 的直接展开式为

$$
\varphi = \vartheta + t_2 \sin 2\vartheta + t_4 \sin 4\vartheta + t_6 \sin 6\vartheta + t_8 \sin 8\vartheta + t_{10} \sin 10\vartheta \tag{2.6.18}
$$

式中系数为

$$
\begin{cases}
t_2 = -\dfrac{1}{6}e^2 - \dfrac{13}{360}e^4 - \dfrac{31}{3360}e^6 - \dfrac{527}{226\,800}e^8 - \dfrac{34\,037}{119\,750\,400}e^{10} \\
t_4 = \dfrac{1}{720}e^4 - \dfrac{5}{3024}e^6 - \dfrac{6071}{3\,628\,800}e^8 - \dfrac{23\,039}{19\,958\,400}e^{10} \\
t_6 = -\dfrac{53}{90\,720}e^6 - \dfrac{43}{64\,800}e^8 - \dfrac{70\,667}{119\,750\,400}e^{10} \\
t_8 = -\dfrac{167}{2\,419\,200}e^8 - \dfrac{17\,861}{119\,750\,400}e^{10} \\
t_{10} = -\dfrac{31}{1\,710\,720}e^{10}
\end{cases}
\tag{2.6.19}
$$

将第三扁率 n 代入得

$$
\begin{cases}
t_2 = -\dfrac{2}{3}n + \dfrac{34}{45}n^2 - \dfrac{88}{315}n^3 - \dfrac{2312}{14\,175}n^4 + \dfrac{27\,128}{93\,555}n^5 \\
t_4 = \dfrac{1}{45}n^2 - \dfrac{184}{945}n^3 + \dfrac{6079}{144\,175}n^4 - \dfrac{65\,864}{155\,925}n^5 \\
t_6 = -\dfrac{106}{2835}n^3 + \dfrac{772}{14\,175}n^4 - \dfrac{14\,246}{467\,775}n^5 \\
t_8 = -\dfrac{167}{9450}n^4 - \dfrac{5312}{467\,775}n^5 \\
t_{10} = -\dfrac{248}{13\,365}n^5
\end{cases}
\tag{2.6.20}
$$

式（2.6.20）与式（2.6.19）相比，系数得到极大简化，分母的数值明显变小，如 t_{10} 分母由原来的 7 位数变为现在的 5 位数。

2.7 常用纬度差异极值符号表达式

大地纬度是测量和地球科学计算中最常用的一种纬度，但是在测量和地图投影理论推导中，为满足某种投影性质，也常会用到其他 5 种辅助纬度（地心纬度、归化纬度、等距离纬度、等角纬度和等面积纬度）。随着空间技术和计算机技术在大地测量及地图学中的应用和发展，研究大地纬度及其他 5 种辅助纬度间的关系，以及它们之间的差异问题具有更加重要的实用价值。对于大地纬度与其他 5 种辅助纬度间的变换这一问题，国内外许多学者进行了深入研究，取得了显著成果。杨启和（2000，1989）手工推导出了等角纬度、等面积纬度及等距离纬度展开至 $\sin 8B$ 展开式；边少锋等（2018，2007）、李厚朴等（2019，2015，2013）借助具有强大数学分析功能的计算机代数系统推导出了等面积纬度、等角纬度及等距离纬度的偏心率 e 的幂级数展开式，发现和纠正了手工推导的正解公式中某些项的偏差，推导出的系数具有更高的精确度。

从目前来看，前人对这一领域做了很多卓有成效的工作，但是鲜有文献将这几种常用纬度进行系统比较。为丰富对这一问题的研究，使人们对这几种常用纬度间的差异形成较直观的认识，本节将借助 Mathematica 计算机代数系统对常用纬度间的差异进行分析，推导常用纬度间差异极值点和差异极值的符号表达式，以 CGCS2000 参考椭球为例，对常用纬度间的差异进行数值分析和对比。

2.7.1 归化纬度与大地纬度差异极值表达式

对辅助纬度与大地纬度的差值表达式进行求导，即可推算出辅助纬度与大地纬度差异极值点的解析表达式。对归化纬度与大地纬度的差值表达式进行求导并令导数为零，可得

$$\frac{\mathrm{d}(u-B)}{\mathrm{d}B}=\frac{\mathrm{d}[\arctan(\sqrt{1-e^2}\tan B)-B]}{\mathrm{d}B}=\frac{\sqrt{1-e^2}\sec^2 B}{1+(1-e^2)\tan^2 B}-1=0 \tag{2.7.1}$$

对式（2.7.1）移项并将等式两边同乘以 $\cos^2 B$，变形可得

$$\sqrt{1-e^2}=1-e^2\sin^2 B \tag{2.7.2}$$

将含 B 的式子移至等式的一边，并将分子有理化，可得

$$\sin^2 B=\frac{1}{1+\sqrt{1-e^2}} \tag{2.7.3}$$

顾及 $B\in[0,\pi/2]$，可得

$$B=\arcsin\frac{1}{\sqrt{1+\sqrt{1-e^2}}} \tag{2.7.4}$$

利用计算机代数系统求归化纬度与大地纬度差值表达式的二阶导数，可得

$$\frac{\mathrm{d}[\mathrm{d}(u-B)/\mathrm{d}B]}{\mathrm{d}B}=\frac{4e^2\sqrt{1-e^2}\sin 2B}{(2-e^2+e^2\cos 2B)^2} \tag{2.7.5}$$

将式（2.7.4）代入式（2.7.5）进行检验，可知二阶导数不为零，且在极值点处大于零，故式（2.7.4）所示的大地纬度即为所求的差异极值点的极小值点。将式（2.7.4）代入归化纬度与大地纬度的差值表达式，可得差异极小值为

$$\begin{aligned}(u-B)_{\min}&=\arctan(\sqrt{1-e^2}\tan B)-B\\&=-\arcsin(1+\sqrt{1-e^2})^{-1/2}+\arctan\{\sqrt{1-e^2}\tan[\arcsin(1+\sqrt{1-e^2})^{-1/2}]\}\\&=-\arcsin(1+\sqrt{1-e^2})^{-1/2}+\arctan\{\sqrt{1-e^2}\tan[\operatorname{arccsc}(1+\sqrt{1-e^2})^{1/2}]\}\\&=-\arcsin(1+\sqrt{1-e^2})^{-1/2}+\arctan\{\sqrt{1-e^2}[1/(\sqrt{1+\sqrt{1-e^2}-1})]\}\\&=-\arcsin(1+\sqrt{1-e^2})^{-1/2}+\arctan(1-e^2)^{1/4}\\&=\arctan\frac{(1-e^2)^{1/4}-(1-e^2)^{-1/4}}{2}\end{aligned} \tag{2.7.6}$$

为方便说明归化纬度与大地纬度差异极值点和差异极值的大小，可进一步将式（2.7.4）和式（2.7.6）展开成椭球偏心率 e 的幂级数形式：

$$
\begin{cases} B_{\min} = \dfrac{\pi}{4} + \dfrac{1}{8}e^2 + \dfrac{1}{16}e^4 + \dfrac{31}{768}e^6 + \dfrac{15}{512}e^8 + \dfrac{1863}{81920}e^{10} \\ (u-B)_{\min} = -\dfrac{1}{4}e^2 - \dfrac{1}{8}e^4 - \dfrac{31}{384}e^6 - \dfrac{15}{256}e^8 - \dfrac{1863}{40960}e^{10} \end{cases} \tag{2.7.7}
$$

2.7.2 地心纬度与大地纬度差异极值表达式

对地心纬度与大地纬度的差值表达式进行求导，并令导数为零，可得

$$
\frac{\mathrm{d}(\phi - B)}{\mathrm{d}B} = \frac{\mathrm{d}(\arctan((1-e^2)\tan B) - B)}{\mathrm{d}B} = \frac{(1-e^2)\sec^2 B}{1+(1-e^2)^2\tan^2 B} - 1 = 0 \tag{2.7.8}
$$

对式（2.7.8）移项并将等式两边同乘以 $\cos^2 B$，变形可得

$$
1 - e^2 = \cos^2 B + (1-e^2)^2 \sin^2 B \tag{2.7.9}
$$

整理后化解可得

$$
1 - e^2 = 1 + e^4 \sin^2 B - 2e^2 \sin^2 B \tag{2.7.10}
$$

将含 B 的式子移至等式的一边，可得

$$
\sin^2 B = \frac{1}{2-e^2} \tag{2.7.11}
$$

顾及 $B \in [0, \pi/2]$，可得

$$
B = \arcsin \frac{1}{\sqrt{2-e^2}} \tag{2.7.12}
$$

利用计算机代数系统求地心纬度与大地纬度差值表达式的二阶导数，可得

$$
\frac{\mathrm{d}[\mathrm{d}(\phi - B)/\mathrm{d}B]}{\mathrm{d}B} = \frac{2e^2(2-3e^2+e^4)\sec^2 B \tan B}{[1+(-1+e^2)^2\tan^2 B]^2} \tag{2.7.13}
$$

将式（2.7.12）代入（2.7.13）进行检验，可知二阶导数不为零，且在极值点处大于零，故式（2.7.12）所示的大地纬度即为所求的差异极值点的极小值点。将式（2.7.12）代入地心纬度与大地纬度的差值表达式，可得差异极小值为

$$
\begin{aligned}
(\phi - B)_{\min} &= \arctan[(1-e^2)\tan B] - B \\
&= \arctan\{(1-e^2)\tan[\arcsin(2-e^2)^{-1/2}]\} - \arcsin(2-e^2)^{-1/2} \\
&= \arctan\{(1-e^2)\tan[\operatorname{arccsc}(2-e^2)^{1/2}]\} - \arcsin(2-e^2)^{-1/2} \\
&= \arctan\left[(1-e^2)\frac{1}{\sqrt{1-e^2}}\right] - \arcsin(2-e^2)^{-1/2} \\
&= \arctan(1-e^2)^{1/2} - \arcsin(2-e^2)^{-1/2} \\
&= \arctan\frac{(1-e^2)^{1/2} - (1-e^2)^{-1/2}}{2}
\end{aligned} \tag{2.7.14}
$$

类似地，可将式（2.7.12）和式（2.7.14）展开为椭球偏心率 e 的幂级数形式：

$$
\begin{cases} B_{\min} = \dfrac{\pi}{4} + \dfrac{1}{4}e^2 + \dfrac{1}{8}e^4 + \dfrac{7}{96}e^6 + \dfrac{3}{64}e^8 + \dfrac{83}{2560}e^{10} \\ (\phi-B)_{\min} = -\dfrac{1}{2}e^2 - \dfrac{1}{4}e^4 - \dfrac{7}{48}e^6 - \dfrac{3}{32}e^8 - \dfrac{83}{1280}e^{10} \end{cases} \tag{2.7.15}
$$

2.7.3 等距离纬度与大地纬度差异极值表达式

由式（2.1.6），等距离纬度ψ可用子午线弧长X表示为

$$\psi=\frac{X}{R}=\frac{X}{a(1-e^2)k_0} \tag{2.7.16}$$

式中：$k_0=1+\frac{3}{4}e^2+\frac{45}{64}e^4+\frac{175}{256}e^6+\frac{11\,025}{16\,384}e^8+\frac{43\,659}{65\,536}e^{10}$。

对等距离纬度与大地纬度的差值表达式求导并令导数为零，可得

$$\frac{\mathrm{d}(\psi-B)}{\mathrm{d}B}=\frac{\mathrm{d}\left[\frac{\int_0^s(1-e^2\sin^2 B)^{-3/2}\mathrm{d}B}{k_0}-B\right]}{\mathrm{d}B}=0 \tag{2.7.17}$$

由于积分和微分是相反的一对运算，故式（2.7.9）可化简为

$$\frac{(1-e^2\sin^2 B)^{-3/2}}{k_0}-1=0 \tag{2.7.18}$$

将式（2.7.11）移项，将含B的式子移至等式的一边，化简可得

$$\sin^2 B=\frac{1-k_0^{-2/3}}{e^2} \tag{2.7.19}$$

顾及$B\in[0,\pi/2]$，可得

$$B=\arcsin\sqrt{\frac{1-k_0^{-2/3}}{e^2}} \tag{2.7.20}$$

利用计算机代数系统求等距离纬度与大地纬度差值表达式的二阶导数，可得

$$\frac{\mathrm{d}[\mathrm{d}(\psi-B)/\mathrm{d}B]}{\mathrm{d}B}=\frac{3e^2\cos B\sin B}{k_0(1-e^2\sin^2 B)^{3/2}} \tag{2.7.21}$$

将式（2.7.20）代入式（2.7.21）进行检验，可知二阶导数不为零，且在极值点处大于零，故式（2.7.20）所示的大地纬度即为所求的差异极值点的极小值点。为方便不同极值间大小的比较，在计算机代数系统中将式（2.7.11）展开为关于偏心率e的幂级数形式，得差异极值点的符号表达式：

$$B_{\min}=\frac{\pi}{4}+\frac{5}{32}e^2+\frac{5}{64}e^4+\frac{2435}{49\,152}e^6+\frac{1155}{32\,768}e^8-\frac{20\,846\,011}{50\,331\,648}e^{10} \tag{2.7.22}$$

将式（2.7.15）代入$(\psi-B)$的表达式中，并对结果进行幂级数展开，可推导出等距离纬度与大地纬度差异的极值：

$$(\psi-B)_{\min}=-\frac{3}{8}e^2-\frac{3}{16}e^4-\frac{1417}{12\,288}e^6-\frac{649}{8192}e^8-\frac{1\,225\,533}{20\,971\,520}e^{10} \tag{2.7.23}$$

2.7.4 等面积纬度与大地纬度差异极值表达式

由式（2.1.14）可知，等面积纬度与大地纬度的关系为

$$\vartheta=\arcsin\left[\frac{1}{A}\left(\frac{\sin B}{2(1-e^2\sin^2 B)}+\frac{1}{4e}\ln\frac{1+e\sin B}{1-e\sin B}\right)\right] \tag{2.7.24}$$

对等面积纬度与大地纬度的差值表达式求导并令导数为零，可得

$$\frac{\mathrm{d}(\vartheta-B)}{\mathrm{d}B}=\frac{\mathrm{d}\left\{\arcsin\left[\frac{1}{A}\left(\frac{\sin B}{2(1-e^2\sin^2 B)}+\frac{1}{4e}\ln\frac{1+e\sin B}{1-e\sin B}\right)\right]-B\right\}}{\mathrm{d}B}=0 \tag{2.7.25}$$

在计算机代数系统中求导后可得

$$\begin{aligned}&-\frac{2}{3}\cos 2Be^2+\frac{-31\cos 2B+17\cos 4B}{90}e^4\\&+\frac{-1593\cos 2B+1464\cos 4B-383\cos 6B}{7560}e^6\\&+\frac{-128\,433\cos 2B+153\,938\cos 4B-70\,287\cos 6B+12\,014\cos 8B}{907\,200}e^8\\&+\frac{-10\,048-27\,703\sin^2 B-57\,898\sin^4 B-118\,651\sin^6 B-433\,306\sin^8 B+817\,460\sin^{10} B}{467\,775}e^{10}\\&=0\end{aligned} \tag{2.7.26}$$

由式（2.7.26）可以看出，地球椭球偏心率约为$1/300$，在$B\in[0,\pi/2]$范围内，椭球偏心率很小的情况下，若要使差值表达式的导数为零，则e^2项需近似为零，即差异极值点在$B\approx\pi/4$附近。

将$B\approx\pi/4$项作为等式左边项，其他项移到等式右边，并对等式两端同时取反三角函数：

$$B=\frac{3}{2}\arccos\left[\begin{aligned}&\frac{1}{90}(-31\cos 2B+17\cos 4B)e^2\\&+\frac{-1593\cos 2B+1464\cos 4B-383\cos 6B}{7560}e^4\\&+\frac{-128\,433\cos 2B+153\,938\cos 4B-70\,287\cos 6B+12\,014\cos 8B}{907\,200}e^6\\&+\frac{-10\,048-27\,703\sin^2 B-57\,898\sin^4 B-118\,651\sin^6 B-433\,306\sin^8 B+817\,460\sin^{10} B}{467\,775}e^8\end{aligned}\right] \tag{2.7.27}$$

将初值代入式（2.7.27）进行迭代，经过一次迭代后的结果为

$$B_1=\frac{\pi}{4}+\frac{17}{120}e^2+\frac{61}{420}e^4+\frac{2\,163\,251}{18\,144\,000}e^6+\frac{3\,113\,459}{33\,264\,000}e^8+\frac{10\,927\,449\,193}{1\,016\,064\,000\,000}e^{10} \tag{2.7.28}$$

将B_1代入式（2.7.28）继续进行第二次迭代，以此类推，可以发现第 6 次迭代结果与第 5 次迭代结果相比，它们扩展至e^{10}的展开式中各项系数已不再发生变化，故迭代终止。略去推导过程，得差异极值点的符号表达式：

$$B_{\min}=\frac{\pi}{4}+\frac{17}{120}e^2+\frac{3631}{50\,400}e^4+\frac{848\,753}{18\,144\,000}e^6+\frac{316\,477\,927}{9\,313\,920\,000}e^8-\frac{179\,803\,851\,193}{4\,790\,016\,000\,000}e^{10} \tag{2.7.29}$$

利用计算机代数系统求等面积纬度与大地纬度差值表达式的二阶导数，可得

$$\frac{\mathrm{d}[\mathrm{d}(\varphi-B)/\mathrm{d}B]}{\mathrm{d}B}=3\sin 2Be^2+\frac{31\sin 2B-34\sin 4B}{45}e^4+\frac{531\sin 2B-976\sin 4B+383\sin 6B}{1260}e^6$$
$$+\frac{128\,433\sin 2B-307\,876\sin 4B+210\,861\sin 6B-48\,056\sin 8B}{453\,600}e^8$$
$$+\frac{6\,053\,990\sin 2B-17\,234\,480\sin 4B+15\,766\,119\sin 6B-6\,441\,376\sin 8B+1\,021\,825\sin 10B}{29\,937\,600}e^{10}$$
（2.7.30）

将式（2.7.29）代入式（2.7.30）进行检验，可知二阶导数不为零，且在极值点处大于零，故式（2.7.29）所示的大地纬度即为所求的差异极值点的极小值点。将式（2.7.29）代入 $(\vartheta-B)$ 的表达式中，并展开为椭球偏心率 e 的幂级数形式，取至 e^{10} 项，可得等面积纬度与大地纬度差异极小值为

$$(\vartheta-B)_{\min}=-\frac{1}{3}e^2-\frac{31}{180}e^4-\frac{7147}{64\,800}e^6-\frac{711\,187}{9\,072\,000}e^8-\frac{9\,953\,278\,469}{167\,650\,560\,000}e^{10}\tag{2.7.31}$$

2.7.5 等角纬度与大地纬度差异极值表达式

由式（2.5.4）可得等角纬度与大地纬度的关系为

$$\varphi=2\arctan\left[\tan(\frac{\pi}{4}+\frac{B}{2})(\frac{1-e\sin B}{1+e\sin B})^{e/2}\right]-\frac{\pi}{2}\tag{2.7.32}$$

对等角纬度与大地纬度的差值表达式求导并令导数为零，可得

$$\frac{\mathrm{d}(\varphi-B)}{\mathrm{d}B}=\frac{\mathrm{d}\left\{2\arctan\left[\tan\left(\frac{\pi}{4}+\frac{B}{2}\right)\left(\frac{1-e\sin B}{1+e\sin B}\right)^{e/2}\right]-\frac{\pi}{2}-B\right\}}{\mathrm{d}B}=0\tag{2.7.33}$$

在计算机代数系统中求导后可得

$$\begin{aligned}&-\cos 2Be^2-\frac{5\sin B\sin 3B}{6}e^4+\frac{(-1-2\cos 2B+13\cos 4B)\sin^2 B}{20}e^6\\&+\frac{(653+1\,598\cos 2B+2\,474\cos 4B)\sin^4 B}{2\,520}e^8\\&-\frac{(208+51\cos 2B-1044\cos 4B+1\,835\cos B)\sin^4 B}{5\,040}e^{10}=0\end{aligned}\tag{2.7.34}$$

由式（2.7.34）可以看出，地球椭球偏心率约为 $1/300$，在 $B\in[0,\pi/2]$ 范围内，椭球偏心率很小的情况下，若要使差值表达式的导数为零，则 e^2 项需近似为零，也就是差异极值点在 $B\approx\pi/4$ 附近。

将 $\cos 2B$ 项作为等式左边项，其他项移至等式右边，并对等式两端同时取反三角函数：

$$B=\frac{1}{2}\arccos\left[\begin{aligned}&-\frac{5}{6}\sin B\sin 3Be^2\\&+\frac{(-1-2\cos 2B+13\cos 4B)\sin^2 B}{20}e^4\\&+\frac{(653+1598\cos 2B+2474\cos 4B)\sin^4 B}{2520}e^6\\&-\frac{(208+51\cos 2B-1044\cos 4B+1835\cos B)\sin^4 B}{5040}e^6\end{aligned}\right] \tag{2.7.35}$$

将初值 $B_0=\pi/4$ 代入式（2.7.35）进行迭代，经过一次迭代后的结果为

$$B_1=\frac{\pi}{4}+\frac{5}{24}e^2+\frac{7}{40}e^4+\frac{69\,931}{725\,760}e^6+\frac{1243}{26\,880}e^9+\frac{978\,779}{46\,448\,640}e^{10} \tag{2.7.36}$$

将 B_1 代入式（2.7.35）继续进行第二次迭代，以此类推，可以发现第 6 次迭代结果与第 5 次迭代结果相比，它们扩展至 e^{10} 的展开式中各项系数已不再发生变化，故迭代终止。略去推导过程，得差异极值点的符号表达式：

$$B_{\min}=\frac{\pi}{4}+\frac{5}{24}e^2+\frac{127}{1440}e^4+\frac{36\,121}{725\,760}e^6+\frac{160\,781}{4\,838\,400}e^8+\frac{675\,433}{33\,177\,600}e^{10} \tag{2.7.37}$$

利用计算机代数系统求等角纬度与大地纬度差值表达式的二阶导数，可得

$$\frac{\mathrm{d}[\mathrm{d}(\varphi-B)/\mathrm{d}B]}{\mathrm{d}B}=\frac{1}{10\,080}e^2\left[\begin{aligned}&e^6(-5505e^2+2(8420-883e^2)\cos B\\&-9175e^2\cos 2B+102(188-3e^2)\cos 3B\\&+32(1237+261e^2)\cos 5B)\sin^3 B\\&+84(5(48+20e^2+9e^4)\sin 2B\\&-8e^2(25+21e^2)\sin 4B+117e^4\sin 6B)\end{aligned}\right] \tag{2.7.38}$$

将式（2.7.37）代入式（2.7.38）进行检验，可知二阶导数不为零，且在极值点处大于零，故式（2.7.31）所示的大地纬度即为所求的差异极值点的极小值点，将式（2.7.37）代入 $(\varphi-B)$ 的表达式中，并展开为椭球偏心率 e 的幂级数形式，取至 e^{10} 项，可得等角纬度与大地纬度差异极小值为

$$(\varphi-B)_{\min}=-\frac{1}{2}e^2-\frac{5}{24}e^4-\frac{317}{2880}e^6-\frac{16\,769}{241\,920}e^8-\frac{406\,151}{8\,294\,400}e^{10} \tag{2.7.39}$$

2.7.6 常用纬度差异极值分析

1. 辅助纬度与大地纬度差异极值符号表达式

为了方便比较辅助纬度与大地纬度差异极值点、差异极值的大小，将 2.7.1～2.7.5 小节推导出的辅助纬度与大地纬度的差异极值点及对应的差异极值符号表达式分别列于表 2-5 和表 2-6。

表 2-5　辅助纬度与大地纬度差异极值点

差值	差异极小值点 B
$u-B$	$\frac{\pi}{4}+\frac{1}{8}e^2+\frac{1}{16}e^4+\frac{31}{768}e^6+\frac{15}{512}e^8+\frac{1863}{81\,920}e^{10}$

续表

差值	差异极小值点 B
$\phi-B$	$\frac{\pi}{4}+\frac{1}{4}e^2+\frac{1}{8}e^4+\frac{7}{96}e^6+\frac{3}{64}e^8+\frac{83}{2560}e^{10}$
$\psi-B$	$\frac{\pi}{4}+\frac{5}{32}e^2+\frac{5}{64}e^4+\frac{2435}{49\,152}e^6+\frac{1155}{32\,768}e^8-\frac{20\,846\,011}{50\,331\,648}e^{10}$
$\vartheta-B$	$\frac{\pi}{4}+\frac{17}{120}e^2+\frac{3631}{50\,400}e^4+\frac{848\,753}{18\,144\,000}e^6+\frac{316\,477\,927}{9\,313\,920\,000}e^8-\frac{179\,803\,851\,193}{4\,790\,016\,000\,000}e^{10}$
$\varphi-B$	$\frac{\pi}{4}+\frac{5}{24}e^2+\frac{127}{1440}e^4+\frac{36\,121}{725\,760}e^6+\frac{160\,781}{4\,838\,400}e^8+\frac{675\,433}{33\,177\,600}e^{10}$

表 2-6 辅助纬度与大地纬度差异极值符号表达式

差值	对应差异极小值
$u-B$	$-\frac{1}{4}e^2-\frac{1}{8}e^4-\frac{31}{384}e^6-\frac{15}{256}e^8-\frac{1863}{40\,960}e^{10}$
$\phi-B$	$-\frac{1}{2}e^2-\frac{1}{4}e^4-\frac{7}{48}e^6-\frac{3}{32}e^8-\frac{83}{1280}e^{10}$
$\psi-B$	$-\frac{3}{8}e^2-\frac{3}{16}e^4-\frac{1417}{12\,288}e^6-\frac{649}{8192}e^8-\frac{1\,225\,533}{20\,971\,520}e^{10}$
$\vartheta-B$	$-\frac{1}{3}e^2-\frac{31}{180}e^4-\frac{7147}{64\,800}e^6-\frac{711187}{9\,072\,000}e^8-\frac{9\,953\,278\,469}{167\,650\,560\,000}e^{10}$
$\varphi-B$	$-\frac{1}{2}e^2-\frac{5}{24}e^4-\frac{317}{2880}e^6-\frac{16\,769}{241\,920}e^8-\frac{406\,151}{8\,294\,400}e^{10}$

由表 2-6 可以看出，各辅助纬度与大地纬度的差异极小值点均在 $B\approx\pi/4$ 右侧，且略有不同，辅助纬度中与大地纬度差异极值的绝对值较大的是地心纬度和等角纬度，等距离纬度次之，而归化纬度与大地纬度的差异极值的绝对值最小。

2. 辅助纬度之间的差异极值符号表达式

为系统地比较各常用纬度之间的差异，除对辅助纬度与大地纬度间的差异进行分析以外，需对辅助纬度之间的差异进行分析。本小节分别对大地测量中常用的地心纬度与归化纬度间的差异，以及地图学中常用的等距离纬度、等角纬度及等面积纬度之间的差异进行分析。与推导辅助纬度和大地纬度间差异极值点类似，通过对辅助纬度之间的差值表达式进行求导，并令导数为零（以地心纬度与归化纬度间为例），可得

$$\frac{\mathrm{d}(\phi-u)}{\mathrm{d}B}=\frac{\mathrm{d}\{\arctan[(1-e^2)\tan B]-\arctan(\sqrt{1-e^2}\tan B)\}}{\mathrm{d}B}=0 \tag{2.7.40}$$

即

$$\frac{(1-e^2)\sec^2 B}{1+(1-e^2)^2\tan^2 B}=\frac{\sqrt{1-e^2}\sec^2 B}{1+(1-e^2)\tan^2 B} \tag{2.7.41}$$

对式（2.7.41）化简，并将含 B 的式子移至等式的一边，可得

$$
\begin{aligned}
\tan^2 B &= \frac{\sqrt{1-e^2}-1}{(1-e^2)(1-e^2-\sqrt{1-e^2})} \\
&= \frac{1-e^2-1}{(1-e^2)\sqrt{1-e^2}(1-e^2-1)} \\
&= (1-e^2)^{-3/2}
\end{aligned}
\tag{2.7.42}
$$

顾及 $B \in [0, \pi/2]$，可得

$$
B = \arctan(1-e^2)^{-3/4} \tag{2.7.43}
$$

$$
\frac{\mathrm{d}[\mathrm{d}(\phi-u)/\mathrm{d}B]}{\mathrm{d}B} = 2\sec^2 B \tan B \left\{ \begin{aligned} &\frac{(1-e^2)^{3/2}\sec^2 B}{[-1+(-1+e^2)\tan^2 B]^2} + \frac{\sqrt{1-e^2}}{-1+(-1+e^2)\tan^2 B} \\ &\frac{(-1+e^2)^3\sec^2 B}{[1+(-1+e^2)^2\tan^2 B]^2} + \frac{1-e^2}{1+(-1+e^2)^2\tan^2 B} \end{aligned} \right\} \tag{2.7.44}
$$

将式（2.7.43）代入式（2.7.44）进行检验，可知二阶导数不为零，且在极值点处大于零，故式（2.7.43）所示的大地纬度即为所求的差异极值点的极小值点，将式（2.7.44）代入地心纬度与归化纬度的差值表达式，可得差异极小值为

$$
\begin{aligned}
(\phi-u)_{\min} &= \arctan[(1-e^2)\tan B] - \arctan(\sqrt{1-e^2}\tan B) \\
&= \arctan\frac{(1-e^2)\tan B - \sqrt{1-e^2}\tan B}{1+(1-e^2)\sqrt{1-e^2}\tan^2 B} \\
&= \arctan\frac{(1-e^2)\tan[\arctan(1-e^2)^{-3/4}] - \sqrt{1-e^2}\tan[\arctan(1-e^2)^{-3/4}]}{1+(1-e^2)\sqrt{1-e^2}\tan^2[\arctan(1-e^2)^{-3/4}]} \\
&= \arctan\frac{(1-e^2)^{1/4}-(1-e^2)^{-1/4}}{2}
\end{aligned}
\tag{2.7.45}
$$

为方便不同极值间的比较，将式（2.7.4）和式（2.7.6）展开为椭球偏心率 e 的幂级数形式，取至 e^{10} 项，可得差异极值点及对应极值的级数展开式：

$$
\begin{cases}
B_{\min} = \dfrac{\pi}{4} + \dfrac{3}{8}e^2 + \dfrac{3}{16}e^4 + \dfrac{23}{256}e^6 + \dfrac{21}{512}e^6 + \dfrac{1509}{81\,920}e^{10} \\
(\phi-u)_{\min} = -\dfrac{1}{4}e^2 - \dfrac{1}{8}e^4 - \dfrac{31}{384}e^6 - \dfrac{15}{256}e^8 - \dfrac{1863}{40\,960}e^{10}
\end{cases}
\tag{2.7.46}
$$

与推导辅助纬度和大地纬度间差异极值点类似，通过对等面积纬度与等角纬度的差值表达式求导，并利用迭代法推导出其差异极值点及对应的差异极值：

$$
\frac{\mathrm{d}(\vartheta-\varphi)}{\mathrm{d}B} = \frac{\mathrm{d}\left\{\arcsin\left[\dfrac{1}{A}\dfrac{\sin B}{2(1-e^2\sin^2 B)} + \dfrac{1}{4e}\ln\dfrac{1+e\sin B}{1-e\sin B}\right] - 2\arctan\left[\tan\left(\dfrac{\pi}{4}+\dfrac{B}{2}\right)\left(\dfrac{1-e\sin B}{1+e\sin B}\right)^{e/2}\right] + \dfrac{\pi}{2}\right\}}{\mathrm{d}B} = 0
\tag{2.7.47}
$$

在计算机代数系统中求导后可得

$$\begin{aligned}&\frac{1}{3}\cos 2Be^2+\frac{13}{180}\cos 2Be^4-\frac{13}{560}\cos 2Be^6\\&-\frac{6653\cos 2B}{151\,200}e^8-\frac{256\,127\cos 2B}{5\,987\,520}e^{10}-\frac{41\cos 4B}{180}e^4\\&-\frac{197\cos 4B}{1260}e^6-\frac{65\,617\cos 4B}{907\,200}e^8-\frac{16\,579\cos 4B}{748\,440}e^{10}\\&+\frac{1691\cos 6B}{15\,120}e^6+\frac{19\,403\cos 6B}{151\,200}e^8+\frac{4\,038\,733\cos 6B}{39\,916\,800}e^{10}\\&-\frac{43\,651\cos 8B}{907\,200}e^3-\frac{576\,847\cos 8B}{7\,484\,400}e^{10}+\frac{463\,249\cos 10B}{23\,950\,080}e^{10}=0\end{aligned}\tag{2.7.48}$$

由式（2.7.48）可以看出，地球椭球偏心率约为$1/300$，在$B\in[0,\pi/2]$范围内，椭球偏心率很小的情况下，若要使差值表达式的导数为零，则e^2项需近似为零，即差异极值点在$B\approx\pi/4$附近。

将$\cos 2B$项作为等式左边项，其他项移到等式右边，并对等式两端同时取反三角函数：

$$B=\frac{1}{2}\arccos\left(\begin{aligned}&-\frac{13\cos 2B}{60}e^2+\frac{39\cos 2B}{560}e^4+\frac{6653\cos 2B}{50\,400}e^6+\frac{256\,127\cos 2B}{1\,995\,840}e^8\\&+\frac{41\cos 4B}{60}e^2+\frac{197\cos 4B}{420}e^4+\frac{65\,617\cos 4B}{302\,400}e^6+\frac{16\,579\cos 4B}{249\,480}e^8\\&-\frac{1691\cos 6B}{5040}e^4-\frac{19\,403\cos 6B}{50\,400}e^6-\frac{4\,038\,733\cos 6B}{13\,305\,600}e^8\\&+\frac{43\,651\cos 8B}{302\,400}e^6+\frac{576\,847\cos 8B}{2\,494\,800}e^8-\frac{463\,249\cos 10B}{798\,3360}e^8\end{aligned}\right)\tag{2.7.49}$$

对式（2.7.10）采用迭代法，即可推算出等面积纬度与等角纬度之间的差异极值点：

$$B=\frac{\pi}{4}+\frac{41}{60}e^2+\frac{8089}{25\,200}e^4-\frac{167\,903}{453\,600}e^6-\frac{390\,473\,597}{582\,120\,000}e^8+\frac{53\,205\,547\,007}{65\,488\,500\,000}e^{10}\tag{2.7.50}$$

利用计算机代数系统求等面积纬度与等角纬度差值表达式的二阶导数，可得

$$\begin{aligned}&\frac{\mathrm{d}(\vartheta-\varphi)}{\mathrm{d}B}\\&=\frac{1}{59\,875\,200}\left[\begin{aligned}&4e^2(-9\,979\,200-2\,162\,160e^2+694\,980e^4+1\,317\,294e^6+1\,280\,635e^8)\sin 2B\\&+8e^4(6\,819\,120+4\,680\,720e^2+2\,165\,361e^4+663\,160e^6)\sin 4B\\&-9e^6(4\,464\,240+5\,122\,392e^2+4\,038\,733e^4)\sin 6B\\&+16e^3(1\,440\,483+2\,307\,388e^2)\sin 8B-11\,581\,225e^{10}\sin 10B\end{aligned}\right]\end{aligned}\tag{2.7.51}$$

将式（2.7.50）代入式（2.7.51）进行检验，可知二阶导数不为零，且在极值点处小于零，故式（2.7.43）所示的大地纬度即为所求的差异极值点的极大值点。将式（2.7.50）代入$(\vartheta-\varphi)$的表达式中，并展开为椭球偏心率e的幂级数形式，取至e^{10}项，可得等面积纬度与等角纬度差异的极值为

$$(\vartheta-\varphi)_{\max}=\frac{1}{6}e^2+\frac{13}{360}e^4-\frac{49}{1620}e^6-\frac{19\,681}{453\,600}e^8+\frac{6\,978\,863}{149\,688\,000}e^{10} \quad (2.7.52)$$

类似地，可推导出等角纬度、等面积纬度分别与等距离纬度间的差异极值点及对应极值，结果见表2-7和表2-8。

表 2-7　等角纬度、等面积纬度和等距离纬度间差异极值点

差值	差异极值点
$\vartheta-B$	$\frac{\pi}{4}+\frac{41}{60}e^2+\frac{8089}{25\,200}e^4-\frac{167\,903}{453\,600}e^6-\frac{390\,473\,597}{582\,120\,000}e^8+\frac{53\,205\,547\,007}{65\,488\,500\,000}e^{10}$
$\psi-\varphi$	$\frac{\pi}{4}+\frac{35}{48}e^2+\frac{491}{1440}e^4-\frac{1\,460\,941}{2\,903\,040}e^6-\frac{132\,011}{153\,600}e^8+\frac{9\,083\,172\,379}{7\,431\,782\,400}e^{10}$
$\psi-\vartheta$	$\frac{\pi}{4}+\frac{131}{240}e^2+\frac{14\,543}{50\,400}e^4-\frac{1\,475\,833}{14\,515\,200}e^6-\frac{6\,126\,008\,549}{18\,627\,840\,000}e^8+\frac{15\,360\,849\,370\,267}{97\,542\,144\,000\,000}e^{10}$

表 2-8　等角纬度、等面积纬度和等距离纬度间差异极值符号表达式

差值	对应差异极值
$\vartheta-B$	$\frac{1}{6}e^2+\frac{13}{360}e^4-\frac{49}{1620}e^6-\frac{19\,681}{453\,600}e^8+\frac{6\,978\,863}{149\,688\,000}e^{10}$
$\psi-\varphi$	$\frac{1}{8}e^2+\frac{1}{48}e^4-\frac{233}{7680}e^6-\frac{12\,023}{322\,560}e^8+\frac{2\,052\,185}{37\,158\,912}e^{10}$
$\psi-\vartheta$	$-\frac{1}{24}e^2-\frac{11}{720}e^4-\frac{19}{207\,360}e^6+\frac{88\,757}{14\,515\,200}e^8-\frac{127\,680\,983}{153\,280\,512\,000}e^{10}$

由表2-8可以看出，等角纬度、等面积纬度和等距离纬度间的差异极值点均在 $B\approx\pi/4$ 右侧，且存在微小差异。结合表2-7可知，它们之间差异极值的绝对值均小于它们与大地纬度差异极值的绝对值，其中，等距离纬度与等面积纬度间差异极值的绝对值最小，而等面积纬度与等角纬度差异极值的绝对值最大。

2.7.7　算例分析

地球椭球偏心率很小，且不同参考椭球的偏心率非常接近。为使人们对各纬度的差异在数值上有一个直观的认识，本小节以CGCS2000参考椭球($e=0.081\,819\,191\,042\,8$)为例，对6种常用纬度间的差异进行数值比较与分析。

1. 辅助纬度与大地纬度的差异极值

为了解常用辅助纬度与大地纬度的差异情况，绘制大地纬度 $B\in[0^\circ,90^\circ]$ 范围内，常用辅助纬度与大地纬度的差异曲线图，如图2-5所示。

表2-9所示为大地纬度 $B\in[0^\circ,90^\circ]$ 时，每隔 15° 对应的常用辅助纬度与大地纬度间的差异。

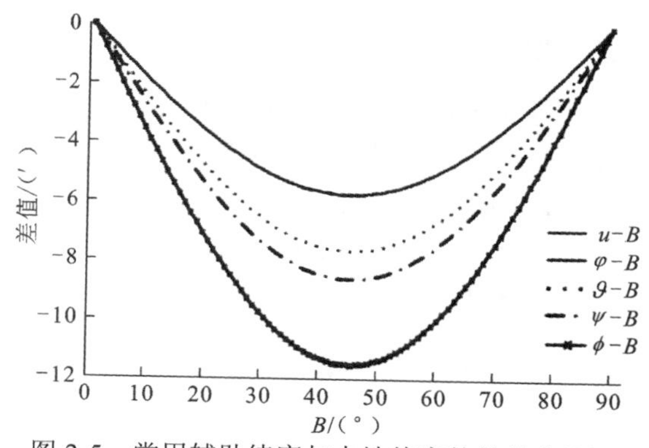

图 2-5　常用辅助纬度与大地纬度的差异曲线图

表 2-9　常用辅助纬度与大地纬度的差异

常用辅助纬度与大地纬度的差异	B					
	15°	30°	45°	60°	75°	90°
$u-B$	−2′52.93″	−4′59.71″	−5′46.36″	−5′00.21″	−2′53.43″	0
$\phi-B$	−5′45.36″	−9′58.91″	−11′32.72″	−10′00.92″	−5′47.37″	0
$\psi-B$	−4′19.30″	−7′29.47″	−8′39.54″	−7′30.41″	−4′20.25″	0
$\varphi-B$	−5′45.33″	−9′58.74″	−11′32.34″	−10′00.42″	−5′47.01″	0
$\vartheta-B$	−3′50.55″	−6′39.61″	−7′41.87″	−6′40.37″	−3′51.32″	0

由图 2-5 及表 2-9 可以看出，常用辅助纬度与大地纬度差异的绝对值先变大后变小，且在大地纬度 π/4 附近处，常用辅助纬度与大地纬度的差异出现极值。

根据已推导出的常用辅助纬度与大地纬度的差异极值点及对应的差异极值的符号表达式，可以计算出 $B\in[0,\pi/2]$ 时，常用辅助纬度与大地纬度间的差异极值，如表 2-10 所示。

表 2-10　常用辅助纬度与大地纬度差异极值

差值	差异极值点	对应差异极值
$u-B$	45°02′53″	−5′46.36″
$\phi-B$	45°05′46″	−11′32.73″
$\psi-B$	45°03′36″	−8′39.55″
$\varphi-B$	45°04′48.5″	−11′32.34″
$\vartheta-B$	45°03′16″	−7′41.87″

由图 2-5 及表 2-10 可以看出，辅助纬度与大地纬度的差异极值点均在 $B\approx\pi/4$ 右侧，地心纬度、等角纬度与大地纬度的差异极值最大，差异极值的绝对值达 11′32.73″。等距离纬度与大地纬度差异极值的绝对值次之，为 8′39.55″，而归化纬度与大地纬度的差异最小，它们的差异极值的绝对值为 5′46.36″。等角纬度和地心纬度这两种纬度与大地纬度的差异十分接近，它们与大地纬度的差异曲线近乎重合。

2. 辅助纬度间的差异极值

为全面分析辅助纬度间的差异极值大小，以 CGCS2000 参考椭球为例，绘制大地纬度 $B\in[0,\pi/2]$ 时地心纬度与归化纬度间的差异，如图 2-6 所示，等角纬度、等面积纬度和等距离纬度间的差异如图 2-7 所示。

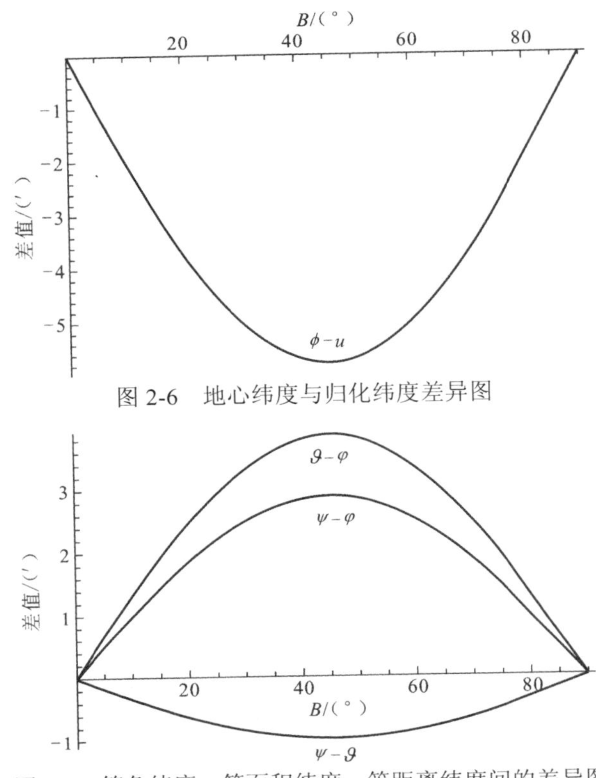

图 2-6　地心纬度与归化纬度差异图

图 2-7　等角纬度、等面积纬度、等距离纬度间的差异图

表 2-11 为大地纬度 $B\in[0,\pi/2]$ 时，每隔 15° 对应的辅助纬度间的差异。

表 2-11　辅助纬度间的差异

辅助纬度间的差异	B					
	15°	30°	45°	60°	75°	90°
$\phi-u$	−2′52″	−4′59″	−5′46″	−5′01″	−2′54″	0
$\vartheta-\varphi$	1′55″	3′19″	3′50″	3′20″	1′56″	0
$\psi-\varphi$	1′26″	2′29″	2′53″	2′30″	1′27″	0
$\psi-\varphi$	−29″	−50″	−58″	−50″	−29″	0

由图 2-6、图 2-7 及表 2-11 可以看出，在 $B\in[0,\pi/2]$ 范围内，地心纬度与归化纬度间差异的绝对值和等角纬度、等面积纬度与等距离纬度间差异的绝对值都是先变大后变小，且这 4 种差异极值均出现在大地纬度 $\pi/4$ 附近。根据推导出的辅助纬度间差异点和极值符号表达式，可计算出辅助纬度间差异极值点和差异极值的具体数值，如表 2-12 所示。

表 2-12 辅助纬度间差异极值点和差异极值

差值	差异极值点	对应差异极值
$\phi-u$	45°08′39″	−5′46.36″
$\vartheta-\varphi$	45°15′46.5″	3′50.47″
$\psi-\varphi$	45°16′50″	2′52.79″
$\psi-\varphi$	45°2′36″	−57.68″

由图 2-6、图 2-7 及表 2-12 可以看出，地心纬度与归化纬度的差异极值点为 $B=45°08'39''$，对应差异极值为 −5′46.36″。等角纬度、等面积纬度和等距离纬度间的差异中，等面积纬度与等角纬度间差异极值最大，为 3′50.47″，而等距离纬度与等面积纬度间差异最小，它们差异的极值为 −57.68″。

第 3 章　椭球面在球面上的投影计算机代数分析

在地球科学与大地测量研究中，为了简化推导或计算，常常将地球椭球体近似处理成球体；在地图投影研究中，为了提高投影精度，常常将地球椭球面投影在一个辅助球面上，再将球面投影至平面上，这种投影方法被称为双重投影。因此将地球参考椭球面准确描写在球面上是双重投影的重要前提。本章将重点针对椭球面在球面上的投影，给出椭球面在球面上投影的一般公式和整体投影在球面上的一般公式。

3.1　椭球面在球面上投影的一般公式

将地球参考椭球面投影在球面上，即实现 $\mathcal{L}_1 \to \mathcal{L}_0$ 的变换，一般有如下规定：①投影后球体的赤道面与原椭球赤道面重合或平行；②投影后球面经差与原椭球面经差相等或成正比关系；③投影后经纬线的正交性保持不变。根据上述规定，可得到参考椭球面在球面上投影的一般公式：

$$\begin{bmatrix} \lambda \\ \varphi \\ R \end{bmatrix} = \begin{bmatrix} \alpha l \\ f(B) \\ R_x \end{bmatrix} \tag{3.1.1}$$

式中：α 为比例系数，当 $\alpha = 1$ 时表示将椭球面整体投影在球面上；$f(B)$根据不同投影条件确定；R_x 为投影球半径，在等角、等面积和等子午线投影条件下分别表示为等角球半径 R_ϕ、等面积球半径 R_ϑ 和等子午线球半径 R_ψ。

由表 3-1 可知，椭球面 $\mathcal{L}_1$ 上的线元为 $\sqrt{M^2(\mathrm{d}B)^2 + N^2\cos^2 B(\mathrm{d}l)^2}$，球面 $\mathcal{L}_0$ 上的线元为 $\sqrt{R^2(\mathrm{d}\varphi)^2 + R^2\cos^2\varphi(\mathrm{d}\lambda)^2}$。因此，将椭球面 $\mathcal{L}_1$ 投影在球面 $\mathcal{L}_0$ 上，任意方向长度比为

表 3-1　地心纬度正反解公式的误差

B 或 φ	$\Delta\varphi_1$	$\Delta\varphi_2$	ΔB_1	ΔB_1
15°	$1.110\,22\times10^{-16}$	$1.110\,22\times10^{-16}$	$1.237\,90\times10^{-14}$	$1.110\,22\times10^{-16}$
30°	$1.110\,22\times10^{-16}$	$4.440\,89\times10^{-16}$	$1.110\,22\times10^{-16}$	$5.551\,12\times10^{-16}$
45°	$1.887\,38\times10^{-15}$	$0.104\,77\times10^{-16}$	$1.887\,38\times10^{-16}$	$0.104\,77\times10^{-16}$
60°	$2.220\,45\times10^{-16}$	$2.220\,45\times10^{-16}$	$2.220\,45\times10^{-16}$	$2.220\,45\times10^{-16}$
75°	$1.221\,25\times10^{-14}$	$2.220\,45\times10^{-16}$	$0.115\,22\times10^{-16}$	$2.220\,45\times10^{-16}$
89°	$1.554\,31\times10^{-15}$	$0.854\,63\times10^{-16}$	$2.220\,45\times10^{-16}$	$2.220\,45\times10^{-16}$

$$\mu=\frac{\sqrt{R^2(\mathrm{d}\varphi)^2+R^2\cos^2\varphi(\mathrm{d}\lambda)^2}}{\sqrt{M^2(\mathrm{d}B)^2+N^2\cos^2B(\mathrm{d}l)^2}} \tag{3.1.2}$$

当 $\mathrm{d}l=0$ 时，对应 $\mathrm{d}\lambda=0$，则子午线方向上长度比为

$$m=\frac{R\mathrm{d}\varphi}{M\mathrm{d}B} \tag{3.1.3}$$

当 $\mathrm{d}B=0$ 时，对应 $\mathrm{d}\varphi=0$，则纬线方向上长度比为

$$n=\frac{R\cos\varphi\mathrm{d}\lambda}{N\cos B\mathrm{d}l}=\frac{\alpha R\cos\varphi}{N\cos B} \tag{3.1.4}$$

由于经纬线正交，面积比为

$$p=mn=\frac{\alpha R^2\cos\varphi\mathrm{d}\varphi}{MN\cos B\mathrm{d}B} \tag{3.1.5}$$

角度最大变形公式为

$$\omega=2\arcsin\left|\frac{m-n}{m+n}\right| \tag{3.1.6}$$

下面分情况讨论具体投影公式。

3.1.1 等角投影

根据等角投影条件 $m=n$，由式（3.1.3）和式（3.1.4）得

$$\frac{R\mathrm{d}\varphi}{M\mathrm{d}B}=\frac{\alpha R\cos\varphi}{N\cos B} \tag{3.1.7}$$

整理得

$$\frac{1}{\cos\varphi}\mathrm{d}\varphi=\alpha\frac{M}{N\cos B}\mathrm{d}B \tag{3.1.8}$$

两边积分得

$$\ln\tan\left(\frac{\pi}{4}+\frac{\varphi}{2}\right)=\alpha q+\ln C \tag{3.1.9}$$

式中：C 为积分常数；$q=\ln U$ 为等量纬度，$U=\tan\left(\frac{\pi}{4}+\frac{B}{2}\right)\left(\frac{1-e\sin B}{1+e\sin B}\right)^{e/2}$ 为中间变量。

将式（3.1.9）进一步表示为

$$\tan\left(\frac{\pi}{4}+\frac{\varphi}{2}\right)=CU^{\alpha} \tag{3.1.10}$$

或

$$\cos\varphi=\frac{2CU^{\alpha}}{C^2U^{2\alpha}+1} \tag{3.1.11}$$

最终整理得

$$\varphi=2\arctan(CU^{\alpha})-\frac{\pi}{2} \tag{3.1.12}$$

式（3.1.12）即为椭球面按等角条件投影在球面上的等角纬度通用表达式，可见等角纬度只与大地纬度和投影常数有关，与等角球半径无关。

根据式（3.1.4）和式（3.1.11）得到等角投影长度比公式

$$\mu = m = n = \frac{\alpha R\cos\varphi}{N\cos B} = \frac{2\alpha CRU^{\alpha}}{N\cos B(C^2U^{2\alpha}+1)} \tag{3.1.13}$$

和面积比公式

$$p = \mu^2 = \frac{\alpha^2R^2\cos^2\varphi}{N^2\cos^2 B} = \frac{4\alpha^2C^2R^2U^{2\alpha}}{N^2\cos^2 B(C^2U^{2\alpha}+1)^2} \tag{3.1.14}$$

3.1.2 等面积投影

根据等面积投影条件 $mn = 1$，由式（3.1.5）得

$$\alpha R^2\cos\varphi \mathrm{d}\varphi = MN\cos B\mathrm{d}B \tag{3.1.15}$$

整理得

$$\cos\varphi \mathrm{d}\varphi = \frac{MN\cos B\mathrm{d}B}{\alpha R^2} \tag{3.1.16}$$

两边积分得

$$\sin\varphi = \frac{F}{\alpha R^2} + C \tag{3.1.17}$$

式中：C 为积分常数；$F = a^2(1-e^2)\left[\frac{\sin B}{2(1-e^2\sin^2 B)} + \frac{1}{4e}\ln\frac{1+e\sin B}{1-e\sin B}\right]$ 为等面积纬度函数。

将式（3.1.17）进一步表示为

$$\varphi = \arcsin\left(\frac{F}{\alpha R^2} + C\right) \tag{3.1.18}$$

式（3.1.18）即为球面上等面积纬度的通用表达式，可见等面积纬度的计算与等面积球半径有关。

根据式（3.1.4）和式（3.1.17）得到等面积投影纬线方向长度比公式

$$n = \frac{\alpha R\cos\varphi}{N\cos B} = \frac{\sqrt{[(1-C)\alpha R^2 - F][(1+C)\alpha R^2 + F]}}{RN\cos B} \tag{3.1.19}$$

和子午线方向上长度比公式

$$m = \frac{1}{n} = \frac{N\cos B}{\alpha R\cos\varphi} = \frac{RN\cos B}{\sqrt{[(1-C)\alpha R^2 - F][(1+C)\alpha R^2 + F]}} \tag{3.1.20}$$

3.1.3 等子午线投影

根据等子午线投影条件 $m = 1$，由式（3.1.3）得

$$\frac{R\mathrm{d}\varphi}{M\mathrm{d}B} = 1 \tag{3.1.21}$$

整理得

$$\mathrm{d}\varphi = \frac{1}{R}M\mathrm{d}B \tag{3.1.22}$$

两边积分得

$$\varphi=\frac{X}{R}+C \tag{3.1.23}$$

式中：C 为积分常数；$X=a(1-e^2)\int_0^B(1-e^2\sin^2 B)^{-\frac{3}{2}}\mathrm{d}B$ 为子午线弧长。该式即为球面上等子午线纬度的通用表达式，可见等子午线投影纬度的计算与等子午线球半径有关。

根据式（3.1.4）和式（3.1.23）得到等子午线投影纬线方向长度比公式：

$$n=\frac{\alpha R\cos\varphi}{N\cos B}=\frac{\alpha R\cos(X/R+C)}{N\cos B} \tag{3.1.24}$$

通过上述讨论可知，只要确定了投影常数 α 和 C，以及投影球半径 R，就可以得到具体的投影公式和变形公式。下面分整体投影和局部投影两种情形讨论。

3.2　将椭球面整体投影在球面上的一般公式

本节讨论将椭球面整体投影在球面上的一般公式。本节规定如下条件：①球面上经差与椭球面上经差相等；②球面与椭球面赤道面重合（但赤道并不一定重合）；③球面与椭球面保持某一性质整体不变，如保持总面积相等或子午线总长相等。根据条件①有 $\alpha=1$，这对不同变形性质的投影来说都满足，但是确定 C 和 R，需要分情况讨论。

3.2.1　等角投影

根据条件②可知，$B=0°$ 时 $\varphi=0°$，于是由式（3.1.10）得 $C=1$。因此等角纬度为

$$\varphi=2\arctan U-\pi/2 \tag{3.2.1}$$

等角纬度的级数展开式及系数见式（2.3.60）和表 2-4。将式（3.2.1）进一步表示为适合电子计算机计算的形式：

$$\varphi=B+\cos B(\alpha_1\sin B+\alpha_3\sin^3 B+\alpha_5\sin^5 B+\alpha_7\sin^7 B+\alpha_9\sin^9 B) \tag{3.2.2}$$

式中：系数 α_i 为

$$\begin{pmatrix}\alpha_1\\ \alpha_3\\ \alpha_5\\ \alpha_7\\ \alpha_9\end{pmatrix}=\begin{pmatrix}-4n+8n^2-12n^3+16n^4-20n^5\\ -\frac{40}{3}n^2+64n^3-\frac{592}{3}n^4+\frac{1472}{3}n^5\\ -\frac{832}{15}n^5+\frac{2144}{5}n^4+\frac{29\,632}{15}n^5\\ -\frac{79\,168}{315}n^4+\frac{848\,364}{315}n^5\\ -\frac{375\,808}{315}n^5\end{pmatrix} \tag{3.2.3}$$

等角投影只保证椭球面在球面上的投影角度不变形，即保持地物形状不变，与空间大小尺寸无关，因此等角投影球半径选取比较灵活。当规定赤道投影长度比为 1 时，等

角球半径 $R_\phi = a$。而将椭球面整体投影在球面上时，一般规定球面和椭球面的极点趋近重合，即靠近极点处长度比为 1，因此可得到整体投影等角球半径：

$$R_\varphi = \left[\frac{N\cos B(U^2+1)}{2U}\right]_{B\to\frac{\pi}{2}} = \frac{a}{\sqrt{1-e^2}}\left(\frac{1-e}{1+e}\right)^{e/2} \tag{3.2.4}$$

同理推导得到等角球半径的级数展开式为

$$R_\varphi = a\left(1-\frac{1}{2}e^2+\frac{1}{24}e^4-\frac{1}{80}e^6-\frac{223}{40\,320}e^8-\frac{103}{26\,880}e^{10}\right) \tag{3.2.5}$$

或

$$R_\varphi = a\left(1-2n+\frac{14}{3}n^2-\frac{142}{15}n^3+\frac{5686}{315}n^4-\frac{2062}{63}n^5\right) \tag{3.2.6}$$

因此，椭球面 $\mathscr{L}_1$ 在球面 $\mathscr{L}_0$ 上整体等角投影的坐标变换公式可以写为

$$\begin{bmatrix}\lambda\\ \varphi\\ R\end{bmatrix} = \begin{bmatrix} l \\ B+\cos B(\alpha_1\sin B+\alpha_3\sin^3 B+\alpha_5\sin^5 B+\alpha_7\sin^7 B+\alpha_9\sin^9 B) \\ a\left(1-2n+\frac{14}{3}n^2-\frac{142}{15}n^3+\frac{5686}{315}n^4-\frac{2062}{63}n^5\right)\end{bmatrix} \tag{3.2.7}$$

3.2.2 等面积投影

根据条件②，将 $B=0^\circ$，$\varphi=0^\circ$ 代入式（3.1.10），得 $C=0$。

根据条件③，保持球面总面积与椭球面总面积相等，有 $4\pi R_\vartheta^2 = 4\pi F(\pi/2)$，因此可得等面积球半径为

$$R_\vartheta = a\sqrt{\frac{1}{2}+\frac{1-e^2}{4e}\ln\frac{1+e}{1-e}} \tag{3.2.8}$$

将其展开为 e 的幂级数为

$$R_\vartheta = a\left(1-\frac{1}{6}e^2-\frac{17}{360}e^4-\frac{67}{3024}e^6-\frac{23\,123}{1\,814\,400}e^8-\frac{984\,443}{119\,750\,400}e^{10}\right) \tag{3.2.9}$$

展开为 n 的幂级数为

$$R_\vartheta = a\left(1-\frac{2}{3}n+\frac{26}{45}n^2-\frac{374}{945}n^3+\frac{722}{2025}n^4-\frac{21\,254}{66\,825}n^5\right) \tag{3.2.10}$$

将等面积球半径公式代入式（3.1.18），可得等面积纬度公式：

$$\vartheta = \arcsin\left(F/R_\vartheta^2\right) \tag{3.2.11}$$

将其展开为幂级数表达式为

$$\vartheta = B+\cos B(\beta_1\sin B+\beta_3\sin^3 B+\beta_5\sin^5 B+\beta_7\sin^7 B+\beta_9\sin^9 B) \tag{3.2.12}$$

式中：系数 β_i 为

$$\begin{pmatrix}\beta_1\\ \beta_3\\ \beta_5\\ \beta_7\\ \beta_9\end{pmatrix}=\begin{pmatrix}-\dfrac{8}{3}n+\dfrac{128}{45}n^2-\dfrac{2248}{945}n^3+\dfrac{35\,968}{14\,175}n^4-\dfrac{173\,752}{66\,825}n^5\\ -\dfrac{272}{45}n^2+\dfrac{47\,296}{2835}n^3-\dfrac{431\,968}{14\,175}n^4+\dfrac{101\,056}{2079}n^5\\ -\dfrac{49\,024}{2835}n^3+\dfrac{1\,124\,608}{14175}n^4-\dfrac{103\,404\,416}{467\,775}n^5\\ -\dfrac{768\,896}{14\,185}n^4+\dfrac{32\,856\,064}{93\,555}n^5\\ -\dfrac{11\,958\,272}{66\,825}n^5\end{pmatrix} \tag{3.2.13}$$

因此，椭球面 $\mathcal{L}_1$ 在球面 $\mathcal{L}_0$ 上整体等面积投影的坐标变换公式可以写为

$$\begin{bmatrix}\lambda\\ \varphi\\ R\end{bmatrix}=\begin{bmatrix}l\\ B+\cos B(\beta_1\sin B+\beta_3\sin^3 B+\beta_5\sin^5 B+\beta_7\sin^7 B+\beta_9\sin^9 B)\\ a\left(1-\dfrac{2}{3}n+\dfrac{26}{45}n^2-\dfrac{374}{945}n^3+\dfrac{722}{2025}n^4-\dfrac{21\,254}{66\,825}n^5\right)\end{bmatrix} \tag{3.2.14}$$

3.2.3 等子午线投影

同样根据条件②，将 $B=0°$ ，$\varphi=0°$ 代入式（3.2.23），得 $C=0$ 。

根据条件③，保持球面子午线总长与椭球面子午线总长相等，有 $2\pi R_\psi=4X(\pi/2)$ ，因此可得等子午线球半径：

$$R_\psi=a(1-e^2)\frac{2}{\pi}\int_0^{\pi/2}(1-e^2\sin^2 B)^{-3/2}\mathrm{d}B \tag{3.2.15}$$

将其展开为 e 的幂级数为

$$R_\psi=a\left(1-\frac{1}{4}e^2-\frac{3}{64}e^4-\frac{5}{256}e^6-\frac{175}{16\,384}e^8-\frac{441}{65\,536}e^{10}\right) \tag{3.2.16}$$

展开为 n 的幂级数为

$$R_\psi=a\left(1-n+\frac{5}{4}n^2-\frac{5}{4}n^3+\frac{81}{64}n^4-\frac{81}{64}n^5\right) \tag{3.2.17}$$

将式（3.2.15）代入式（3.1.23）得等子午线纬度公式：

$$\psi=X/R \tag{3.2.18}$$

将其展开为幂级数表达式为

$$\psi=B+\cos B(\gamma_1\sin B+\gamma_3\sin^3 B+\gamma_5\sin^5 B+\gamma_7\sin^7 B+\gamma_9\sin^9 B) \tag{3.2.19}$$

式中：系数 γ_i 为

$$\begin{pmatrix} \gamma_1 \\ \gamma_3 \\ \gamma_5 \\ \gamma_7 \\ \gamma_9 \end{pmatrix} = \begin{pmatrix} -3n + \dfrac{15}{4}n^2 - \dfrac{13}{4}n^3 + \dfrac{195}{64}n^4 - \dfrac{201}{64}n^5 \\ -\dfrac{15}{2}n^2 + \dfrac{70}{3}n^3 - \dfrac{1455}{32}n^4 + \dfrac{147}{2}n^5 \\ -\dfrac{70}{3}n^3 + \dfrac{945}{8}n^4 - \dfrac{3507}{10}n^5 \\ -\dfrac{315}{4}n^4 + \dfrac{2772}{5}n^5 \\ -\dfrac{1386}{5}n^5 \end{pmatrix} \tag{3.2.20}$$

因此，椭球面 $\mathcal{L}_1$ 在球面 $\mathcal{L}_0$ 上整体等子午线投影的坐标变换公式可以写为

$$\begin{bmatrix} \lambda \\ \varphi \\ R \end{bmatrix} = \begin{bmatrix} l \\ B + \cos B(\gamma_1 \sin B + \gamma_3 \sin^3 B + \gamma_5 \sin^5 B + \gamma_7 \sin^7 B + \gamma_9 \sin^9 B) \\ a\left(1 - n + \dfrac{5}{4}n^2 - \dfrac{5}{4}n^3 + \dfrac{81}{64}n^4 - \dfrac{81}{64}n^5\right) \end{bmatrix} \tag{3.2.21}$$

第4章　墨卡托投影计算机代数分析

作为一种等角投影方式，不同情形的墨卡托投影已在各领域发挥了重要作用。如正轴墨卡托投影因没有角度变形且具有等角航线被表示成直线的特性，常被用于绘编制航海图和航空图等。横轴墨卡托投影因适用于南北径向分布的区域，且可以控制投影变形的程度，常被世界各国用来绘制大比例尺地形图。非南北走向的线路因横跨多个横轴墨卡托投影带，给勘测及制图增加了难度及不必要的误差。为避免这种因跨带而带来的误差，制图者提出斜轴墨卡托投影的概念，现如今该投影方式已被广泛用于东西方向分布的高速公路、铁路工程建设等领域。可以说，墨卡托投影在人类生产活动中占据着不可取代的地位，研究墨卡托投影具有十分重要的意义。因此，本章将在前人研究的基础上，引入计算机代数分析方法，对墨卡托投影的数学性质进行全面的分析。

4.1　正轴墨卡托投影

墨卡托投影（等角正圆柱投影）简单的经纬线形状及所具有的投影特性，使其广泛应用于地图制图和航海导航等领域。但墨卡托投影最大的缺陷是远离赤道的中高纬度地区变形较大，因此一般被应用于低纬度区域的海图编绘。通常情况下，可采用调节基准纬度、使区域最大长度变形最小和选择合适的区域纬差等方法控制长度变形，也可在中高纬长度变形较大区域采用斜轴墨卡托投影。在海图投影中，我国海图基准纬线选择总的原则是使变形尽可能小、面积分布均匀、图幅便于拼接使用，一般单幅海图可以采用中纬度作为基准纬度，局部地区的成套海图（纬差一般小于 10°～15°）采用区域中纬度作为基准纬度。因此，本节分别基于球体和椭球体墨卡托投影公式，以投影区域整体长度变形最小、整体面积变形最小、最大变形处变形最小为准则确定最佳基准纬度，并对小比例尺地图和海图的投影变形进行数学分析。

4.1.1　球体正轴墨卡托投影

1. 正圆柱投影的一般公式

墨卡托投影即为等角正圆柱投影。图 4-1 所示为通过 GeoCart 软件绘制的变形示意图，图中中央经线为 l=105°，并且使用变形椭圆来描述投影的长度与面积变形。通过变形椭圆可以看出，墨卡托投影在中高纬度地区变形较大，在极区无法应用。

正轴圆柱投影如图 4-2 所示。

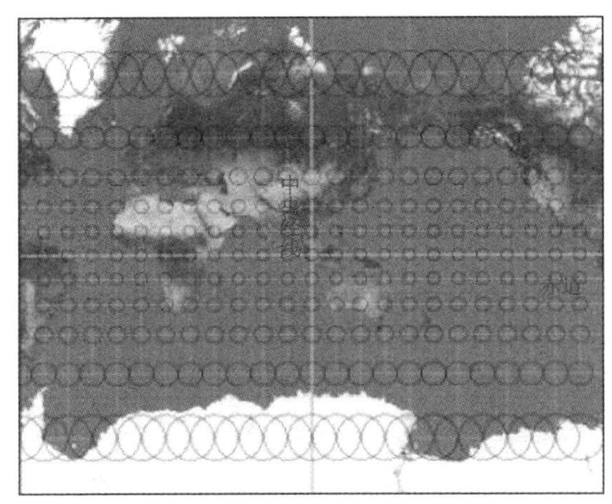

图 4-1　墨卡托投影变形示意图

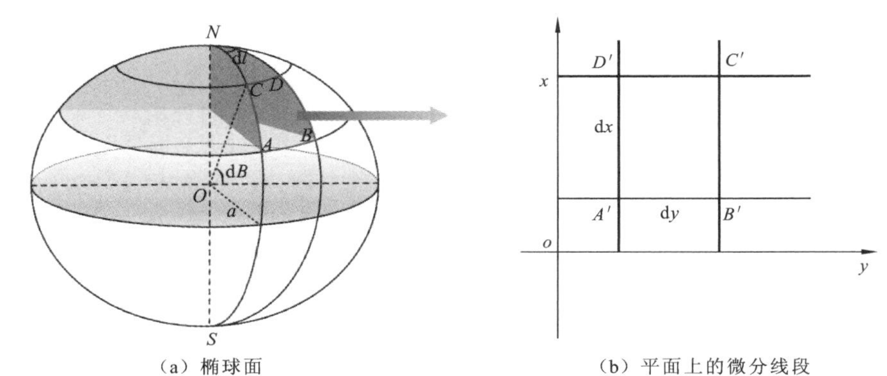

（a）椭球面　　（b）平面上的微分线段

图 4-2　正轴圆柱投影中椭球面与平面上的微分线段

正轴圆柱投影坐标及变形的一般公式为

$$\begin{cases} x = f(B) \\ y = cl \\ m = \dfrac{\mathrm{d}x}{M\mathrm{d}B} \\ n = \dfrac{c}{r} \\ P = \dfrac{c\mathrm{d}x}{rM\mathrm{d}B} \\ \sin\dfrac{\omega}{2} = \left|\dfrac{m-n}{m+n}\right| \end{cases} \tag{4.1.1}$$

式中：m 为沿经线方向的长度比；n 为沿纬线方向的长度比；P 为面积比；ω 为角度变形；c 为常数，当圆柱面与地球面相切时，赤道为标准纬线，则 $c=a$，当圆柱面与地球面相割在 $\pm B_0$ 时，B_0 为标准纬线，则 $c=r_0=N_0\cos B_0$，可见 c 只与切或割的位置有关，与投影性质无关。

2. 球体墨卡托投影的正反解公式

地球是一个扁率很小的椭球体，约为 $1/300$，而且各常用纬度间差异非常小，故在

一定精度范围内，可忽略地球扁率，将地球视为球体。因此，球体正轴圆柱投影的坐标公式及变形公式可表示为

$$\begin{cases} x = f(\varphi) \\ y = c\lambda \\ m = \dfrac{\mathrm{d}x}{R\mathrm{d}\varphi} \\ n = \dfrac{c}{R\cos\varphi} \\ P = \dfrac{c\mathrm{d}x}{R^2\mathrm{d}\varphi} \\ \sin\dfrac{\omega}{2} = \left|\dfrac{m-n}{m+n}\right| \end{cases} \tag{4.1.2}$$

式中：R 为地球球体半径；φ和λ 为地球球体时的大地经纬度。

墨卡托投影的正解公式如下：

$$\begin{cases} x = c\ln\left[\tan\left(\dfrac{\pi}{4}+\dfrac{\varphi}{2}\right)\right] = c\ln(\sec\varphi+\tan\varphi) = c\dfrac{1}{2}\ln\left(\dfrac{1+\sin\varphi}{1-\sin\varphi}\right) = c\cdot\mathrm{arctanh}(\sin\varphi) \\ y = c\lambda \end{cases} \tag{4.1.3}$$

当为切投影时，$c=a$，当为割投影时，$c=R\cos\varphi_0$。

墨卡托投影的反解公式如下：

$$\begin{cases} \varphi = 2\arctan(e^{x/c}) - \pi/2 = \arcsin[\tanh(x/c)] \\ \lambda = y/c \end{cases} \tag{4.1.4}$$

3. 球体墨卡托投影基准纬度求解

基准纬度从几何上可解释为：位于正轴位置的圆柱面与地球球面（椭球面）相交的截线，即球面（椭球面）上的平行圈，称为基准纬圈，基准纬圈的纬度就是基准纬度。基准纬度是墨卡托投影的投影常数，在实际制图作业中，以基准纬圈上经差每分之长在图上的长度作为制图单位。由地图投影理论可知，割投影与切投影是一种相似变换关系，墨卡托投影通过基准纬度确定比例因子，因此，选择合适的方法求解基准纬度是十分有必要的。本小节选用以整体长度变形最小、以整体面积变形最小和以变形最大处变形最小三种方法确定基准纬度。

1）以整体长度变形最小确定基准纬度

以整体长度变形最小为条件，则目标函数可表示为

$$f_1(\varphi_0) = \iint(m-1)^2\mathrm{d}\sigma = \iint\left(\frac{\cos\varphi_0}{\cos\varphi}-1\right)^2\mathrm{d}\sigma = \min \tag{4.1.5}$$

式中：$\mathrm{d}\sigma = R^2\cos\varphi\mathrm{d}\varphi\mathrm{d}\lambda$ 为球面的面积微分，$\Delta\lambda$ 为区域的经差；φ和λ 为球面大地纬度和经度。

由于微分和积分是相反的一对运算，为了简化求解过程，将式（4.1.5）先对 φ_0 求导后对 φ 积分，可得

$$f_1'(\varphi_0) = R^2\Delta\lambda\int_{\varphi_S}^{\varphi_N} 2\left(\frac{\cos\varphi_0}{\cos\varphi}-1\right)\sin\varphi_0 \mathrm{d}\varphi = 2R^2\Delta\lambda\sin\varphi_0\int_{\varphi_S}^{\varphi_N}\left(\frac{\cos\varphi_0}{\cos\varphi}-1\right)\mathrm{d}\varphi \tag{4.1.6}$$

经计算，当 $f_1'(\varphi_0)=0$ 时，$f_1''(\varphi_0)>0$，此时 $f_1(\varphi_0)$ 取得极小值。令 $\overline{\varphi}=(\varphi_N+\varphi_S)/2$，$\Delta\varphi=(\varphi_N-\varphi_S)/2$，将 φ_0 表示成 $\Delta\varphi$ 的幂级数形式并展开至 $\Delta\varphi^2$。经计算，对于0°～80°区域，$\Delta\varphi$ 的高阶项最大值为 0.008 38，数值很小，故可截去高阶项，此时，基准纬度 φ_0 的表达式为

$$\varphi_0=\arccos\left\{\frac{\varphi_S-\varphi_N}{\ln\left[\tan\left(\frac{\varphi_S}{2}+\frac{\pi}{4}\right)\Big/\tan\left(\frac{\varphi_N}{2}+\frac{\pi}{4}\right)\right]}\right\}=\overline{\varphi}+\frac{3-\cos 2\overline{\varphi}}{6\sin 2\overline{\varphi}}\Delta\varphi^2 \tag{4.1.7}$$

2）以整体面积变形最小确定基准纬度

以整体面积变形最小为条件，则目标函数可表示为

$$f_2(\varphi_0)=\iint(P-1)^2\mathrm{d}\sigma=\iint\left(\frac{\cos^2\varphi_0}{\cos^2\varphi}-1\right)^2\mathrm{d}\sigma=\min \tag{4.1.8}$$

同理，在式（4.1.8）中，先对 φ_0 求导后对 φ 积分，可得

$$\begin{aligned}f_2'(\varphi_0)&=R^2\Delta\lambda\int_{\varphi_S}^{\varphi_N}2\left(\frac{\cos^2\varphi_0}{\cos^2\varphi}-1\right)\frac{\sin 2\varphi_0}{\cos\varphi}\mathrm{d}\varphi\\&=2\sin 2\varphi_0 R^2\Delta\lambda\int_{\varphi_S}^{\varphi_N}\left(\frac{\cos^2\varphi_0}{\cos^2\varphi}-1\right)\mathrm{d}\varphi\end{aligned} \tag{4.1.9}$$

经计算，当 $f_2'(\varphi_0)=0$ 时，$f_2''(\varphi_0)>0$，此时 $f_2(\varphi_0)$ 取得极小值。同样，将 φ_0 表示成 $\Delta\varphi$ 的幂级数形式并展开至 $\Delta\varphi^2$，基准纬度 φ_0 可表示为

$$\varphi_0=\overline{\varphi}+\frac{3-2\cos 2\overline{\varphi}}{3\sin 2\overline{\varphi}}\Delta\varphi^2 \tag{4.1.10}$$

3）以变形最大处变形最小确定基准纬度

根据墨卡托投影的变形特点，离基准纬线越远，变形越大，因此，墨卡托投影的最大变形位于区域边缘。假设墨卡托投影的最大变形位于 φ_N，为了使最大变形处变形最小，需将基准纬度向 φ_N 移动，直至边纬线长度变形相等时最大变形处的变形最小，此时可得目标函数为

$$|m_S-1|=|m_N-1| \tag{4.1.11}$$

将边纬线处的长度变形代入后可得

$$\left|\frac{\cos\varphi_0}{\cos\varphi_S}-1\right|=\left|\frac{\cos\varphi_0}{\cos\varphi_N}-1\right| \tag{4.1.12}$$

根据墨卡托投影变形特点可知，$\cos\varphi_0/\cos\varphi_S<1$，$\cos\varphi_0/\cos\varphi_N>1$。同样，将 φ_0 表示成 $\Delta\varphi$ 的幂级数形式并展开至 $\Delta\varphi^2$，此时，基准纬度可表示为

$$\varphi_0=\arccos\left(\frac{2\cos\varphi_N\cos\varphi_S}{\cos\varphi_N+\cos\varphi_S}\right)=\overline{\varphi}+\left(\tan\overline{\varphi}+\frac{\cot\overline{\varphi}}{2}\right)\Delta\varphi^2 \tag{4.1.13}$$

4.1.2 正轴墨卡托投影变形分析

墨卡托投影是等角正圆柱投影，没有角度变形，即在地球上各个方向上的长度比都是相等的。为计算简便，可计算纬线方向上的长度比，即

$$m = n = \frac{c}{N\cos B} \tag{4.1.14}$$

由熊介（1989）可知，纬线方向上的长度变形为

$$m - 1 = n - 1 = \frac{c}{N\cos\varphi} - 1 \tag{4.1.15}$$

当圆柱面与地球面相切时，$c = a$，此时 $m_q = n_q = 1/\cos\varphi$，当圆柱面与地球面相割在 $\pm\varphi_0$ 时，$c = a\cos\varphi_0$，此时 $m_g = n_g = \cos\varphi_0/\cos\varphi$，那么比例因子 $k = m_g/m_q = \cos\varphi_0$。为了形成直观的概略印象，绘制 0°～80° 范围的球体墨卡托投影的长度变形，如图 4-3 所示。

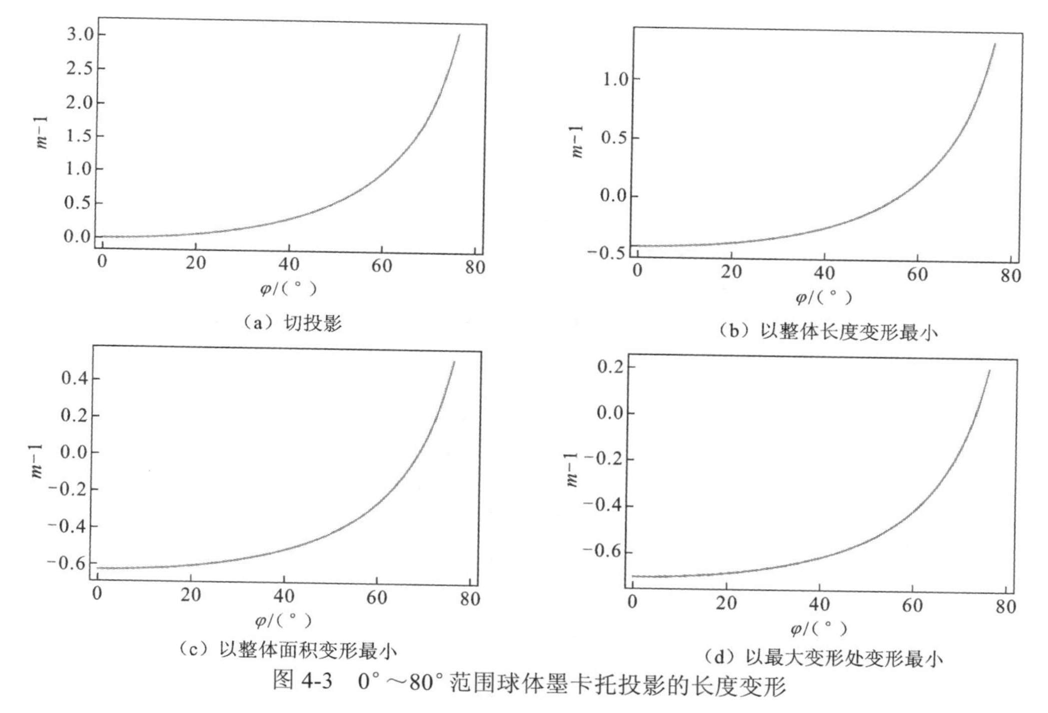

图 4-3　0°～80° 范围球体墨卡托投影的长度变形

由图 4-3 可知，切投影与割投影的变形相似，即离赤道越远，长度变形越大，而且割投影可有效改善区域的整体长度变形。对于割投影，基准纬线处没有长度变形，基准纬线以外长度变形大于 0，以内长度变形小于 0，以外长度变形增长的更快，而且离基准纬线越远，长度变形越大。在高纬度地区，以整体面积变形最小确定的割投影比以整体长度变形最小改善的较为明显。

在海图绘制中，通常选用该地区的中纬度作为基准纬度，为了方便工程人员的查阅，列出了通过本书算法得到的不同海区的基准纬度，并与 1∶5 万海图采用的基准纬度进行对比分析。

我国海图基准纬线选择总的原则是使变形尽可能小，分布均匀，图幅便于拼接使用（吕晓华 等，2016）。由表 4-1 可知，通过本书设计的算法解得的基准纬度虽与中纬度相近，但并不完全相等，可见，中纬度并非是使区域变形最小的最佳基准纬度。

表 4-1　基于球体的基准纬度的比较

海区	纬度范围	基准纬度确定方法	基准纬度	差值
渤海及黄海北部	38°～41°	准则	39°30′	—
		整体长度变形最小	39°31′07″	1′07″
		整体面积变形最小	39°32′06″	2′06″
		最大变形处变形最小	39°33′22″	3′22″
黄海中、南部	32°～38°	准则	35°00′	—
		整体长度变形最小	35°04′27″	4′27″
		整体面积变形最小	35°07′45″	7′45″
		最大变形处变形最小	35°13′18″	13′18″
东海	23°30′～32°	准则	28°00′	—
		整体长度变形最小	27°54′18″	5′42″
		整体面积变形最小	27°59′16″	44″
		最大变形处变形最小	28°12′43″	12′43″
台湾、澎湖及附近	21°～26°	准则	24°00′	—
		整体长度变形最小	23°33′27″	26′33″
		整体面积变形最小	23°34′53″	25′07″
		最大变形处变形最小	23°40′20″	19′40″
南海	18°～24°	准则	21°00′	—
		整体长度变形最小	21°05′17″	5′17″
		整体面积变形最小	21°07′06″	7′06″
		最大变形处变形最小	21°15′48″	15′48″

4.2　横轴墨卡托投影

横轴墨卡托投影是当今应用最广泛的一种投影方式，常被各国作为绘制大比例尺地形图的数学基础，因而得到国内外学者的广泛关注。然而，在我国现有著作中，不同专家对横轴墨卡托投影的理解存在不同的认识，如华棠（1985）在《海图数学基础》中定义横轴墨卡托投影是椭球面到圆柱面的投影，杨启和（1989）在《地图投影变换原理与方法》中也认为等角横圆柱投影是横轴墨卡托投影，而熊介（1988）在《椭球大地测量学》中提出："由于对横轴墨卡托投影的理解不同，因此产生两种不同的前提：一种理解为等角横切的圆柱投影，另一种理解为等角横切椭圆柱投影"。可以说，国内对横轴墨卡托投影还没有统一的定义。

4.2.1 球体横轴墨卡托投影

当把地球视为球体时，椭球第一偏心率 $e=0$，则统一定义横轴墨卡托投影为等角横圆柱投影，即不存在关于横轴墨卡托投影认识不统一的困扰。本小节认为，横轴墨卡托投影是正轴墨卡托投影的一种变换，通过借助旋转圆球来确定地球表面上的点在旋转圆球面上的经纬度，再借助正轴墨卡托投影公式，进而可实现横轴墨卡托投影。在横轴墨卡托投影中，除赤道与中央经线外，其他子午线与纬线圈并不和正轴墨卡托投影中一样被表示成直线。其中，中央经线在投影前后长度保持不变，或者为满足投影特殊需要，特意地定义一个固定的比例因子 $(k_0<1)$ 使投影区域的平均比例更接近真实。因此，横轴墨卡托投影包含两种情况：横轴等角切椭圆柱投影 $(k_0=1)$ 及横轴等角割椭圆柱投影 $(k_0<1)$。针对这一问题，本小节推导横轴墨卡托投影的一般公式及其反解表达式，基于该公式对投影进行数学分析，并给出球面高斯投影与横轴墨卡托投影的严格等价性证明。

1. 球体横轴墨卡托投影公式

根据反双曲正切函数的定义，$y=\operatorname{arctanh}x$ 的对数表达式为

$$y=\frac{1}{2}\ln\frac{1+x}{1-x}(|x|<1) \tag{4.2.1}$$

将地球视为球体时 $e=0$，则竖轴（正轴）墨卡托投影公式可等价表示为

$$\begin{cases}x=c\cdot\operatorname{arctanh}(\sin\varphi)\\ y=c\,\lambda\end{cases} \tag{4.2.2}$$

如图 4-4 所示，可将横轴墨卡托投影视为墨卡托投影中的圆柱面旋转 90° 后，与中央子午线 NP_2O_1S 相切或相割。为推算横轴墨卡托投影公式，可将中央子午线 NP_2O_1S 视为球面上的"新赤道"，而原赤道 O_1P_1E 则视为"新中央子午线"，则球面上的点 $P(\varphi,\lambda)$ 相对于新的赤道与中央子午线有新的球面坐标 $P(\varphi',\lambda')$。

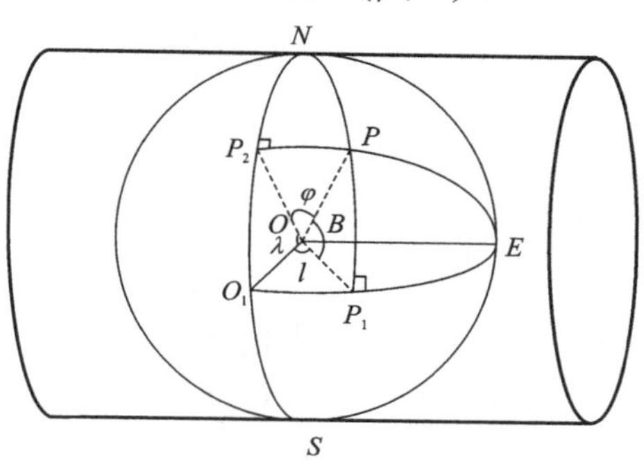

图 4-4　横轴墨卡托投影示意图

定义中央子午线 NP_2O_1S 作为投影的 x 轴，指向北极 N 的方向为正，赤道 O_1P_1E 作为投影的 y 轴，以东为正。结合式（4.2.2），可得横轴墨卡托投影公式为

$$\begin{cases} x = c\lambda' \\ y = c \cdot \operatorname{arctanh}(\sin\varphi') \end{cases} \tag{4.2.3}$$

又由于球面直角三角形 NP_2P 存在如下关系：

$$\begin{cases} \tan\lambda' = \tan\varphi\sec\lambda \\ \sin\varphi' = \cos\varphi\sin\lambda \end{cases} \tag{4.2.4}$$

将式（4.2.4）代入式（4.2.3），则横轴墨卡托投影公式可表示为如下形式：

$$\begin{cases} x = c \cdot \arctan(\tan\varphi\sec\lambda) \\ y = c \cdot \operatorname{arctanh}(\cos\varphi\sin\lambda) \end{cases} \tag{4.2.5}$$

借助 Geocart 软件绘制全球横轴墨卡托投影平面图，如图 4-5 所示。

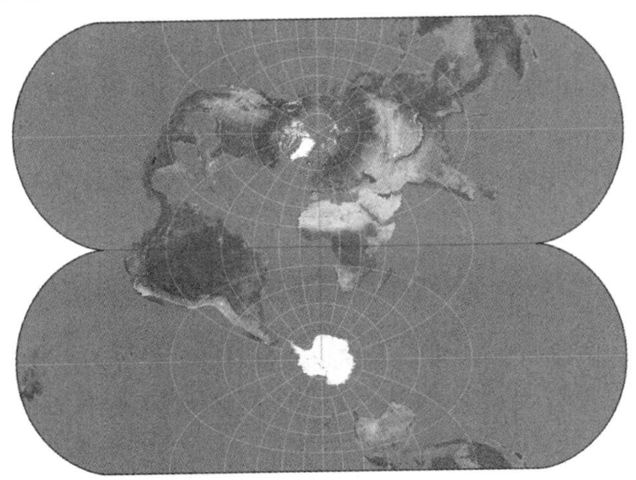

图 4-5　全球横轴墨卡托投影图

2. 球体横轴墨卡托投影反解公式

为便于后续的数学分析，可推导出横轴墨卡托投影的反解公式，即基于平面坐标推导球面坐标。令 $c=1$，将式（4.2.5）做如下变形：

$$\begin{cases} \tan\varphi\cot x = \cos\lambda \\ \tanh y\sec\varphi = \sin\lambda \end{cases} \tag{4.2.6}$$

将式（4.2.6）中两方程分别平方，并考虑对任意 λ，有 $\cos^2\lambda + \sin^2\lambda = 1$，消去 λ 后可得

$$\cos^2\varphi - \sin^2\varphi\cot^2 x = \tanh^2 y \tag{4.2.7}$$

等价于

$$1 - \tanh^2 y = \sin^2\varphi\csc^2 x \tag{4.2.8}$$

由于对任意 y，有 $1-\tanh^2 y = \operatorname{sech}^2 y$，则根据式（4.2.8）可进一步得

$$\varphi = \arcsin(\sin x \operatorname{sech} y) \tag{4.2.9}$$

同样地，将式（4.2.5）做如下变形：

$$\begin{cases} \tan\varphi = \cos\lambda\tan x \\ \sec\varphi = \sin\lambda\coth y \end{cases} \tag{4.2.10}$$

由于对任意φ都有$\tan^2\varphi+1=\sec^2\varphi$，将式（4.2.10）中两方程分别平方后消去$\varphi$，可得

$$\cos^2\lambda\tan^2 x+1=\sin^2\lambda\coth^2 y \tag{4.2.11}$$

即

$$\cos^2\lambda(\tan^2 x+1)=\sin^2\lambda(\coth^2 y-1) \tag{4.2.12}$$

由于对任意y，有$\coth^2 y-\operatorname{csch}^2 y=1$，则可解得平面坐标表示的$\lambda$：

$$\lambda=\arctan(\sec x\sinh y) \tag{4.2.13}$$

综上，球体横轴墨卡托投影的反解公式可表示为

$$\begin{cases}\varphi=\arcsin(\sin x\operatorname{sech} y)\\ \lambda=\arctan(\sec x\sinh y)\end{cases} \tag{4.2.14}$$

4.2.2 椭球体横轴墨卡托投影

鉴于横轴墨卡托投影是一种等角投影，而复变函数作为一种强有力的数学方法，在等角投影中的优势是无可替代的，近年来已有学者注意到这一问题并进行了研究。Bowring（1990）、Klotz（1993）等将复变函数用于解算高斯投影复变函数表示，均取得较好的成效。本小节借助复变函数理论，推算出椭球体情形下的横轴墨卡托投影公式。

1. 柯西-黎曼微分方程与正形投影

柯西-黎曼微分方程是由法国数学家柯西和德国数学家黎曼所提出的。该微分方程是基于正形条件推导出的，故椭球面到平面的正形投影公式，必须满足这两组微分方程之一。柯西-黎曼微分方程可表示为

$$-\frac{\partial y}{\partial q}=\frac{\partial x}{\partial l},\qquad \frac{\partial y}{\partial q}=\frac{\partial x}{\partial l} \tag{4.2.15}$$

和

$$\frac{\partial y}{\partial q}=\frac{\partial x}{\partial l},\qquad \frac{\partial y}{\partial q}=-\frac{\partial x}{\partial l} \tag{4.2.16}$$

考虑复变函数在处理等角映射中的优势，应用复变函数表示椭球面到平面的投影公式。若实数域内有$x=f(q)$，可令

$$\boldsymbol{w}=q+\mathrm{i}l,\qquad \boldsymbol{z}=x+\mathrm{i}y \tag{4.2.17}$$

则有

$$\frac{\partial \boldsymbol{w}}{\partial q}=\mathbf{1},\qquad \frac{\partial \boldsymbol{w}}{\partial l}=\mathrm{i} \tag{4.2.18}$$

假定$\boldsymbol{z}$为$\boldsymbol{w}$的函数，即

$$\boldsymbol{z}=f(\boldsymbol{w}) \tag{4.2.19}$$

则有

$$\frac{\partial \boldsymbol{z}}{\partial q}=\frac{\partial \boldsymbol{z}}{\partial \boldsymbol{w}}\frac{\partial \boldsymbol{w}}{\partial q},\qquad \frac{\partial \boldsymbol{z}}{\partial l}=\frac{\partial \boldsymbol{z}}{\partial \boldsymbol{w}}\frac{\partial \boldsymbol{w}}{\partial l} \tag{4.2.20}$$

结合式（4.2.18），可知

$$\frac{\partial z}{\partial l}=\mathrm{i}\frac{\partial z}{\partial q} \tag{4.2.21}$$

对式（4.2.17）进行微分，可得

$$\frac{\partial z}{\partial q}=\frac{\partial x}{\partial q}+\mathrm{i}\frac{\partial y}{\partial q},\quad \frac{\partial z}{\partial q}=\frac{\partial x}{\partial l}+\mathrm{i}\frac{\partial y}{\partial l} \tag{4.2.22}$$

代入式（4.2.21），则有

$$\mathrm{i}\frac{\partial x}{\partial q}-\frac{\partial y}{\partial q}=\frac{\partial x}{\partial l}+\mathrm{i}\frac{\partial y}{\partial l} \tag{4.2.23}$$

将式（4.2.23）中实部与虚部分开，得

$$-\frac{\partial y}{\partial q}=\frac{\partial x}{\partial l},\quad \frac{\partial x}{\partial q}=\frac{\partial y}{\partial l} \tag{4.2.24}$$

即可知函数

$$z=f(\boldsymbol{w})=f(q+\mathrm{i}l) \tag{4.2.25}$$

满足柯西-黎曼方程。式（4.2.25）即为椭球面到球面的正形投影，又称正形投影一般公式。

2. 椭球横轴墨卡托投影公式

如图 4-6 所示，假设一个横轴椭圆柱与地球椭球相割，设该椭圆柱长半轴为 ak_0，短半轴为 bk_0，则该椭圆柱横截面椭圆的偏心率为 e，且中央经线上的微分弧段在横轴椭圆柱上表示为

$$\mathrm{d}s=ak_0(1-e^2)(1-e^2\sin^2 B)^{-3/2}\,\mathrm{d}B \tag{4.2.26}$$

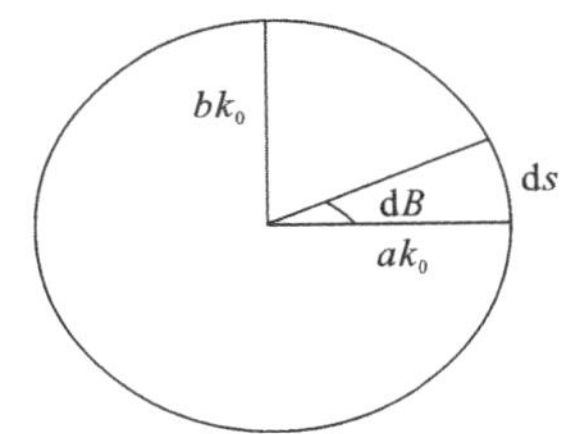

图 4-6　椭圆柱横截面示意图

则投影后中央经线为

$$\chi=m(B)=ak_0(1-e^2)\int_0^B(1-e^2\sin^2 B)^{-3/2}\,\mathrm{d}B \tag{4.2.27}$$

式中：k_0 为中央经线比例因子。由于等量纬度是大地纬度的函数，可设由等量纬度表示的子午线弧长表达式为 $\chi=f(q)$，则有

$$f(q)=m(B) \tag{4.2.28}$$

由式（4.2.27）可知，子午线弧长关于大地纬度的导数为

$$\frac{\mathrm{d}m(B)}{\mathrm{d}B}=\frac{ak_0(1-e^2)}{(1-e^2\sin^2 B)^{3/2}}=k_0M \tag{4.2.29}$$

为推导出子午线弧长的泰勒展开式，必须推算出子午线关于等量纬度的各阶导数。由于

$$\frac{\mathrm{d}f(q)}{\mathrm{d}q}=\frac{\mathrm{d}f(q)\mathrm{d}B}{\mathrm{d}B}\frac{\mathrm{d}B}{\mathrm{d}q}=\frac{\mathrm{d}m(B)}{\mathrm{d}B}\frac{\mathrm{d}B}{\mathrm{d}q} \tag{4.2.30}$$

且根据等量纬度与大地纬度的关系，可知：

$$\frac{\mathrm{d}q}{\mathrm{d}B}=\frac{1-e^2}{(1-e^2\sin^2 B)\cos B} \tag{4.2.31}$$

将式（4.2.31）代入式（4.2.30），可知子午线弧长关于等量纬度的一阶导数为

$$\begin{aligned}\frac{\mathrm{d}f(q)}{\mathrm{d}q}&=\frac{\mathrm{d}m(B)}{\mathrm{d}B}\left(\frac{\mathrm{d}q}{\mathrm{d}B}\right)^{-1}=\frac{ak_0(1-e^2)}{(1-e^2\sin^2 B)^{3/2}}\frac{(1-e^2\sin^2 B)\cos B}{1-e^2}\\&=\frac{ak_0\cos B}{(1-e^2\sin^2 B)^{1/2}}=k_0N\cos B\end{aligned} \tag{4.2.32}$$

以式（4.2.32）为基础，可以推导出子午线弧长关于等量纬度的各阶导数，结果表示成大地纬度形式。定义子午线弧长的第 n 阶导数为 $f^{(n)}$，则子午线弧长的前 6 阶导数为

$$f^{(1)}=\frac{\mathrm{d}f(q)}{\mathrm{d}q}=k_0N\cos B \tag{4.2.33}$$

$$f^{(2)}=\frac{\mathrm{d}f^{(1)}}{\mathrm{d}q}=\frac{\mathrm{d}f^{(1)}}{\mathrm{d}B}\frac{\mathrm{d}B}{\mathrm{d}q}=-\frac{ac\sin B\cos B}{(1-e^2\sin^2 B)^{1/2}}=-k_0N\sin B\cos B \tag{4.2.34}$$

$$\begin{aligned}f^{(3)}&=\frac{\mathrm{d}f^{(2)}}{\mathrm{d}q}=\frac{\mathrm{d}f^{(2)}}{\mathrm{d}B}\frac{\mathrm{d}B}{\mathrm{d}q}=-\frac{ak_0\cos B(\sin^2 B-\cos^2 B-e^2\sin^4 B)}{(1-e^2\sin^2 B)^{1/2}(1-e^2)}\\&=-k_0N\cos^3 B\left(\frac{1-e^2\sin^2 B}{1-e^2}-\tan^2 B\right)=-k_0N\cos^3 Bw_3\end{aligned} \tag{4.2.35}$$

$$\begin{aligned}f^{(4)}&=\frac{\mathrm{d}f^{(3)}}{\mathrm{d}g}=\frac{\mathrm{d}f^{(3)}}{\mathrm{d}B}\frac{\mathrm{d}B}{\mathrm{d}g}=k_0N\sin B\cos^3 B\left(4\left(\frac{1-e^2\sin^2 B}{1-e^2}\right)^2+\frac{1-e^2\sin^2 B}{1-e^2}-\tan^2 B\right)\\&=k_0N\sin B\cos^3 Bw_4\end{aligned} \tag{4.2.36}$$

$$\begin{aligned}f^{(5)}&=\frac{\mathrm{d}f^{(4)}}{\mathrm{d}q}=\frac{\mathrm{d}f^{(4)}}{\mathrm{d}B}\frac{\mathrm{d}B}{\mathrm{d}q}=k_0N\cos^5 B\left[4\left(\frac{1-e^2\sin^2 B}{1-e^2}\right)^3(1-6\tan^2 B)+\left(\frac{1-e^2\sin^2 B}{1-e^2}\right)^2(1+8\tan^2 B)\right]\\&\quad-2\frac{1-e^2\sin^2 B}{1-e^2}\tan^2 B+\tan^4 B)=k_0N\cos^5 Bw_5\end{aligned} \tag{4.2.37}$$

$$\begin{aligned}f^{(6)}&=\frac{\mathrm{d}f^{(5)}}{\mathrm{d}q}=\frac{\mathrm{d}f^{(5)}}{\mathrm{d}B}\frac{\mathrm{d}B}{\mathrm{d}q}\\&=-k_0N\sin B\cos^5 B(8\left(\frac{1-e^2\sin^2 B}{1-e^2}\right)^4(11-24t^2)-28\left(\frac{1-e^2\sin^2 B}{1-e^2}\right)^3(1-6\tan^2 B)\\&\quad+\left(\frac{1-e^2\sin^2 B}{1-e^2}\right)^2(1-32\tan^2 B)-2\frac{1-e^2\sin^2 B}{1-e^2}\tan^2 B+\tan^4 B)\\&=-k_0N\sin B\cos^5 Bw_6\end{aligned} \tag{4.2.38}$$

令 $t=\tan B$， $\kappa=\frac{1-e^2\sin^2 B}{1-e^2}$，则子午线弧长的各阶导数中参数可简化表示为

$$
\begin{cases}
w_3 = \kappa - t^2 \\
w_4 = 4\kappa^2 + \kappa - t^2 \\
w_5 = 4\kappa^3(1-6t^2) + \kappa^2(1+8t^2) - 2\kappa t^2 + t^4 \\
w_6 = 8\kappa^4(11-24t^2) - 28\kappa^3(1-6t^2) + \kappa^2(1-32t^2) - 2\kappa t^2 + t^4
\end{cases}
\tag{4.2.39}
$$

在椭球面 $q = q_0$ 处将子午线弧长级数展开，有

$$
\begin{aligned}
\chi - \chi_0 = {} & (q-q_0)f_0^{(1)} + \frac{1}{2!}(q-q_0)^2 f_0^{(2)} + \frac{1}{3!}(q-q_0)^3 f_0^{(3)} + \frac{1}{4!}(q-q_0)^4 f_0^{(4)} \\
& + \frac{1}{5!}(q-q_0)^5 f_0^{(5)} + \frac{1}{6!}(q-q_0)^6 f_0^{(6)} + \cdots
\end{aligned}
\tag{4.2.40}
$$

式中：$f_0^{(n)} = f^{(n)}(q_0)$；$\chi_0 = f(q_0)$。

由椭球大地测量学知识可知，椭球面到平面的正形投影必须遵循柯西-黎曼微分方程，则令 $\boldsymbol{w} = q + \mathrm{i}l$，并将子午线弧长拓展至复数域，即 $\boldsymbol{z} = x + \mathrm{i}y$，则应用复变函数表示椭球面上点 $P(q, \mathrm{i}l)$ 到平面的正形投影方程：

$$
\begin{aligned}
\boldsymbol{z} - \boldsymbol{z}_0 = {} & (\boldsymbol{w}-\boldsymbol{w}_0)f_0^{(1)} + \frac{1}{2!}(\boldsymbol{w}-\boldsymbol{w}_0)^2 f_0^{(2)} + \frac{1}{3!}(\boldsymbol{w}-\boldsymbol{w}_0)^3 f_0^{(3)} + \frac{1}{4!}(\boldsymbol{w}-\boldsymbol{w}_0)^4 f_0^{(4)} \\
& + \frac{1}{5!}(\boldsymbol{w}-\boldsymbol{w}_0)^5 f_0^{(5)} + \frac{1}{6!}(\boldsymbol{w}-\boldsymbol{w}_0)^6 f_0^{(6)} + \cdots
\end{aligned}
\tag{4.2.41}
$$

为简化公式形式，选择在中央经线上 $(l=0)$ 的 $\boldsymbol{w}_0$ 与 P 点具有相同纵坐标，即 $\boldsymbol{w}_0 = q$，$\boldsymbol{z}_0 = f(q) = \chi_0$，则式（4.2.41）可以表示经差的幂级数形式：

$$
\boldsymbol{z} = \boldsymbol{z}_0 + \mathrm{i}lf_0^{(1)} - \frac{l^2}{2!}f_0^{(2)} - \frac{il^3}{3!}f_0^{(3)} + \frac{l^4}{4!}f_0^{(4)} + \frac{il^5}{5!}f_0^{(5)} - \frac{l^6}{6!}f_0^{(6)} + \cdots
\tag{4.2.42}
$$

即

$$
x + \mathrm{i}y = f(q) + \mathrm{i}lf_0^{(1)} - \frac{l^2}{2!}f_0^{(2)} - \frac{il^3}{3!}f_0^{(3)} + \frac{l^4}{4!}f_0^{(4)} + \frac{il^5}{5!}f_0^{(5)} - \frac{l^6}{6}f_0^{(6)} + \cdots
\tag{4.2.43}
$$

将式（4.2.43）表示成实部、虚部分开的形式，则有

$$
\begin{cases}
x = f(q_0) - \dfrac{l^2}{2!}f_0^{(2)} + \dfrac{l^4}{4!}f_0^{(4)} - \dfrac{l^6}{6!}f_0^{(6)} + \cdots \\
y = \mathrm{i}lf_0^{(1)} - \dfrac{\mathrm{i}l^3}{3!}f_0^{(3)} + \dfrac{\mathrm{i}l^5}{5!}f_0^{(5)} + \cdots
\end{cases}
\tag{4.2.44}
$$

将子午线弧长及其各阶导数代入式（4.2.44），可得

$$
\begin{cases}
x = \chi_0 + \dfrac{l^2}{2!}k_0 N \sin B \cos B + \dfrac{l^4}{4!}k_0 N \sin B \cos^3 B w_4 - \dfrac{l^6}{6!}k_0 N \sin B \cos^5 B w_6 + \cdots \\
y = k_0 l N \cos B + \dfrac{l^3}{3!}k_0 N \cos^3 B w_3 + \dfrac{l^3}{5!}k_0 N \cos^5 B w_5 + \cdots
\end{cases}
\tag{4.2.45}
$$

式（4.2.45）即为横轴墨卡托投影公式，其正确性可确定如下：

$$
\begin{cases}
\dfrac{\partial x}{\partial l} = -\dfrac{\partial y}{\partial B} = lk_0 N \sin B \cos B + \dfrac{l^3}{3!}k_0 N \sin B \cos^3 B w_4 + \dfrac{l^5}{5!}k_0 N \sin B \cos^3 B w_6 + \cdots \\
\dfrac{\partial x}{\partial B} = \dfrac{\partial y}{\partial l} = k_0 N \cos B + \dfrac{l^2}{2!}k_0 N \cos^3 B w_3 + \dfrac{l^4}{4!}k_0 N \cos^3 B w_5 + \cdots
\end{cases}
\tag{4.2.46}
$$

式（4.2.45）满足柯西-黎曼微分方程，即具有保角性质。

可以发现，当 $k_0=1$时，式（4.2.45）与高斯投影公式相同，即通常所说的高斯投影（等角横切椭圆柱投影）为横轴墨卡托投影的一种特殊情况。除此之外，为使某区域投影后形状更接近真实形状，可令 $k_0<1$，如通用横轴墨卡托投影中中央经线的比例因子为0.9996。

在实际应用中，为避免投影平面中坐标值为负数，通常会在坐标值上增加一个偏移量。其中，横轴坐标加的偏移量为东伪偏移，记为 FE，纵轴坐标加的偏移量为北伪偏移，记为 FN，则横轴墨卡托投影一般公式可以表示为

$$\begin{cases}x=\mathrm{FN}+\chi_0+\dfrac{l^2}{2!}k_0N\sin B\cos B+\dfrac{l^4}{4!}k_0N\sin B\cos^3 Bw_4-\dfrac{l^6}{6!}k_0N\sin B\cos^5 Bw_6+\cdots\\ y=\mathrm{FE}+k_0lN\cos B+\dfrac{l^3}{3!}k_0N\cos^3 Bw_3+\dfrac{l^3}{5!}k_0N\cos^3 Bw_5+\cdots\end{cases}\tag{4.2.47}$$

3. 椭球体横轴墨卡托投影反解公式

投影反解的目的是将投影面上直角坐标还原为椭球面上的大地坐标。由于横轴墨卡托投影的正解为等角映射，其反解仍为等角映射，满足：

$$q+\mathrm{i}l=f^{-1}(x+\mathrm{i}y)\tag{4.2.48}$$

式中：f^{-1}为 f 的反函数。

结合式（4.2.27）和式（4.2.46），则有

$$q=f^{-1}(\chi)=f^{-1}(x)\tag{4.2.49}$$

将等量纬度q表示成关于子午线弧长χ的直接展开式：

$$\begin{cases}\psi=\dfrac{x}{\alpha(1-e^2)k_0}\\ q=\operatorname{arctanh}(\sin\psi)+\xi_1\sin\psi+\xi_3\sin3\psi+\xi_3\sin5\psi+\xi_7\sin7\psi+\xi_9\sin9\psi\end{cases}\tag{4.2.50}$$

式中系数为

$$\begin{cases}\xi_1=-\dfrac{e^2}{4}-\dfrac{e^4}{64}+\dfrac{e^6}{3072}+\dfrac{33e^8}{16\,384}+\dfrac{2363e^{10}}{1310\,720}\\ \xi_3=-\dfrac{e^4}{96}-\dfrac{13e^6}{3072}-\dfrac{13e^8}{8192}-\dfrac{1057e^{10}}{1\,966\,080}\\ \xi_5=-\dfrac{11e^6}{7690}-\dfrac{29e^8}{24\,576}-\dfrac{2897e^{10}}{3\,932\,160}\\ \xi_7=-\dfrac{25e^8}{86\,016}-\dfrac{727e^{10}}{1\,966\,080}\\ \xi_9=-\dfrac{53e^{10}}{737\,280}\end{cases}\tag{4.2.51}$$

将式（4.2.50）拓展至复数域，以$\boldsymbol{z}=x+\mathrm{i}y$代替$x$，相应地方程组第二式左端变为$\boldsymbol{w}=q+\mathrm{i}l$，有

$$\begin{cases}\psi=\dfrac{x+\mathrm{i}y}{a(1-e^2)\kappa_0}\\ \boldsymbol{w}=q+\mathrm{i}l=\operatorname{arctanh}(\sin\psi)+\xi_1\sin\psi+\xi_3\sin3\psi+\xi_5\sin5\psi+\xi_7\sin7\psi+\xi_9\sin9\psi\end{cases}\tag{4.2.52}$$

由式（4.2.51）可以看出，由平面投影坐标 x 、 y 可以求出等量纬度 q 及经差 l 。又考虑等量纬度 q 与等角纬度 φ 存在以下关系：

$$\varphi = \arcsin(\tanh q) \tag{4.2.53}$$

而大地纬度 B 又可以表示为等角纬度的级数展开式，即式（2.3.68）和式（2.3.69）。

至此，椭球体横轴墨卡托投影反解完成。

4.2.3 横轴球面墨卡托投影变形分析

1. 长度变形分析

横轴球面墨卡托投影为等角投影，即从任一点出发，各方向的长度比是相等的，因此任一方向长度比即是该点处的长度比。下面以经线方向为例（ $\mathrm{d}l=0$ ）计算球面上任意点处长度比，如式（4.2.54）所示， $\mathrm{d}s$ 为球面上的微分线段， $\mathrm{d}s'$ 为其在平面的投影，有

$$\begin{cases} \mathrm{d}s = \mathrm{d}j \\ \mathrm{d}s' = \sqrt{\mathrm{d}x^2 + \mathrm{d}y^2} \\ \mathrm{d}x = \dfrac{x}{j}\mathrm{d}j + \dfrac{x}{l}\mathrm{d}l \\ \mathrm{d}y = \dfrac{y}{j}\mathrm{d}j + \dfrac{x}{l}\mathrm{d}l \end{cases} \tag{4.2.54}$$

式中： $\mathrm{d}s'$ 与 $\mathrm{d}s$ 之比即为该点的长度比。

$$\begin{aligned} m = \frac{\mathrm{d}s'}{\mathrm{d}s} &= 2\sqrt{\frac{1}{3+\cos 2\lambda - 2\cos 2\varphi \sin^2\lambda}} = \frac{2}{\sqrt{2\cos^2\lambda + 2(1-\cos 2\varphi\sin^2\lambda)}} \\ &= \frac{2}{\sqrt{2\cos^2\lambda + 2(2-\cos^2\lambda - 2\cos^2\alpha\sin^2\lambda)}} = \frac{1}{\sqrt{1-\cos^2\varphi\sin^2\lambda}} \end{aligned} \tag{4.2.55}$$

将平面坐标表示的 φ 、 λ 表达式代入式（4.2.55），则长度变形公式也可表示为

$$m = \cosh y \tag{4.2.56}$$

为直观表示长度变形，借助计算机代数系统 Mathematica 分别绘制出长度变形随经差及纬度的变换趋势，如图 4-7 和图 4-8 所示。

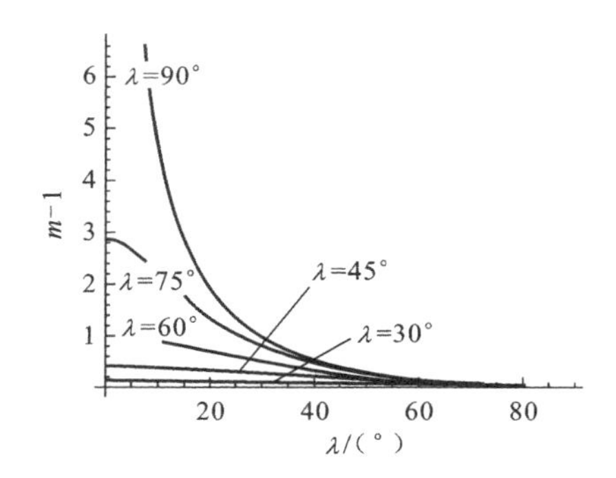

图 4-7　长度变形随纬度变化曲线

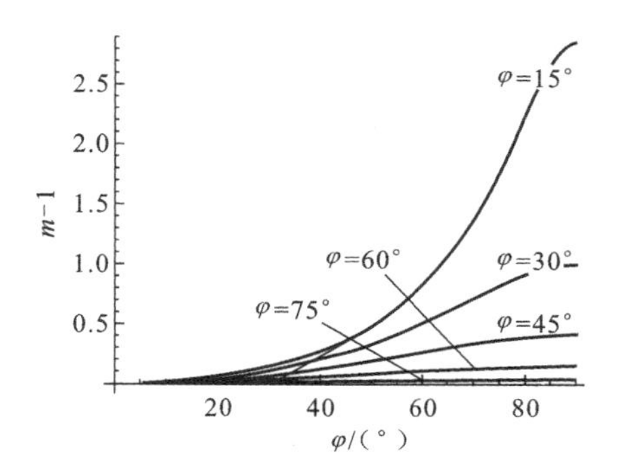

图 4-8　长度变形随经差变化曲线

由式（4.2.56）及图 4-7 和图 4-8 可知，横轴墨卡托投影在其投影中线上不存在长度变形，而其余的任一经线上，长度变形随着纬度的升高而逐渐减小。除极点外的同一纬线上，投影长度变形随着远离投影中线而逐渐增大，即球体横轴墨卡托投影中，投影中线及极区附近长度变形较小。

2. 子午线收敛角

根据地图投影理论，子午线收敛角是地球椭球体面上一点的真子午线与位于该点所在投影带的中央子午线之间的夹角，即在横轴墨卡托投影平面上的真子午线与坐标纵线的夹角。

根据李国藻等（1993），子午线收敛角 $\gamma=\arctan\left(\dfrac{\partial x}{\partial\lambda}\bigg/\dfrac{\partial y}{\partial\lambda}\right)$，结合式（4.2.5）可得

$$\gamma=\arctan(\sin\varphi\tan\lambda) \tag{4.2.57}$$

将平面坐标表示的 φ、λ 表达式代入式（4.2.57），可得平面坐标表示的子午线收敛角公式为

$$\gamma=\arctan(\tan x\tanh y) \tag{4.2.58}$$

4.3 斜轴墨卡托投影

正轴墨卡托投影长度变形在赤道或标准纬线附近较小，横轴墨卡托投影的长度变形在中央经线附近较小，而绘制某一区域的地形图需满足高精度的制图要求，导致正轴、横轴墨卡托投影的使用受到地理位置的限制。也就是说，当投影区域并不位于某一纬线附近，且非南北径向分布时，便不能采用正轴或横轴墨卡托投影。通常在实际工程应用中，为减少投影误差，采用斜轴墨卡托投影。

4.3.1 球体斜轴墨卡托投影

在斜轴墨卡托投影中，直接根据地理坐标推求平面坐标是很复杂的，为简化推导过程，可建立地理坐标与球面极坐标的换算关系，再借助正轴投影公式来实现斜轴墨卡托投影。

把地球视为球体时，地理坐标也是一种球面坐标，它由通过南北极的经线圈和平行于赤道的纬线圈来确定点在地面上的位置。本小节采用另一种确定地面上点位的球面坐标，为了区别起见，称之为球面极坐标。根据制图区域的形状、地理位置及投影要求，选定一个新极点 $Q(\varphi_0,\lambda_0)$，即确定地球的一个直径 QQ_1，通过 QQ_1 的大圆称为垂直圈，它相当于地理坐标的经线圈；与垂直圈垂直的各圆称为等高圈，相当于地理坐标的纬线圈。地球表面上的任一点 A 的位置，可以用过 A 点的垂直圈和过新极点 Q 的经线圈的夹角即方位角 α，以及由 A 点至新极点 Q 的垂直圈弧长，即天顶距 Z 确定。这样，地球上任一点 A，既可以用地理坐标 φ、λ 确定，又可以用球面极坐标 α、Z 确定。如图 4-9 所示，在球面三角形 PQA 中，利用球面三角形的有关公式，可以求得地理

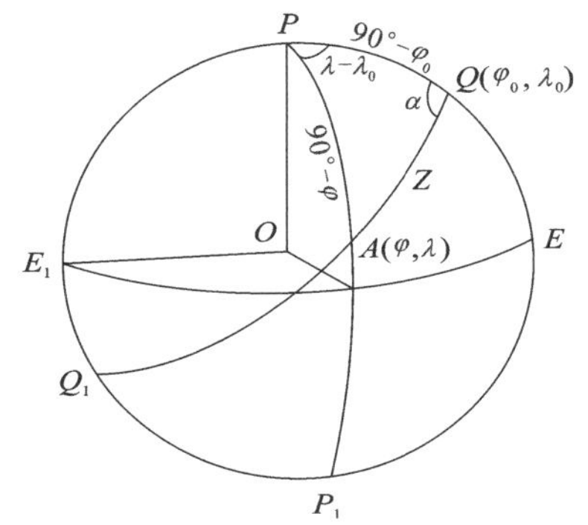

图 4-9　球面极坐标示意图

坐标φ、λ与球面极坐标α、Z的关系式。

由边的余弦定理，有

$$\begin{aligned}\cos Z &= \cos(\pi/2-\varphi)\cos(\pi/2-\varphi_0)+\sin(\pi/2-\varphi)\sin(\pi/2-\varphi_0)\cos(\lambda_0-\lambda)\\ &= \sin\varphi\sin\varphi_0+\cos\varphi\cos\varphi_0\cos(\lambda_0-\lambda)\end{aligned} \tag{4.3.1}$$

由边的正弦和邻角余弦之积的定理，有

$$\begin{aligned}\sin Z\cos\alpha &= \cos(\pi/2-\varphi)\sin(\pi/2-\varphi_0)-\sin(\pi/2-\varphi)\cos(\pi/2-\varphi_0)\cos(\lambda_0-\lambda)\\ &= \sin\varphi\cos\varphi_0-\cos\varphi\sin\varphi_0\cos(\lambda_0-\lambda)\end{aligned} \tag{4.3.2}$$

由正弦定理$\dfrac{\sin Z}{\sin(\lambda_0-\lambda)}=\dfrac{\sin(\pi/2-\varphi)}{\sin\alpha}$，得

$$\sin Z\sin\alpha=\cos\varphi\sin(\lambda_0-\lambda) \tag{4.3.3}$$

根据以上关系式，即可得出由地理坐标φ、λ换算球面极坐标α、Z的关系式：

$$\begin{cases}\cos Z=\sin\varphi\sin\varphi_0+\cos\varphi\cos\varphi_0\cos(\lambda_0-\lambda)\\ \sin\alpha=\dfrac{\cos\varphi\sin(\lambda_0-\lambda)}{\sin Z}\end{cases} \tag{4.3.4}$$

由式（4.3.4）可以看出，若要求得球面极坐标，需确定φ_0、λ_0。通常规定在斜轴切圆柱投影时，以通过制图区域中部的大圆的极作为新极点。

由球面极坐标可知，点$A(\varphi,\lambda)$在斜轴椭球上具有新的球面坐标$A(\varphi',\lambda')$，其中：

$$\begin{cases}\varphi'=\dfrac{\pi}{2}-Z\\ \lambda'=\alpha\end{cases} \tag{4.3.5}$$

根据正轴墨卡托投影公式，以$\pi/2-Z$取代式中的φ'，以α代替式中的λ'，可写出球面斜轴墨卡托投影公式：

$$\begin{cases}x=R\ln\left[\tan\left(\dfrac{\pi}{4}+\dfrac{\varphi'}{2}\right)\right]=R\ln\left[\tan\left(\dfrac{\pi}{4}+\dfrac{\pi/2-Z}{2}\right)\right]\\ \quad=R\ln\left[\tan\left(\dfrac{\pi}{2}-\dfrac{Z}{2}\right)\right]=R\ln\left(\cot\dfrac{Z}{2}\right)\\ y=R\alpha\end{cases} \tag{4.3.6}$$

投影变形：

$$m = n = \frac{R}{R\cos\varphi'} = \frac{1}{\cos(\pi/2 - Z)} = \csc Z \tag{4.3.7}$$

4.3.2 椭球体斜轴墨卡托投影

由于地球形状为椭球体，对地球表面非南北走向的狭长区域进行制图时，通常以投影区域的中线（大地线）为切线，采用斜轴墨卡托投影。本小节借助最小二乘法建立斜轴参考椭球，使测区位于斜轴椭球上某中央经线附近的一个条带内，然后利用横轴墨卡托投影公式实现斜轴墨卡托投影。

1. 确定截面大椭圆

如图 4-10 所示，QMQ' 是斜椭圆柱与地球椭球的切线，它是通过地球中心的一个截面椭圆，易知该截面椭圆的横轴必与地球椭球的赤道半径重合，因而截面椭圆的长半轴等于地球椭球的长半轴。而截面椭圆上纬度最高的点 Q 就是它的极，天顶距为 α，M 为截面椭圆与地球赤道的交点。

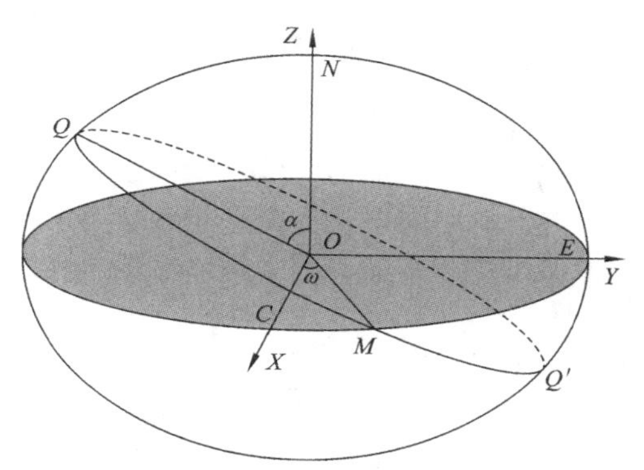

图 4-10　截面椭圆示意图

以截面椭圆 QMQ' 作为新中央经线，以 OM 为旋转半径作垂直于该截面椭圆的圆为新赤道，建立斜轴椭球。以 O 为坐标系原点，OC、OE、ON 分别为 X、Y、Z 轴，建立空间直角坐标系，则椭球面上的点 $P(B,L)$ 的空间直三维坐标为

$$\begin{cases} X = N\cos B\cos L \\ Y = N\cos B\sin L \\ Z = N(1-e^2)\sin B \end{cases} \tag{4.3.8}$$

式中：N 为卯酉圈曲率半径；B、L 为 P 点的纬、经度；e 为椭球第一偏心率。

可设截面椭圆所在平面方程为 $mX + nY + Z = 0$，已知测区内点 $P(B_i,L_i)$ 具有空间坐标 $\boldsymbol{Z}' = -\boldsymbol{J}\begin{pmatrix} m \\ n \end{pmatrix}$，则存在如下关系：

$$\boldsymbol{Z}_i = -mX_i - nY_i = -(X_i \quad Y_i)\begin{pmatrix} m \\ n \end{pmatrix} \tag{4.3.9}$$

为使求出的最优截面椭圆满足测区各点尽可能地位于截面椭圆附近，记 $\boldsymbol{Z}'$ 为点集 $P(B_i,L_i)$ 的 Z 坐标列向量，$\boldsymbol{J}$ 为包含各点 X、Y 坐标的矩阵，则存在如下关系：

$$\boldsymbol{Z}' = -\boldsymbol{J}\begin{pmatrix} m \\ n \end{pmatrix} \tag{4.3.10}$$

借助最小二乘法，解得系数如下：

$$\begin{pmatrix} m \\ n \end{pmatrix} = -(\boldsymbol{J}^{\mathrm{T}}\boldsymbol{J})^{-1}\boldsymbol{J}^{\mathrm{T}}\boldsymbol{Z}' \tag{4.3.11}$$

上述过程即为截面椭圆确定过程。

2. 建立斜轴参考椭球

如图 4-11 所示的截面椭圆与赤道相交，可求得交点坐标，选择测区一侧的点记为 M。由于点 Q 在截面椭圆上，且满足 OQ 与 OM 正交，可进一步确定 Q 点坐标，借助空间三维坐标与地理坐标的变换关系，可解得 Q 点地心纬度 ϕ_Q。

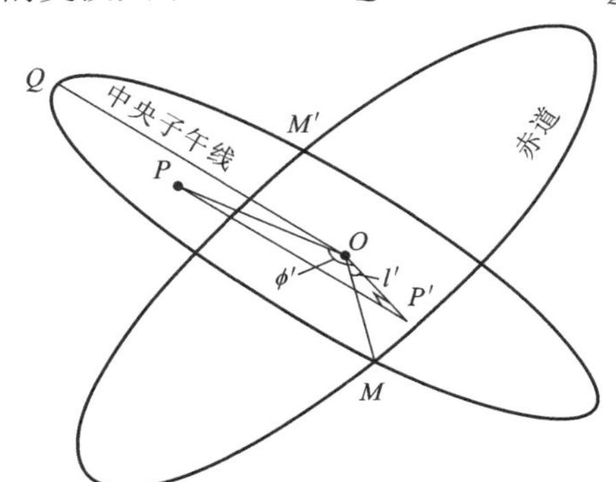

图 4-11　点在斜轴椭球上的新经纬度示意图

截面椭圆短半轴（边少锋 等，2018）为

$$\bar{b} = \frac{b}{\sqrt{1-e^2\sin^2\phi_Q}} \tag{4.3.12}$$

可知截面椭圆第一偏心率 $\bar{e}$ 为

$$\bar{e} = \frac{\sqrt{a^2-\bar{b}^2}}{a} = \frac{e\cos\phi_Q}{\sqrt{1-e^2\sin^2\phi_Q}} \tag{4.3.13}$$

3. 点在斜轴椭球上的地理坐标

设地球椭球上的点 $P(X_p,Y_p,Z_p)$ 在新的斜轴椭球上的纬度为 B'，地心纬度为 ϕ'，经差为 l'，以 Q 所在半球为新椭球的北半球，作 PP' 垂直于赤道面，则点 P 的新地心纬度可表示为

$$\phi' = \frac{\pi}{2} - \langle \boldsymbol{OP}, \boldsymbol{OQ} \rangle \tag{4.3.14}$$

由杨启和（1989）可知，新斜轴椭球上大地纬度 B' 与地心纬度 ϕ' 的关系式为

$$(1-\bar{e}^2)\tan B' = \tan\phi' \tag{4.3.15}$$

可解得点 $P(X_p,Y_p,Z_p)$ 的新大地纬度 B'。

又据向量的最小角定理，可得

$$\cos\phi'\cos l' = \cos\langle \boldsymbol{OP}, \boldsymbol{OM} \rangle \tag{4.3.16}$$

即点在斜轴椭球上的新经度为

$$|l'| = \arccos\frac{\cos\langle \boldsymbol{OP}, \boldsymbol{OM}\rangle}{\cos l'} \tag{4.3.17}$$

以点 M 起逆时针方向为新椭球的东方向，经差为正。至此，点 P 在斜轴椭球上的经纬度已知。将测区内点在新的斜轴椭球上的经纬度及新椭球偏心率 $\overline{e}$ 代入横轴墨卡托投影方程，即可解算出测区内 $P(B,l)$ 的斜轴墨卡托投影平面坐标。

4.3.3 斜轴墨卡托投影变形分析

由式（4.3.7）可知，斜轴墨卡托投影变形与新极点相关，在新极点为（70° N，0° E）的情况下，绘制斜轴墨卡托投影长度比函数图像，如图 4-12 和图 4-13 所示。

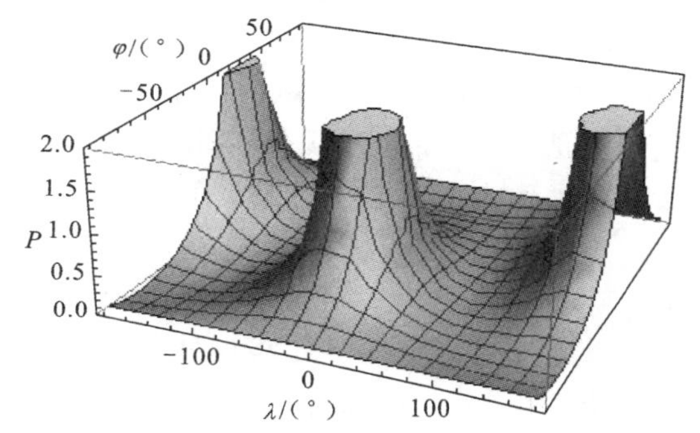

图 4-12　斜轴墨卡托投影长度比

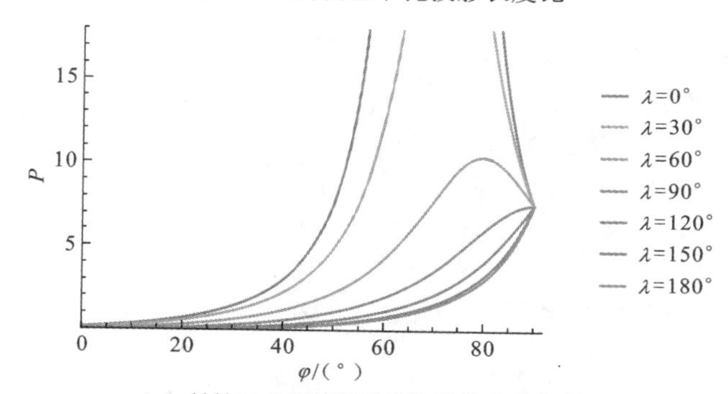

（a）斜轴墨卡托投影长度比随纬度变化曲线

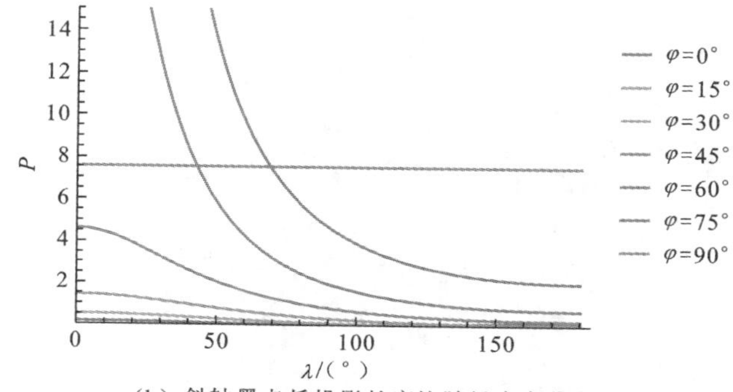

（b）斜轴墨卡托投影长度比随经度变化曲线

图 4-13　斜轴墨卡托投影长度比随经纬度变化趋势

由图 4-12 可见，投影有两个奇异点(70° N，0° E)和(70° S，180° E)，在这两点处投影变形无穷大，在同一纬度圈上，投影长度变形随着经差的增大而逐渐减小。在经差为 0° ～90° 范围内，同一经线圈上，投影长度变形随着纬度升高先增大后减小，即越接近新极点所在纬线圈，投影长度变形越大；在经差为 90° ～180° 范围内，长度变形随着纬度升高而增大。

4.3.4 一种斜轴墨卡托投影世界地图设计方法

1. 墨卡托系列投影表达世界地图的可行性分析

目前常用的世界地图大都无法正确表达极区，与极区相关的地理信息难以正确表达在地图上。北极航道、北极空中航线、南极科考等经过极区的具体路线和线路优势都难以在传统地图上得到正确的表达。

在能够应用于小比例尺世界地图的投影方法中，墨卡托及其衍生投影是较为常见的投影方式，且墨卡托投影无角度变形，可以降低分析工作的复杂程度。正轴墨卡托地图在 17 世纪初被提出时，就被作为世界地图的主要投影方法，但正轴墨卡托投影在高纬度地区失真明显。

使用横轴墨卡托投影，通过 Geocart 软件展绘不同中央经线下的投影地图，如图 4-14 所示。从视觉效果上来看，横墨卡托投影中央经线选择 0° 时各大陆基本完整，且变形较为均衡，最大变形在海洋上。由此可见，横轴墨卡托投影在中央经线选择合理的情况下，能够保证大陆的完整性，但亚洲南部、北美洲南部、南美洲北部和西部变形明显。

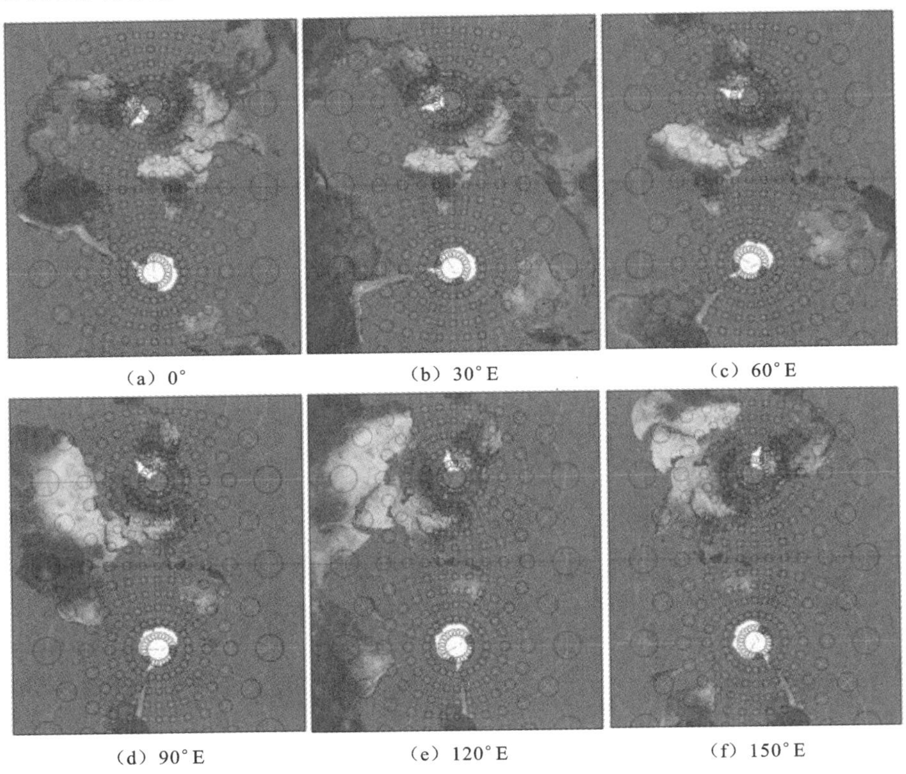
(a) 0°　(b) 30°E　(c) 60°E
(d) 90°E　(e) 120°E　(f) 150°E

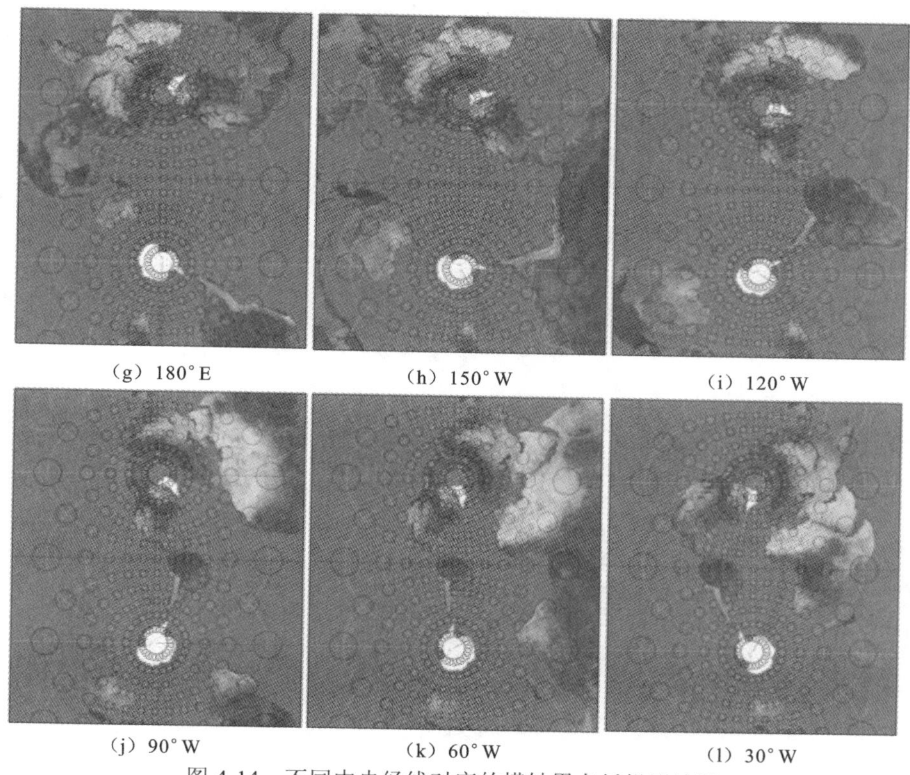

（g）180° E　　（h）150° W　　（i）120° W

（j）90° W　　（k）60° W　　（l）30° W

图 4-14　不同中央经线对应的横轴墨卡托投影地图

斜轴墨卡托投影常在沿某大圆线方向延伸的投影区域中应用，很少用于描述全球范围。Hinks（1940）给出了一种基于斜轴墨卡托投影的世界地图展绘方法，他的研究表明，斜轴墨卡托投影在新极点选取合理的情况下，将变形奇异点置于海洋上，可以减少主要大陆变形，从而完整描述包括极区在内的主要陆地。

2. 新极点确定方法

由上小节内容可知，对于斜轴墨卡托投影展绘世界地图的研究，关键在于新极点的选取。为达到地图设计的目的，在进行新极点选取时，对斜轴墨卡托投影方法设置 4 个条件：①投影要保证大陆的完整性；②投影尽量保证对极区的准确描述；③投影在大陆上的变形均衡；④中国的位置位于地图中央。

选取世界范围内一些主要城市的坐标作为样本点，依据各大洲面积比分配样本点，选取 65 个城市（南极洲上选择科考站作为样本点）。

以城市的地理坐标(φ_i,λ_i)为样本数据，代入式（4.3.7），待求解参数为新极点坐标$Q(\varphi_0,\lambda_0)$，求样本点最大面积变形的平方和：

$$v_p=\sum_{i=1}^{n}(P_i-1)^2 \tag{4.3.18}$$

式中：样本总数点为 n；P_i 为样本点 i 的形状变形；v_p 为关于(φ_0,λ_0)_的函数。

参考前文提出的投影条件，以及 Hinks（1940）的结论“中央经线在北美洲东部附近区域，斜轴墨卡托投影的效果会有一定改善”，本书通过 Geocart 软件对斜墨卡托投影进行尝试性展绘，确定新极点的坐标范围在北纬 20°～40°、东经 150°～180° 范围内时，展绘结果能够保证主要陆地完整性，且变形较为均衡。在此范围内求解函数 v_p 的极值，求得在最小面积变形下的新极点 Q 的坐标为（23° N，165° E）。

依据求解的新极点坐标，从 Wolfram 数据库中下载世界主要大陆边界大地坐标数据，经投影公式处理后通过 Mathematica 计算机代数系统展绘处理后的斜轴墨卡托坐标，并叠加新投影的经纬网形状，结果如图 4-15 所示。

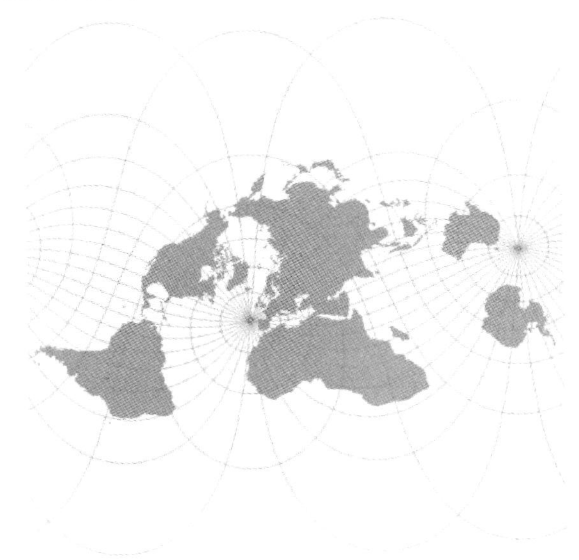

图 4-15　斜轴墨卡托世界地图展绘结果

由图 4-15 可知，在本斜轴墨卡托投影中，亚洲东部、南美洲东部、非洲西南部变形较大，极地变形较小。

3. 展绘地图性质与应用分析

对本节所选斜轴墨卡托投影方法的性质分析可从经纬网形状与陆地变形两方面进行。图 4-16 所示为斜轴墨卡托投影的经纬网形状。由图 4-16 可见，斜轴墨卡托投影除

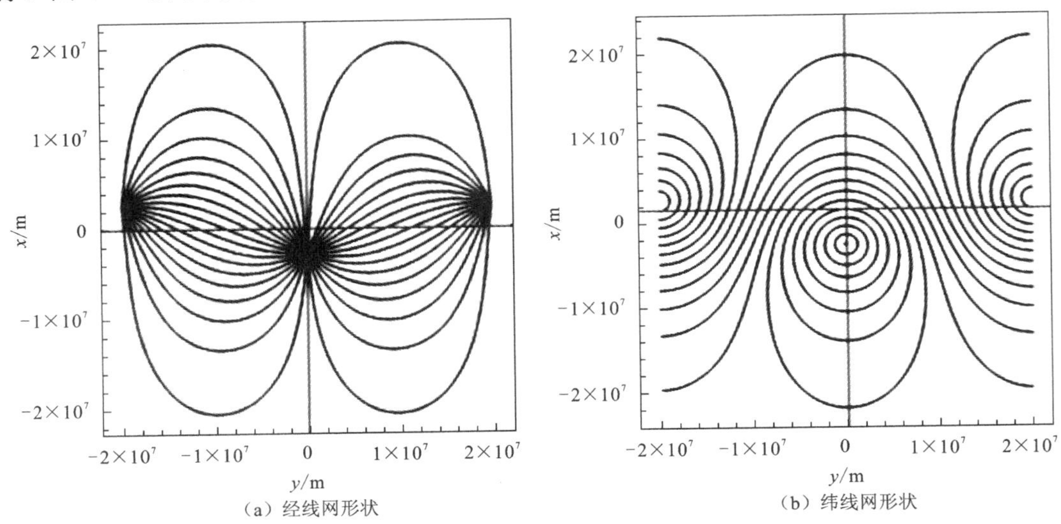

（a）经线网形状　（b）纬线网形状

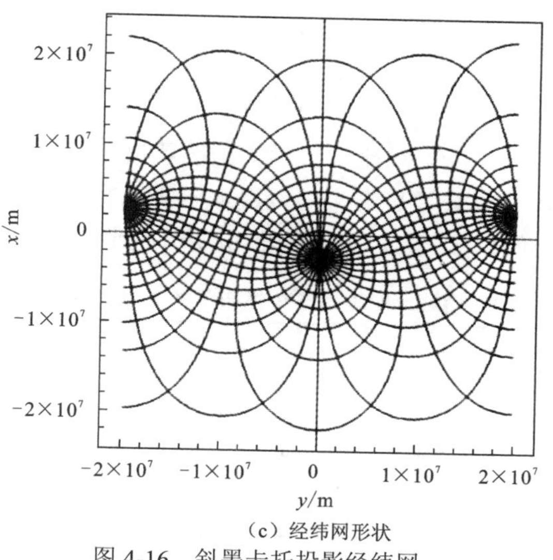

（c）经纬网形状

图 4-16　斜墨卡托投影经纬网

中央经线投影成直线外，其余的经线和纬线都投影成对称于中央经线的曲线，经纬网有一定程度的扭曲。

为进一步分析投影变形情况，展绘了新极点下的投影面积变形随经度和纬度的变化曲线，如图 4-17 所示。由图 4-17（a）可知，在同一纬线圈上，面积变形曲线相对于 15° W 或相对于 165° E 对称，即经线方向上的面积变形变化关于新极点所在经线对称，随着投影点与新极点的经差的增大，面积变形逐渐减小；基于此性质，在绘制面积变形随纬度变化曲线时，只绘制 15° W～165° E 的经度范围，另一半球的纬度变化曲线与图 4-17（b）相同。对于面积变形随纬度的变化趋势，可以发现：当$\lambda<75°$时，在南半球，面积变形随纬度升高呈现先增大后减小的趋势，在北半球，面积变形随纬度的升高而逐渐减小；当$\lambda>75°$时，面积变形变化规律则正好相反，在南半球随着纬度的升高变形逐渐减小，在北半球随着纬度的升高面积变形先增大后减小。

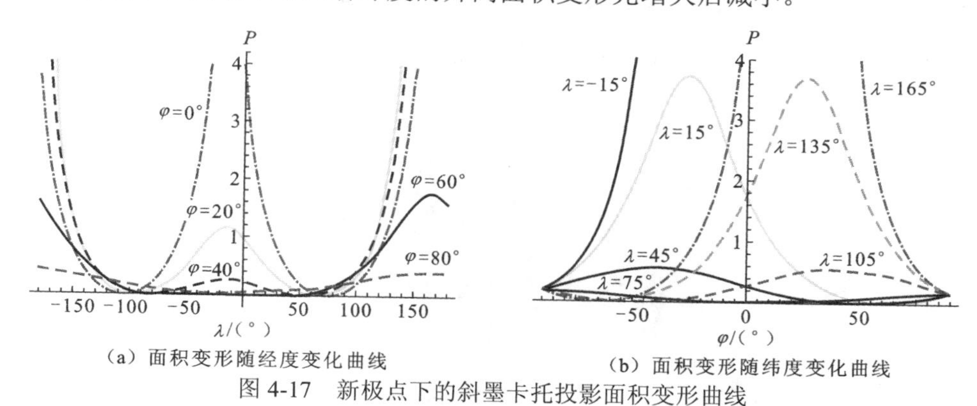

（a）面积变形随经度变化曲线　（b）面积变形随纬度变化曲线

图 4-17　新极点下的斜墨卡托投影面积变形曲线

为进一步量化主要大陆的变形情况，将对该斜轴墨卡托投影展绘的世界地图的评价标准设为主要陆地整体面积变形情况。以正轴、横轴墨卡托投影作为参考，计算三种投影下的主要大陆面积变形情况。其中，正轴墨卡托投影以赤道为标准纬线，以 0° 为中央经线，横轴墨卡托投影以 0° 为中央经线，投影标准经纬线均为投影中能较好表达

大陆形状的参数。大陆面积的计算公式为

$$A=\frac{1}{2}\sum_{i=1}^{n-1}(x_i y_{i+1}-x_{i+1}y_i) \tag{4.3.19}$$

式中：n为多边形顶点数。由于小比例尺世界地图精度要求不高，在大陆轮廓点数据采集足够密集的情况下，该公式计算结果可以近似于大陆投影面积。大陆面积比计算结果如表 4-2 所示，面积比值越接近 1，投影的面积变形越小。

表 4-2　正轴、横轴、斜轴墨卡托投影下的主要大陆面积比计算结果

投影方式	非洲	亚洲	欧洲	北美洲	南美洲	大洋洲	南极洲
正轴墨卡托投影	1.12	2.56	3.50	4.20	1.17	1.25	150.21
横轴墨卡托投影	1.21	2.96	1.09	2.37	5.91	1.84	1.04
斜轴墨卡托投影	2.07	1.47	1.04	1.12	2.28	1.45	1.21

由表 4-2 可知，相比于正轴墨卡托投影与横轴墨卡托投影，该斜轴墨卡托投影下的大陆面积变形虽然不是最小的，但变形较为均匀，主要陆地的最大面积变形不超过 130%，不会出现某一区域变形过大的极端现象。

综合展绘地图的视觉效果与数据对比分析结果可以得出结论，在新极点为(23° N，165° E)时，斜轴墨卡托投影能够较为准确地表达包含极区在内的主要陆地轮廓，以及各大洲之间、主要陆地与极区之间的相对位置关系，主要陆地的面积变形较小且变形较为均衡。

4. 展绘地图上的航线表达

由图 4-17 斜轴墨卡托投影的展绘地图可知，该地图保证了主要大陆的完整性，且对包括极区在内的主要陆地的描写失真较小，因此，如今具有重要战略意义和经济价值的北极航道可以在斜轴墨卡托投影上进行准确的表达。如图 4-18 所示，右侧航线表示从大连经俄罗斯北部到达鹿特丹港的东北航道，左侧航线表示从大连经加拿大北部群岛到纽约的西北航道，可见，如果从极区航行，北极航道的距离优势十分巨大。

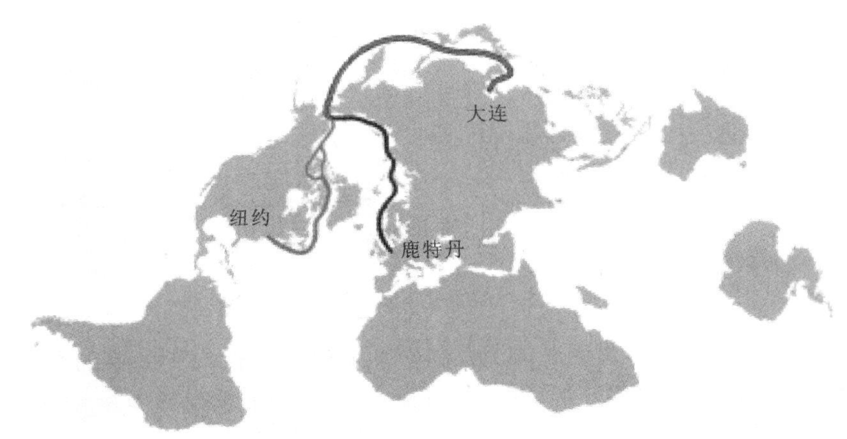

图 4-18　北极航道在斜轴墨卡托投影世界地图上的表达

第 5 章　圆锥投影计算机代数分析

正轴圆锥投影变形的特征为在同一纬线圈上变形相等，且在标准纬线上不存在变形，而在纬度变化方向上越远离标准纬线变形越大，因此适用于中纬度地区沿纬线方向延伸的制图区域。而我国大部分陆地处于中纬度地区且东西跨度较大，因此可广泛使用正轴圆锥投影作为地图绘制的数学基础。圆锥投影算法的关键一是投影参数的确定，二是标准纬度的求解。然而传统圆锥投影公式，确定投影参数需要反复代入计算，过程比较烦琐；求解标准纬度采用数值迭代计算，计算效率不高，并且符号表示混杂。鉴于此，本章对圆锥投影所用到的符号进行简化统一，借助计算机代数系统对参数求解过程进行优化，推导直接计算投影参数的符号化的显示公式，揭示投影参数间的函数关系，并进一步简化投影坐标及变形公式。

5.1　圆锥投影公式优化

圆锥投影是指将地球椭球面或球面按照一定数学法则投影到圆锥面上，再将圆锥面沿一条母线展开成平面的投影方法。圆锥面与参考面相切称为切圆锥投影（图 5-1），圆锥面与参考面相割则称为割圆锥投影（图 5-2）。割圆锥投影与切圆锥投影具有相似变换关系。根据圆锥投影原理，可得投影基本公式如下：

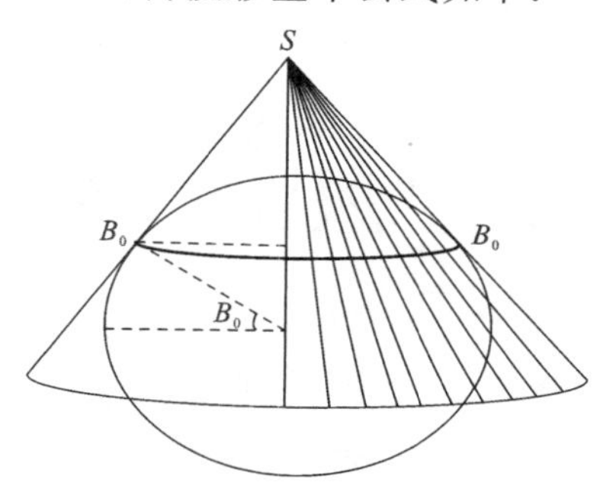

图 5-1　正轴切圆锥投影示意图

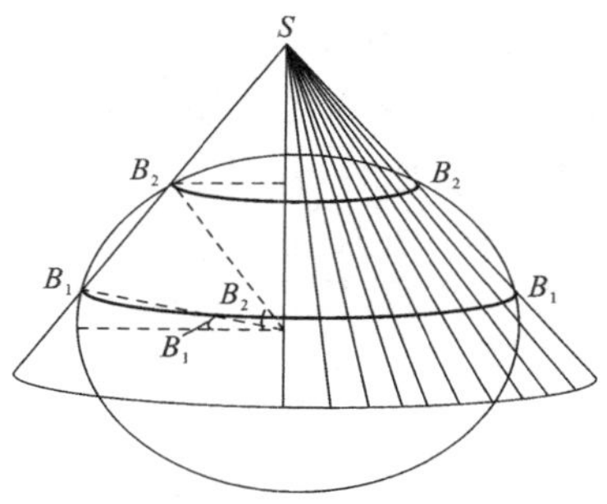

图 5-2　正轴割圆锥投影示意图

$$
\begin{cases}
x = \rho_s - \rho \cos\delta \\
y = \rho \sin\delta \\
\delta = \alpha l \\
\rho = f(B) \\
m = -\dfrac{\mathrm{d}\rho}{M\mathrm{d}B} \\
n = \dfrac{\alpha\rho}{N\cos B} \\
p = mn = -\dfrac{\alpha\rho\mathrm{d}\rho}{MN\cos B\mathrm{d}B} \\
\sin\dfrac{\omega}{2} = \left|\dfrac{m-n}{m+n}\right|
\end{cases}
\tag{5.1.1}
$$

式中：$M = \dfrac{a(1-e^2)}{(1-e^2\sin^2 B)^{3/2}}$，$N = \dfrac{a}{(1-e^2\sin^2 B)^{1/2}}$ 分别为子午圈和卯酉圈曲率半径；$\rho = f(B)$ 为圆锥投影半径，可分别按等角条件 $m=n$、等面积条件 $mn=1$ 和等子午线条件 $m=1$ 确定。

假设圆锥投影在 B_0 处的纬线长度比 n 具有极小值 n_0，对应的纬线投影半径为 ρ_0，则称 n_0 为最小纬线长度比，B_0 为最小纬度，ρ_0 为最小纬度投影半径。

根据正轴圆锥投影纬线长度比的极值特性可知，比例系数 α、最小纬度 B_0 和最小纬线长度比 n_0 三者分别在等角、等面积和等子午线条件下满足以下关系：

$$
\alpha = \begin{cases}
\sin B_0, & m = n \\
n_0^2 \sin B_0, & mn = 1 \\
n_0 \sin B_0, & m = 1
\end{cases}
\tag{5.1.2}
$$

最小纬度投影半径 ρ_0、最小纬度 B_0 和最小纬线长度比 n_0 三者满足以下关系：

$$
\rho_0 = \begin{cases}
n_0 N_0 \cot B_0, & m = n \\
\dfrac{1}{n_0} N_0 \cot B_0, & mn = 1 \\
N_0 \cot B_0, & m = 1
\end{cases}
\tag{5.1.3}
$$

从上述公式可看出，圆锥投影算法的关键就在于确定比例系数 α 和积分常数 C。α 和 C 一经求出，将其代入投影基本公式，就可最终得到相应投影坐标公式和变形公式。

为了直观地了解等角圆锥投影在全球的变形情况，借助 Geocart 软件绘制兰勃特等角圆锥投影平面图，如图 5-3 所示图中中央经线为 $l = 105°$。

设投影区域的经纬度范围为 $B_s < B < B_N$，$l_W < l < l_E$，并将边纬线的长度比分别记为 n_S 与 n_N（下标 N 和 S 分别代表南、北方向，下文中其他变量的下角标同样按此法标记）。在割圆锥投影算法中为了避免与切投影的参数混淆，将比例系数记为 α'，积分常数记为 C'。

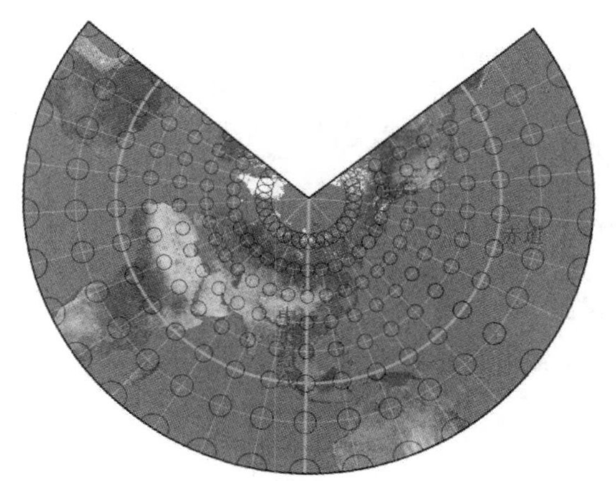

图 5-3 兰勃特等角圆锥投影图

5.1.1 牛顿迭代法求解标准纬度

圆锥投影的变形特征为同一纬线圈上变形相等，且在标准纬线上不存在变形，而在纬度变化方向上越远离标准纬线变形越大。具体来讲，切圆锥投影有一条标准纬线，标准纬线上长度比为 1，同时也为最小变形，标准纬线两边均为正变形，且越远离标准纬线，变形越大；而割圆锥投影有两条标准纬线，标准纬线所夹区域为负变形，外侧为正变形，同样越远离标准纬线变形越大。因此要分析圆锥投影变形分布情况，首要问题在于求解标准纬度。

传统圆锥投影算法中，除了指定标准纬度，更加灵活的思路是，在按特定条件求得圆锥投影参数的前提下，令长度比 $n=1$ 构建方程来反解标准纬度。但是前文推导公式表明，由 $n=1$ 构建的方程一般为超越方程，无法得到闭合的解析解，因此传统圆锥投影算法中采用牛顿迭代法进行求解。具体计算过程为

$$\begin{cases} B_{i+1} = B_i - f(B_i) / f'(B_i) \quad i = 0,1,2,\cdots \\ \left|B_{i+1} - B_i\right| < \varepsilon \\ B_0 = B_{\mathrm{N}} \text{或} \ B_0 = B_{\mathrm{S}} \end{cases} \tag{5.1.4}$$

式中：ε 为迭代误差；$f(B)$ 为迭代函数。

在等角割圆锥投影中：

$$f(B) = rU^{\alpha} - \alpha C' \tag{5.1.5}$$

$$f'(B) = MU^{\alpha}(U^{\alpha} - \sin B) \tag{5.1.6}$$

在等面积割圆锥投影中：

$$f(B) = 2\alpha'(C - F) - r^2 \tag{5.1.7}$$

$$f'(B) = 2Mr(\sin B - \alpha') \tag{5.1.8}$$

在等子午线割圆锥投影中：

$$f(B) = \alpha'(C - X) - r \tag{5.1.9}$$

$$f'(B) = M(\sin B - \alpha') \tag{5.1.10}$$

式（5.1.5）～式（5.1.10）中：M 为子午线曲率半径；r 为平行圈半径；α 和 α' 分别为切

圆锥投影、割圆锥投影待定参数。

在理论分析过程中，数值化的迭代公式不便于推广利用，并且反复迭代的过程会导致计算效率比较低下，因此有必要构建新的非迭代符号化的标准纬度解法。

5.1.2 等角圆锥投影非迭代算法

1. 等角正切圆锥投影

在等角条件下，由 $m=n$ 得投影半径公式和纬线长度比公式分别为

$$\rho=\frac{C}{U^{\alpha}} \tag{5.1.11}$$

$$n=\frac{\alpha C}{rU^{\alpha}} \tag{5.1.12}$$

式中

$$r=N\cos B \tag{5.1.13}$$

$$U=\tan\left(\frac{\pi}{4}+\frac{B}{2}\right)\left(\frac{1-e\sin B}{1+e\sin B}\right)^{\frac{e}{2}}=\left(\frac{1+\sin B}{1-\sin B}\right)^{\frac{1}{2}}\left(\frac{1-e\sin B}{1+e\sin B}\right)^{\frac{e}{2}} \tag{5.1.14}$$

忽略地球扁率，即令偏心率 $e=0$，并将地球半径看成单位长度，则 r 和 U 分别变为

$$r=\cos B \tag{5.1.15}$$

$$U=\tan\left(\frac{\pi}{4}+\frac{B}{2}\right)=\left(\frac{1+\sin B}{1-\sin B}\right)^{\frac{1}{2}} \tag{5.1.16}$$

为了确定比例系数 α，规定边纬线长度比相等，因此有 $n_{\mathrm{S}}=n_{\mathrm{N}}$，即

$$\frac{\alpha C}{r_{\mathrm{S}}U_{\mathrm{S}}^{\alpha}}=\frac{\alpha C}{r_{\mathrm{N}}U_{\mathrm{N}}^{\alpha}} \tag{5.1.17}$$

由此得

$$\alpha=\frac{\ln\cos\varphi_{\mathrm{S}}-\ln\cos\varphi_{\mathrm{N}}}{\ln\left[\tan\left(\frac{\pi}{4}+\frac{\varphi_{\mathrm{N}}}{2}\right)\right]-\ln\left[\tan\left(\frac{\pi}{4}+\frac{\varphi_{\mathrm{S}}}{2}\right)\right]} \tag{5.1.18}$$

由式（5.1.2）第一分式，在等角条件下有 $\alpha=\sin B_0$，由此可得基准纬度 B_0 为

$$B_0=\arcsin\frac{\ln\cos B_{\mathrm{S}}-\ln\cos B_{\mathrm{N}}}{\ln\left[\tan\left(\frac{\pi}{4}+\frac{B_{\mathrm{N}}}{2}\right)\right]-\ln\left[\tan\left(\frac{\pi}{4}+\frac{B_{\mathrm{S}}}{2}\right)\right]}=\arcsin\alpha \tag{5.1.19}$$

令 $\overline{B}=\frac{B_{\mathrm{N}}+B_{\mathrm{S}}}{2}$，$\Delta B=\frac{B_{\mathrm{N}}-B_{\mathrm{S}}}{2}$，将 B_0 表示成 ΔB 的幂级数形式并展开至 ΔB^2，经计算，对于全国区域，ΔB 的高阶项最大值为 0.000 67，数值很小，故可截去高阶项，结果为

$$B_0=\overline{B}+\frac{\tan\overline{B}}{6}\Delta B^2 \tag{5.1.20}$$

与传统公式相比，基准纬度 B_0 的计算公式更加简洁，便于理论分析和数值计算。

此时，比例系数 α 和积分常数 C 可分别表示为

$$\alpha = \sin\overline{B} + \frac{1}{6}\Delta B^2 \sin\overline{B} \tag{5.1.21}$$

$$C = \cot B_0 U_0^{\alpha} = \frac{\cos B_0}{\sin B_0}\left(\frac{1+\sin B_0}{1-\sin B_0}\right)^{\alpha/2} = \frac{1}{\alpha}(1-\alpha)^{\frac{1-\alpha}{2}}(1+\alpha)^{\frac{1+\alpha}{2}} \tag{5.1.22}$$

2. 等角正割圆锥投影

为进一步改善长度变形，使投影区域整体变形更小，通常采用正轴等角割圆锥投影。根据割投影与切投影的相似关系可得

$$\alpha' = \alpha = \sin\overline{B} + \frac{1}{6}\sin\overline{B}\Delta B^2 \tag{5.1.23}$$

这时规定最大正变形与最大负变形绝对值相等，且最小纬线长度比为 n_0 ，可得 $n_0 n_{\mathrm{N}} - 1 = 1 - n_0$ ，忽略地球扁率，可得

$$n_0 = \frac{2}{1+n_{\mathrm{N}}} \tag{5.1.24}$$

式中： $n_{\mathrm{N}} = \dfrac{\alpha C}{r_{\mathrm{N}} U_{\mathrm{N}}^{\alpha}} = \dfrac{\cos B_0 \tan^{\sin B_0}\left(\dfrac{\pi}{4}+\dfrac{B_0}{2}\right)}{\cos B_{\mathrm{N}} \tan^{\sin B_0}\left(\dfrac{\pi}{4}+\dfrac{B_{\mathrm{N}}}{2}\right)}$ 为北纬线长度比。

令 $\delta B = B - B_0$ ，将纬线长度比 n 在最小纬度 B_0 处展开可得

$$n = n_0 + \frac{1}{2}n_0 \delta B^2 + \frac{1}{6}n_0 \tan B_0 \delta B^3 + \cdots \tag{5.1.25}$$

在式（5.1.25）中，对于不同的 B_0 和 δB ，三阶项系数 δB^3 的值如表 5-1 所示。

表 5-1　不同情况下的三阶项系数值

δB	B_0							
	22°	26°	30°	34°	38°	42°	46°	50°
5°	0.000 04	0.000 05	0.000 06	0.000 07	0.000 08	0.0001	0.000 11	0.000 13
10°	0.000 36	0.000 43	0.000 51	0.0006	0.0007	0.0008	0.000 92	0.0011
15°	0.0012	0.0015	0.0017	0.002	0.0023	0.0027	0.0031	0.0036

对于不同的 B_0 ， $\dfrac{1}{6}\tan B_0 \delta B^3$ 均小于 0.004，可见在纬差 10°、20°、30°时 δB^3 项可忽略。

另外注意到，割圆锥投影时，割纬线处 $n=1$ ，忽略 δB^3 后代入式（5.1.19），移项后可得

$$\delta B = \pm\sqrt{\frac{2(1-n_0)}{n_0}} = \sqrt{n_{\mathrm{N}} - 1} \tag{5.1.26}$$

将 B_1 和 B_2 表示成 ΔB 的幂级数形式并展开至 ΔB^2 ，截去高阶项便可得

$$B_{1,2} = \overline{B} \pm \frac{\sqrt{2}}{2}\Delta B + \frac{\tan\overline{B}}{6}\Delta B^2 = B_0 \pm \frac{\sqrt{2}}{2}\Delta B \tag{5.1.27}$$

可见推导的基准纬度符号化计算公式不仅可以避免反复迭代运算，而且可以建立割投影情况下基准纬度 B_1， B_2 与最小纬度 B_0 的关系，即通过最小纬度直接就可求出基准纬度 B_1， B_2，从而提高计算效率。此时，积分常数 C' 可分别表示为

$$C' = n_0 C = \frac{2}{\alpha(1+n_N)}(1-\alpha)^{\frac{1-\alpha}{2}}(1+\alpha)^{\frac{1+\alpha}{2}} \tag{5.1.28}$$

至此，球面上兰勃特等角圆锥投影的投影参数和基准纬度推导完成。

5.1.3 等面积圆锥投影非迭代算法

1. 等面积正切圆锥投影

等面积条件下，由 $mn=1$ 得投影半径公式和纬线长度比公式分别为

$$\rho^2 = \frac{2}{\alpha}(C-F) \tag{5.1.29}$$

$$n^2 = \frac{2\alpha(C-F)}{r^2} \tag{5.1.30}$$

式中

$$F = a^2(1-e)^2\left[\frac{\sin B}{2(1-e^2\sin^2 B)} + \frac{1}{4e}\ln\frac{1+e\sin B}{1-e\sin B}\right] \tag{5.1.31}$$

忽略地球扁率，即令偏心率 $e=0$，并将地球半径看成单位长度，则 F 变为

$$F = \sin B \tag{5.1.32}$$

为了确定积分常数 C，同样规定边纬线长度比相等，因此有 $n_S^2 = n_N^2$，即

$$\frac{2\alpha(C-F_S)}{r_S^2} = \frac{2\alpha(C-F_N)}{r_N^2} \tag{5.1.33}$$

由此得

$$C = \frac{r_S^2 F_N - r_N^2 F_S}{r_S^2 - r_N^2} = \frac{\cos^2 B_S \sin B_N - \cos^2 B_N \sin B_S}{\cos^2 B_S - \cos^2 B_N} = \frac{1+\sin B_S \sin B_N}{\sin B_S + \sin B_N} \tag{5.1.34}$$

接下来先确定最小纬度 B_0，再确定比例系数 α 。

联合式（5.1.2）第二分式、式（5.1.3）第二分式和式（5.1.29），并考虑 $n_0=1$，得

$$F_0 + \frac{1}{2}r_0 N_0 \cot B_0 - C = 0 \tag{5.1.35}$$

忽略地球扁率，并将 r、N 和 F 的表达式代入并整理得

$$\sin^2 B_0 - 2C\sin B_0 + 1 = 0 \tag{5.1.36}$$

解得

$$\sin B_0 = \frac{2C \pm \sqrt{(2C)^2-4}}{2} = C \pm \sqrt{C^2-1} \tag{5.1.37}$$

舍去不合理的根，进而得最小纬度亦即标准纬度 B_0 为

$$B_0 = \arcsin\left[C - \sqrt{(C+1)(C-1)}\right] = \arcsin\left(\frac{1+\sin B_S \sin B_N - \cos B_S \cos B_N}{\sin B_S + \sin B_N}\right) \tag{5.1.38}$$

令 $\overline{B}=\dfrac{B_N+B_S}{2}$， $\Delta B=\dfrac{B_N-B_S}{2}$，将 B_0 表示成 ΔB 的幂级数形式并展开至 ΔB^2，可得

$$B_0=\overline{B}+\frac{\tan\overline{B}}{2}\Delta B^2 \tag{5.1.39}$$

此时，比例系数 α 和积分常数 C 可分别表示为

$$\alpha=\sin B_0=\sin\overline{B}+\frac{1}{2}\sin\overline{B}\Delta B^2 \tag{5.1.40}$$

$$C=\frac{1}{2}(\csc\overline{B}+\sin\overline{B})-\frac{1}{4}\cos\overline{B}\cot\overline{B}\Delta B^2 \tag{5.1.41}$$

2. 等面积正割圆锥投影

同理，在 B_0 相同条件下，等面积正割圆锥投影与正切圆锥投影存在如下相似关系：

$$C'=C=\frac{1}{2}(\csc\overline{B}+\sin\overline{B})-\frac{1}{4}(\cos\overline{B}\cot\overline{B})\Delta B^2 \tag{5.1.42}$$

规定最大正变形与最大负变形绝对值相等，于是有 $n_0n_N-1=1-n_0$，因此可得最小纬线长度比

$$n_0=\frac{2}{1+n_N} \tag{5.1.43}$$

式中：$n_N^2=\dfrac{2\sin B_0\left(\sin B_0+\dfrac{1}{2}\cos B_0\cot B_0-\sin B_N\right)}{\cos^2 B_N}$，为北纬线长度比。

因此，将 B_1，B_2 表示成 ΔB 的幂级数形式并展开至 ΔB^2，截去高阶项可得

$$B_{1,2}=\overline{B}\mp\frac{\sqrt{2}}{2}\Delta B+\frac{\tan\overline{B}}{2}\Delta B^2=B_0\mp\frac{\sqrt{2}}{2}\Delta B \tag{5.1.44}$$

此时，比例系数 α' 和积分常数 C' 可分别表示为

$$\alpha'=\frac{4\sin\overline{B}}{(1+n_N)^2}\left(1+\frac{1}{2}\Delta B^2\right) \tag{5.1.45}$$

$$C'=\frac{1}{2}(\csc\overline{B}+\sin\overline{B})-\frac{1}{4}(\cos\overline{B}\cot\overline{B})\Delta B^2 \tag{5.1.46}$$

至此，球面上等面积圆锥投影的投影参数和基准纬度推导完成。

5.1.4 等距离圆锥投影非迭代算法

1. 等距离正切圆锥投影

等距离线条件下，由 $m=1$ 得

$$\rho=C-X \tag{5.1.47}$$

$$n=\frac{\alpha(C-X)}{r} \tag{5.1.48}$$

式中：$X=a(1-e^2)\int_0^B(1-e^2\sin^2 B)^{-3/2}\mathrm{d}B$

忽略地球扁率，即令偏心率 $e=0$，并将地球半径看成单位长度，则 X 变为

$$X = B \tag{5.1.49}$$

根据边纬线长度比相等条件有 $n_{\mathrm{S}} = n_{\mathrm{N}}$ ，即

$$\frac{\alpha(C - X_{\mathrm{S}})}{r_{\mathrm{S}}} = \frac{\alpha(C - X_{\mathrm{N}})}{r_{\mathrm{N}}} \tag{5.1.50}$$

由此得

$$\begin{aligned} C &= \frac{r_{\mathrm{S}} X_{\mathrm{N}} - r_{\mathrm{N}} X_{\mathrm{S}}}{r_{\mathrm{S}} - r_{\mathrm{N}}} \\ &= \frac{B_{\mathrm{N}} \cos B_{\mathrm{S}} - B_{\mathrm{S}} \cos B_{\mathrm{N}}}{\cos B_{\mathrm{S}} - \cos B_{\mathrm{N}}} \end{aligned} \tag{5.1.51}$$

联合式（5.1.3）第三分式和等距离圆锥投影公式 $\rho = C - X$ ，可得

$$X + \cot B_0 - C = 0 \tag{5.1.52}$$

将 X 的表达式代入式（5.1.52）并整理得

$$B_0 + \cot B_0 - C = 0 \tag{5.1.53}$$

令 $B_0 = \overline{B} + \mathrm{d}B$ ， $\overline{B} = \dfrac{B_{\mathrm{N}} + B_{\mathrm{S}}}{2}$ ， $\Delta B = \dfrac{B_{\mathrm{N}} - B_{\mathrm{S}}}{2}$ ，将式（5.1.50）等号左边在 $\overline{B}$ 处展开成 $\mathrm{d}B$ 的幂级数形式，整理成二次方程，可得

$$k_1 \mathrm{d}B^2 + k_2 \mathrm{d}B + k_3 = 0 \tag{5.1.54}$$

式中：系数 $k_1 = \cot \overline{B} \csc^2 \overline{B}$ ； $k_2 = -\cot^2 \overline{B}$ ； $k_3 = \overline{B} + \cot \overline{B} - C$ 。因此

$$\mathrm{d}B_{1,2} = \frac{-k_2 \pm \sqrt{k_2^2 - 4k_1 k_3}}{2k_1} \tag{5.1.55}$$

将 k_1 、 k_2 、 k_3 的表达式代入式（5.1.55），舍去不合理根，并整理化简可得

$$B_0 = \overline{B} + \frac{\tan \overline{B}}{3} \Delta B^2 \tag{5.1.56}$$

此时，比例系数 α 和积分常数 C 可分别表示为

$$\alpha = \sin B_0 = \sin \overline{B} + \frac{1}{3} \sin \overline{B} \Delta B^2 \tag{5.1.57}$$

$$C = \overline{B} + \cot \overline{B} - \frac{1}{3} \overline{B} \Delta B^2 \tag{5.1.58}$$

2. 等距离正割圆锥投影

在 B_0 相同条件下，等子午线正割圆锥投影与正切圆锥投影有如下相似关系：

$$C' = C = \frac{B_{\mathrm{N}} \cos B_{\mathrm{S}} - B_{\mathrm{S}} \cos B_{\mathrm{N}}}{\cos B_{\mathrm{S}} - \cos B_{\mathrm{N}}} \tag{5.1.59}$$

根据最大正变形与最大负变形绝对值相等的条件得 $n_0 n_{\mathrm{N}} - 1 = 1 - n_0$ ，即

$$n_0 = \frac{2}{1 + n_{\mathrm{N}}} = \frac{2(\cos B_{\mathrm{S}} - \cos B_{\mathrm{N}})}{\cos B_{\mathrm{S}} - \cos B_{\mathrm{N}} + \alpha(B_{\mathrm{N}} - B_{\mathrm{S}})} \tag{5.1.60}$$

因此，将 B_1， B_2 表示成 ΔB 的幂级数形式并展开至 ΔB^2，截去高阶项便可得

$$B_{1,2} = \overline{B} \mp \frac{\sqrt{2}}{2} \Delta B + \frac{\tan \overline{B}}{3} \Delta B^2 = B_0 \mp \frac{\sqrt{2}}{2} \Delta B \tag{5.1.61}$$

此时，比例系数 α' 可分别表示为

$$\alpha' = n_0\alpha = \frac{2}{1+n_{\mathrm{N}}}\left(\sin\bar{B} + \frac{1}{3}\sin\bar{B}\Delta B^2\right) = \sin\bar{B} + \frac{1}{12}\sin\bar{B}\Delta B^2 \tag{5.1.62}$$

5.1.5 算例分析

圆锥投影广泛应用于中小比例尺地图制作。以中国全图（南海诸岛作为插图）为例，投影区域南北边纬线的纬度分别为 $B_{\mathrm{S}} = 18°\mathrm{N}$，$B_{\mathrm{N}} = 54°\mathrm{N}$。选用 CGCS2000 椭球参数，$a = 6\,378\,137\ \mathrm{m}$，$1/f = 298.257\,222\,101$。分别基于本书算法和吕晓华等（2016）算法计算等角、等面积和等子午线圆锥投影的投影参数 α、C 和最小纬度 B_0，并进行比较。等角圆锥投影的投影参数与最小纬度计算结果如表 5-2 所示，等面积圆锥投影与等子午线圆锥投影的计算结果分别如表 5-3 和表 5-4 所示。

表 5-2 等角圆锥投影参数

投影参数	吕晓华等（2016）算法	本书算法	差值
比例系数 α	0.598 149 89	0.597 987 44	−0.000 162 45
投影积分常数 C/m	12 898 023	12 900 457	2 434
投影积分常数 C'/m	12 573 817	12 574 772	955
最小纬度 B_0	36°44′15″N	36°43′33″N	−42″

表 5-3 等面积圆锥投影参数

投影参数	吕晓华等（2016）算法	本书算法	差值
比例系数 α	0.618 115 56	0.618 033 99	−0.000 081 57
比例系数 α'	0.587 220 91	0.587 415 36	0.000 194 45
投影积分常数 C/km^2	45 407 690	45 417 658	9 968
最小纬度 B_0	38°10′43″N	38°10′22″N	−21″

表 5-4 等子午线圆锥投影参数

投影参数	吕晓华等（2016）算法	本书算法	差值
比例系数 α	0.608 232 11	0.608 158 28	−0.000 073 83
比例系数 α'	0.592 851 67	0.592 782 05	−0.000 069 62
投影积分常数 C/m	12 481 940	12 447 058	−34 882
最小纬度 B_0	37°27′42″N	37°27′23″N	−19″

由表 5-2～表 5-4 可看出：本书算法直接计算的比例系数 α 与吕晓华等（2016）算法的结果最大差值不足 10^{-3}；等角、等子午线投影积分常数 C 最大相差 34 882 m，等面积投影积分常数 C 最大相差 9 968 km^2；最小纬度即切投影的标准纬度 B_0 最大相差 42″，而在经线上纬度偏移 1′ 对应距离约为 1 852 m，42″ 对应距离 1 296 m。这些误差在中国全图这种中小比例尺地图应用中完全可以忽略。因此本书推导的求解圆锥投影参数的公式可以满足中小比例尺地图制图的精度要求。

5.2 优化算法的可靠性与适用性分析

本节将在长度变形与投影坐标的数值计算与可视化、算法耗时统计等方面与吕晓华等（2016）算法进行比较，以此验证优化算法的精确性和高效性，并通过统计分析我国各地区的纬差范围，结合投影变形与纬差的关系，讨论优化算法在我国分省地图制作中的适用性。根据图 5-3 可知，无论是等角、等面积还是等子午线圆锥投影，其长度变形规律都相似，又因为割投影比切投影变形更加均匀，所以只选取等角割圆锥投影进行分析。分析过程中，参数确定和标准纬度求解采用球近似公式，长度变形及投影坐标计算采用椭球面公式。

5.2.1 可靠性分析

1. 投影变形分析

为了验证在不同纬度和不同纬差范围条件下算法的精度可靠性，除选取中国全图（南海诸岛作为插图）之外，另选陕西省（31° N～40° N）和湖北省（29° N～34° N）地图为例，分别采用本书算法和吕晓华等（2016）算法计算投影参数 α 、C，最小纬度 B_0，标准纬度 B_1、B_2。中国全图投影参数计算结果已在表 5-2 和表 5-4 列出，陕西省区图和湖北省区图投影参数计算结果如表 5-5 所示。将投影参数分别代入投影变形公式，计算得到不同区域纬线长度变形，如表 5-6～表 5-8 所示。

由表 5-6～表 5-8 可看出：相同纬差范围内两种算法的变形基本相当，纬差越小，投影变形越小，投影变形误差也越小，并且变形更均匀，说明圆锥投影算法适用于东西走向，且南北纬差较小的省份的地图制作。以1′的分辨率，统计不同纬差范围内长度变形绝对值的的最大值、均值和方差，如表 5-9 所示。表 5-9 更加明显地揭示了上述规律。

表 5-5　等角正割圆锥投影参数

区域	算法	α	C/m	B_0	B_1	B_2
陕西省	本书算法	0.581 301 89	13 101 750	35°32′32″	32°31′20″	38°43′44″
	吕晓华（2016）算法	0.581 312 48	13 101 596	35°32′34″	32°20′14″	38°42′21″
湖北省	本书算法	0.522 664 51	14 068 151	31°30′40″	29°44′33″	33°16′47″
	吕晓华（2016）算法	0.522 667 74	14 068 052	31°30′41″	29°44′15″	33°16′26″

表 5-6　中国区域（不含南海诸岛）内等角正割圆锥投影长度变形　（单位：%）

算法	B/°									
	18	22	26	30	34	38	42	46	50	54
本书算法	2.501	0.581	−0.870	−1.866	−2.411	−2.496	−2.097	−1.176	0.330	2.514
吕晓华等（2016）算法	2.514	0.593	−0.860	−1.858	−2.404	−2.490	−2.093	−1.173	0.332	2.514

表 5-7　陕西省区域内等角正割圆锥投影长度变形　（单位：%）

算法	B/°									
	31	32	33	34	35	36	37	38	39	40
本书算法	0.154	0.034	−0.058	−0.118	−0.149	−0151	−0.121	−0.061	0.030	0.153
吕晓华等（2016）算法	0.154	0.034	−0.057	−0.118	−0.149	−0.151	−0.121	−0.061	0.030	0.154

表 5-8　湖北省区域内等角正割圆锥投影长度变形　（单位：%）

算法	B/°					
	29	30	31	32	33	34
本书算法	0.047	−0.013	−0.043	−0.043	−0.013	0.047
吕晓华等（2016）算法	0.047	−0.013	−0.043	−0.044	−0.014	0.047

表 5-9　等角正割圆锥投影长度变形绝对值的统计量

区域	算法	最大值	均值	方差
全国	本书算法	0 025 201	0.015 429	$6.041\,0\times10^{-5}$
	吕晓华等（2016）算法	0.025 136	0.015 401	$6.014\,0\times10^{-5}$
陕西省	本书算法	0.001 537	0.000 938	$2.253\,0\times10^{-7}$
	吕晓华等（2016）算法	0.001 537	0.000 938	$2.254\,2\times10^{-7}$
湖北省	本书算法	0.000 476	0.000 288	$2.124\,2\times10^{-8}$
	吕晓华等（2016）算法	0.000 474	0.000 289	$2.144\,4\times10^{-8}$

为了进一步分析投影变形的分布规律，基于本书优化算法，将全国经度范围取为73° E～136° E(包含并略大于中国领土的经度范围)，陕西省经度范围取为105° E～112° E，湖北省经度范围取为 108° E～117° E，分别画出区域长度变形密度图，如图 5-4 所示。由图 5-4 可明显看出，圆锥投影变形只与纬度有关，与经度无关，并且越远离标准纬线，长度变形越大。

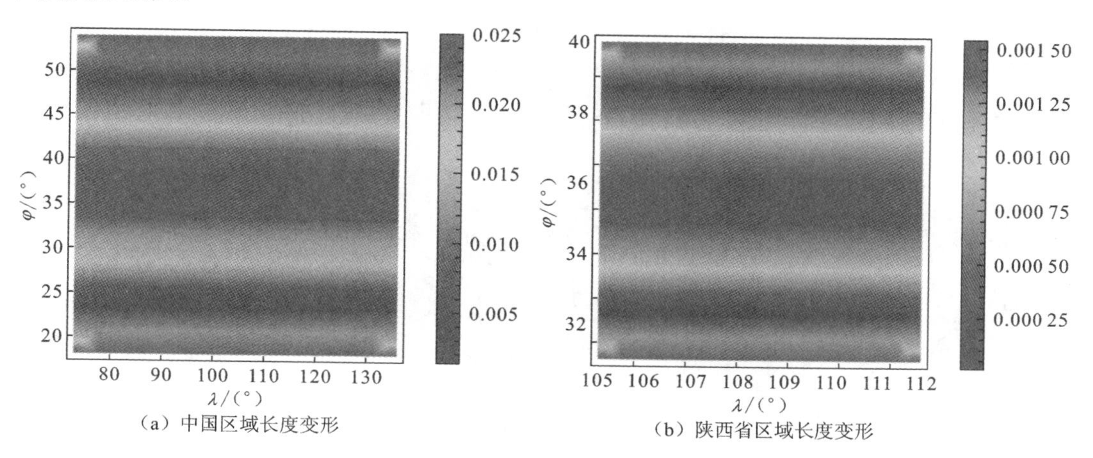

（a）中国区域长度变形　　（b）陕西省区域长度变形

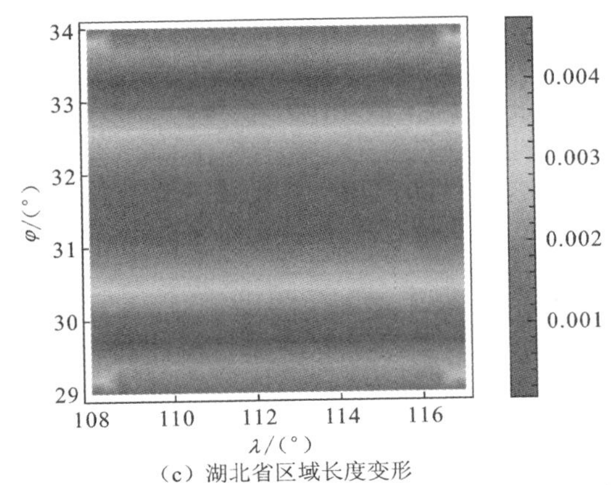

（c）湖北省区域长度变形

图 5-4　不同区域等角割圆锥投影长度变形分布密度图

2. 投影坐标计算精度与效率分析

以吕晓华等（2016）算法计算投影坐标 (x,y) 作为真值，画出中国区域内本书算法计算的投影坐标相对误差的三维图，如图 5-5 所示，陕西省区域投影坐标相对误差三维图，如图 5-6 所示，湖北省区域投影坐标相对误差三维图，如图 5-7 所示，同时统计出相关区域坐标绝对误差和相对误差的最大值，结果如表 5-10 所示。计算投影坐标过程中，相关投影参数采用本书球近似算法的计算结果，投影公式采用严格的椭球投影公式，这样既保证了计算精度，又能体现本书算法的简洁性。

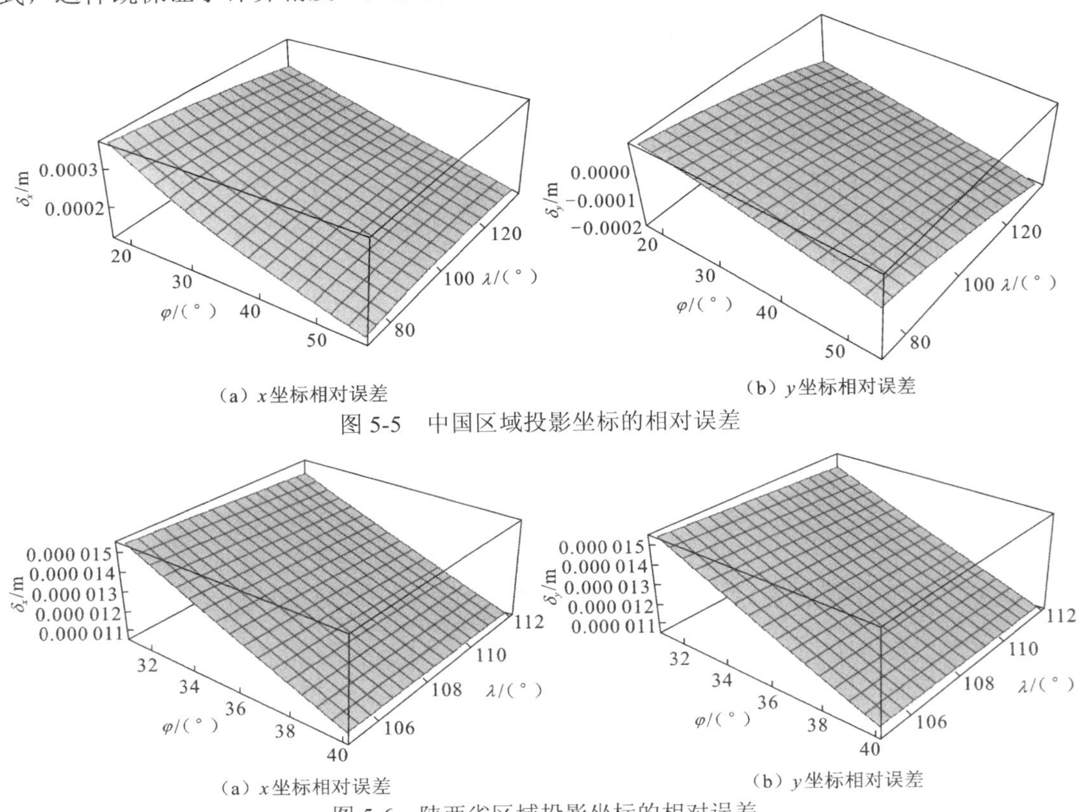

（a）x坐标相对误差　　（b）y坐标相对误差

图 5-5　中国区域投影坐标的相对误差

（a）x坐标相对误差　　（b）y坐标相对误差

图 5-6　陕西省区域投影坐标的相对误差

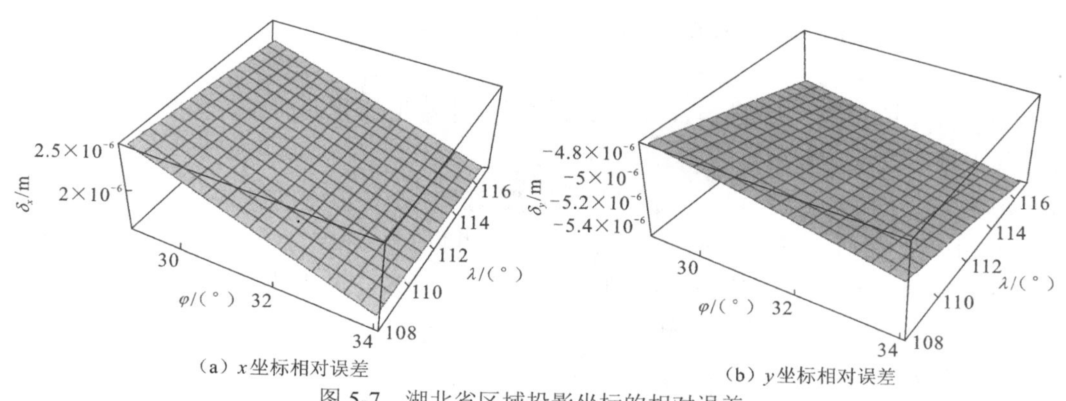

图 5-7 湖北省区域投影坐标的相对误差

表 5-10 投影坐标最大绝对误差和相对误差

区域	x 坐标绝对误差/m	x 坐标相对误差/%	y 坐标绝对误差/m	y 坐标相对误差/%
全国	2688	0.037 209	1376	0.021 612
陕西省	80	0.001 522	77	0.001 013
湖北省	13	0.000 261	48	0.000 543

结合图 5-5～图 5-7 和表 5-10 分析可知，中国区域纬差约为 50°，投影坐标相对误差不超过 0.037 209%，陕西省区域纬差约为 10°，投影坐标相对误差不超过 0.001 522%，而湖北省区域纬差约为 5°，投影坐标相对误差不超过 0.000 543%。这样的精度损失在中小比例尺地图中可以忽略。

进一步分析可知，纬差越小，利用本书算法计算的投影坐标误差越小，表明本书算法在纬差较小的省区图制作中精度更高。

以中国全图为例，分别以 1°×1°、1′×1′ 和 1″×1″ 的分辨率采样，通过两种算法计算投影参数和投影坐标的机器用时情况，如表 5-11 所示，表中 t_1 表示本书算法用时，t_2 表示吕晓华等（2016）算法用时。由表 5-11 可看出，在相同分辨率条件下，本书算法比吕晓华等（2016）算法用时更少。因此，本书算法在圆锥投影坐标计算过程中具有更高的效率。

表 5-11 计算投影参数及投影坐标的用时

用时	1°×1°分辨率	1′×1′分辨率	1″×1″分辨率
t_1/s	0.000 764	0.003 614	0.011 940
t_2/s	0.000 860	0.004 228	0.016 445

5.2.2 适用性分析

根据前文分析，圆锥投影长度变形不仅与投影区域纬差范围大小有关，而且与区域位置，即纬度高低有关。因此进一步分析圆锥投影在我国省区地图中的适用性。

不考虑长度变形的正负，取中纬度 $B_{\mathrm{M}}=45^{\circ}\mathrm{N}$，基于本书算法画出等角割圆锥投影在 $(0^{\circ},90^{\circ})$ 范围内最大长度变形关于纬差变化的曲线，如图 5-8 所示；取纬差 $\Delta B=10^{\circ}$，画出 $(0^{\circ},90^{\circ})$ 范围内最大长度变形关于中纬度变化的曲线，如图 5-9 所示（中纬度代表投影区域的纬度高低）。

由图 5-8 可知，纬差越小，圆锥投影长度变形越小，取中纬度 $B_{\mathrm{M}}=45^{\circ}\mathrm{N}$，当纬差不大于 50° 时，最大长度变形不超过 5%；由图 5-9 可知，纬度越低，圆锥投影长度变形越小，取纬差 $\Delta B=10^{\circ}$，最大长度变形整体不超过 0.2%。从变形数量级上来看，纬差对圆锥投影长度变形的影响远大于中纬度对长度变形的影响，因此在分析长度变形随纬差变化情况时，可以忽略区域位置的影响。

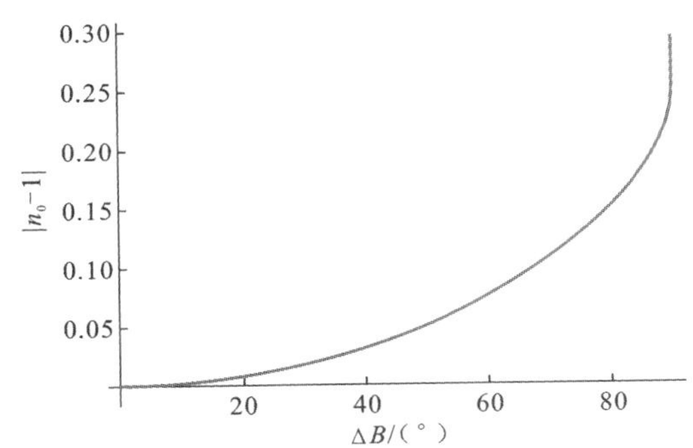

图 5-8　最大长度变形关于纬差变化的曲线

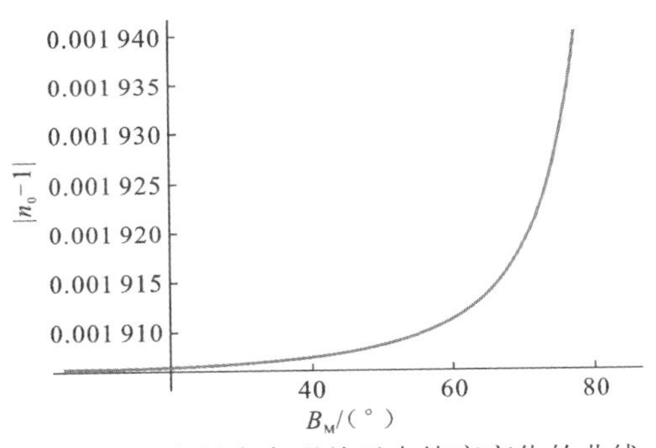

图 5-9　最大长度变形关于中纬度变化的曲线

列出中国各省经纬度范围，如表 5-12 所示，可见各省区最大纬差不超过 17°，经计算可知，投影最大长度变形小于 0.5%，因此全国范围内各省区原则上均可采用本书投影算法来绘制地图。

表 5-12　中国各省（自治区、直辖市）经纬度范围

省（自治区、直辖市、特别行政区）	B_{S}	B_{N}	ΔB	l_{W}	l_{E}	Δl
北京	39°26′N	41°04′N	1°38′	115°25′E	117°31′E	2°06′
天津	38°34′N	40°15′N	1°41′	116°43′E	118°19′E	1°36′
河北	36°05′N	42°40′N	6°35′	113°27′E	119°50′E	6°23′
山西	34°34′N	40°44′N	6°10′	110°14′E	114°33′E	4°19′

续表

省（自治区、直辖市、特别行政区）	B_S	B_N	ΔB	l_W	l_E	Δl
内蒙古	37°24′N	53°23′N	15°59′	97°12′E	126°04′E	28°52′
辽宁	38°43′N	43°26′N	4°43′	118°53′E	125°46′E	6°53′
吉林	40°52′N	46°18′N	5°26′	121°38′E	131°19′E	9°41′
黑龙江	43°26′N	53°33′N	10°07′	121°11′E	135°05′E	13°54′
上海	30°40′N	31°53′N	1°13′	120°52′E	122°12′E	1°20′
江苏	30°45′N	35°20′N	4°35′	116°18′E	121°57′E	5°39′
浙江	27°02′N	31°11′N	4°09′	118°01′E	123°10′E	5°09′
安徽	29°41′N	34°38′N	4°57′	114°54′E	119°37′E	4°43′
福建	23°31′N	28°22′N	4°51′	115°51′E	120°40′E	4°49′
江西	24°29′N	30°05′N	5°36′	113°35′E	118°29′E	4°54′
山东	34°23′N	38°24′N	4°01′	114°48′E	122°42′E	7°54′
台湾	20°45′N	25°57′N	5°12′	119°18′E	124°35′E	5°17′
河南	31°23′N	36°22′N	4°59′	110°21′E	116°39′E	6°18′
湖北	29°02′N	33°07′N	4°05′	108°22′E	116°08′E	7°46′
湖南	24°38′N	30°08′N	5°30′	108°47′E	114°15′E	5°28′
广东	20°13′N	25°31′N	5°18′	109°39′E	117°19′E	7°40′
广西	20°54′N	26°24′N	5°30′	104°28′E	112°04′E	7°36′
海南	3°30′N	20°10′N	16°40′	108°15′E	120°05′E	11°50′
香港	22°09′N	22°37′N	0°28′	113°52′E	114°30′E	0°38′
澳门	22°06′N	22°14′N	0°08′	113°32′E	113°37′E	0°05′
重庆	28°10′N	32°13′N	4°03′	105°11′E	110°11′E	5°00′
四川	26°03′N	34°19′N	8°16′	97°21′E	108°12′E	10°51′
贵州	24°37′N	29°13′N	4°36′	103°36′E	109°35′E	5°59′
云南	21°08′N	29°15′N	8°07′	97°31′E	106°11′E	18°40′
西藏	26°50′N	36°53′N	10°03′	78°25′E	99°06′E	20°41′
陕西	31°42′N	39°35′N	7°53′	105°29′E	111°15′E	5°46′
甘肃	32°11′N	42°57′N	10°46′	92°13′E	108°46′E	16°33′
青海	31°36′N	39°19′N	7°43′	89°35′E	103°04′E	13°29′
宁夏	35°14′N	39°14′N	4°00′	104°17′E	109°39′E	5°22′
新疆	34°22′N	49°10′N	14°48′	73°40′E	96°23′E	22°43′

统计出各省区的纬差，进而列出各省（自治区、直辖市、特别行政区）的纬差分布情况，如表 5-12 所示。根据表 5-13 可知，广东、广西、台湾、湖南、浙江、福建、江西、贵州、湖北、江苏、安徽、河南、宁夏、山西、山东、辽宁、吉林等省（自治区、直辖市）纬差均不大于 5°，经计算，最大变形不超过 0.05%。因此，上述各省区制图采用本书圆锥投影算法效果更好。

表 5-13　不同纬度范围省（自治区、直辖市）统计

纬差	纬度范围	省（自治区、直辖市）
5°	20°N～25°N	广东、广西、台湾
	25°N～30°N	湖南、浙江、福建、江西、贵州
	30°N～35°N	湖北、江苏、安徽、河南
	35°N～40°N	宁夏、山西、山东
	40°N～45°N	辽宁，吉林
10°	20°N～30°N	云南
	30°N～40°N	青海、甘肃、陕西
	25°N～35°N	四川、西藏
	35°N～45°N	河北
	43°N～53°N	黑龙江
15°	5°N～20°N	海南（含南沙群岛）
	35°N～50°N	新疆
	37°N～53°N	内蒙古

第 6 章　高斯投影计算机代数分析

高斯投影是在大地测量学、地图学、工程测量学等领域得到极其广泛应用的一种地图投影。传统的高斯投影正（反）解公式表示为经差（横坐标）的实数型幂级数形式，虽然有容易理解和直观的优点，但表达式复杂冗长，而且对于正解中子午线弧长的计算，给出的是适用于特定椭球的数值公式，反解中底点纬度则需要迭代求出，较为烦琐；特别是在实际应用中需要分带处理，经常划分为 3° 或 6° 带（方炳炎，1978；方俊，1958）。

复变函数与等角投影之间存在天然联系，利用复变函数表示等角投影具有简单、方便、准确的优点。本章引入复变函数，将子午线弧长展开式进行解析开拓，导出形式上更简单、精度上更精确、理论上更严密的用复变函数表示的高斯投影正反解非迭代公式，与传统的实数型幂级数公式相比，该式形式紧凑、结构简单，彻底消除了迭代运算，同时不再受带宽的限制，在一定程度上丰富和发展了高斯投影理论。

6.1　高斯投影正反解复变函数迭代表示

高斯投影是一种等角投影，而复变函数作为一种强有力的数学方法，在等角投影中的优势是无可替代的，近年来已有学者注意到了这一问题并进行了研究。Bowring（1990）讨论了横轴墨卡托投影的复变函数表示，但其给出的反解变换是在子午线弧长正解公式的基础上迭代得到的，导致计算过于烦琐；Klotz（1993）基于一种有效的递推公式给出了任意带宽的高斯投影复变函数解法，但公式较为复杂，且递推过程耗时较长，计算效率较低；Schuhr（1995）给出了用复变函数表示的高斯投影正反解的 FORTRAN 程序并进行了计算；边少锋等（2001）将子午线弧长正反解公式拓展至复数域，导出了形式紧凑、结构简单的正反解公式。本节对上述研究做进一步完善和改进，建立高斯投影复变函数迭代表示。

6.1.1　等量纬度的解析开拓

研究高斯投影离不开等量纬度，由熊介（1988）知，等量纬度与大地纬度有如下数学关系：

$$
\begin{aligned}
q &= \int_0^B \frac{1-e^2}{(1-e^2\sin^2 B)\cos B}\mathrm{d}B = \ln\left[\tan\left(\frac{\pi}{4}+\frac{B}{2}\right)\left(\frac{1-e\sin B}{1+e\sin B}\right)^{e/2}\right] \\
&= \operatorname{arctanh}(\sin B) - e\operatorname{arctanh}(e\sin B)
\end{aligned}
\tag{6.1.1}
$$

式中：$\operatorname{arctanh}(*)$ 为反双曲正切函数；e 为参考椭球第一偏心率。

由式（6.1.1）经移项变形可得

$$B = \arcsin\{\tanh[q + e\operatorname{arctanh}(e\sin B)]\} \tag{6.1.2}$$

式（6.1.2）决定了等量纬度与大地纬度一一对应的函数关系，如果将其中的等量纬度向复变量作开拓，用 $\boldsymbol{w} = q + \mathrm{i}l$ 代替 q，并将相应的实变函数做向复变量函数的开拓，由此复变量函数确定的因变量亦为复变量，本节用 $\boldsymbol{B}$ 表示，可称为复数纬度，表示为

$$\boldsymbol{B} = \arcsin\{\tanh[\boldsymbol{w} + e\operatorname{arctanh}(e\sin \boldsymbol{B})]\} \tag{6.1.3}$$

注意到式（6.1.3）两端都含有纬度 $\boldsymbol{B}$，故 $\boldsymbol{B}$ 需要迭代求出，迭代式可取为

$$\begin{cases} \boldsymbol{B}_0 \approx \arcsin(\tanh \boldsymbol{w}) \\ \boldsymbol{B}_i = \arcsin\{\tanh[\boldsymbol{w} + e\operatorname{arctanh}(e\sin \boldsymbol{B}_{i-1})]\} \end{cases} \tag{6.1.4}$$

式中：$\boldsymbol{B}_0$ 为初值；$\boldsymbol{B}_{i-1}$ 和 $\boldsymbol{B}_i$ 分别为复数纬度的第 $i-1$ 次和第 i 次迭代值，由于偏心率很小，迭代又以 e^2 量级收敛，一般迭代 3 次或 4 次即可。

6.1.2 高斯投影正解复变函数迭代表示

高斯投影是涉及大地测量学、地图制图学、地理信息系统、数字地球的一个基本问题，应用范围非常广泛。我国现行的 1∶50 万及更大比例尺的各种地形图，大都采用高斯投影。实际应用中，经常会遇到该投影的正反解算问题。

传统的高斯投影正（反）算公式一般是将正（反）解表示为经差（横坐标）的实数型幂级数形式(杨启和，1989；熊介，1988)。这种形式虽然有直观和容易理解的优点，但表达式复杂冗长，且反解时底点纬度是在子午线弧长正解公式的基础上迭代求出的，计算较为烦琐。

鉴于复变函数与保角映射之间存在天然联系，近年来已有学者将这一数学方法引入等角投影的研究中，并取得了较为显著的成果。程阳（1985）给出一系列等角投影的解析函数表达式，并基于此进行了投影的各种计算和各种投影之间的坐标转换。

传统的高斯投影表示方法利用高斯投影的三个条件：①保角映射（正形）；②中央子午线投影后为直线（一般为纵轴）；③中央子午线投影后长度不变。

将高斯投影展开为经差的幂级数。这种实数型幂级数虽有容易理解、直观的优点，但失去了保角映射与复变函数内在的数学联系，表达式变得冗长。事实上，复变函数作为一种强有力的数学分析方法，在保角映射中的独特地位和作用是无可替代的。本小节在综合国内外学者和作者研究成果的基础上，推出高斯投影的复变函数迭代表示。

设

$$\begin{cases} \boldsymbol{w} = q + \mathrm{i}l \\ \boldsymbol{z} = x + \mathrm{i}y \end{cases} \tag{6.1.5}$$

式中：$\mathrm{i} = \sqrt{-1}$ 为虚数单位；q、l 为投影前等量纬度与经差；$\boldsymbol{z}$ 为投影后平面纵横坐标组成的复变量。

设 f 为任意解析函数，由复变函数理论可知，解析函数满足保角映射条件。因此，高斯投影条件①“保角映射（正形）”的基本数学形式应为

$$\boldsymbol{z} = x + \mathrm{i}y = f(q + \mathrm{i}l) \tag{6.1.6}$$

又由高斯投影条件②“中央子午线投影后为直线（一般为纵轴）”，当 $l = 0$ 时，应

有 $y=0$，即式（6.1.6）虚数部分消失，只有实数部分：

$$x=f(q) \tag{6.1.7}$$

由高斯投影条件③“中央子午线投影后长度不变”，当 $l=0$ 时，式（6.1.7）实际上即为子午线弧长正解公式：

$$\begin{aligned} x&=f(q)=f[q(B)]=X(B)=a(1-e^2)\int_0^B \frac{\mathrm{d}B}{(1-e^2\sin^2 B)^{3/2}} \\ &=a(1-e^2)(k_0B+k_2\sin 2B+k_4\sin 4B+k_6\sin 6B+k_8\sin 8B+k_{10}\sin 10B) \end{aligned} \tag{6.1.8}$$

式中系数为

$$\begin{cases} k_0=1+\dfrac{3}{4}e^2+\dfrac{45}{64}e^4+\dfrac{175}{256}e^6+\dfrac{11\,025}{16\,384}e^8+\dfrac{43\,659}{65\,536}e^{10} \\ k_2=-\dfrac{3}{8}e^2-\dfrac{15}{32}e^4-\dfrac{525}{1024}e^6-\dfrac{2205}{4096}e^8-\dfrac{72\,765}{131\,072}e^{10} \\ k_4=\dfrac{15}{256}e^4+\dfrac{105}{1024}e^6+\dfrac{22\,025}{16\,384}e^8+\dfrac{10\,395}{65\,536}e^{10} \\ k_6=-\dfrac{35}{3\,072}e^6-\dfrac{105}{4096}e^8-\dfrac{10\,395}{262\,144}e^{10} \\ k_8=\dfrac{315}{131\,072}e^8+\dfrac{3465}{524\,288}e^{10} \\ k_{10}=-\dfrac{693}{1\,310\,720}e^{10} \end{cases} \tag{6.1.9}$$

将式（6.1.3）确定的复数纬度 $\boldsymbol{B}$ 代入实数子午线弧长正解公式，做相应的复变函数开拓，并将等式左端改为投影后相应的复变后相应的复变量，则有

$$\begin{aligned} \boldsymbol{z}&=x+\mathrm{i}y=a(1-e^2)\int_0^{\boldsymbol{B}} \frac{\mathrm{d}\boldsymbol{B}}{(1-e^2\sin^2 \boldsymbol{B})^{3/2}} \\ &=a(1-e^2)(k_0\boldsymbol{B}+k_2\sin 2\boldsymbol{B}+k_4\sin 4\boldsymbol{B}+k_6\sin 6\boldsymbol{B}+k_8\sin 8\boldsymbol{B}+k_{10}\sin 10\boldsymbol{B}) \end{aligned} \tag{6.1.10}$$

式中：$\boldsymbol{z}$ 的实部 x 和虚部 y 即为高斯投影后的纵横坐标。

式（6.1.10）的正确性可进一步阐述如下。

（1）由 $\boldsymbol{w}$ 所决定的纬度和由复数纬度所决定的纵横坐标，其函数关系均为初等函数，做复数开拓后，在其主值范围内仍是单值单叶的解析函数，而解析函数必然满足保角映射条件，高斯投影条件①“保角映射（正形）”得以保证。

（2）$l=0$ 时，虚部消失 $y=0$，且投影式（6.1.8）即为一般的子午线弧长反解公式，高斯投影条件②“中央子午线投影后为直线（一般为纵轴）”和高斯投影条件③“中央子午线投影后长度不变”得以保证。

因此，式（6.1.8）是满足高斯投影全部条件的正解表示式。

6.1.3 高斯投影反解复变函数迭代表示

高斯投影的正解形式确定后，高斯投影的反解公式形式上可表示为

$$\boldsymbol{w}=q+\mathrm{i}l=f^{-1}(x+\mathrm{i}y) \tag{6.1.11}$$

式中：f^{-1}表示f的反函数，它仍然是解析函数。

首先，定义“复数底点纬度”：

$$\boldsymbol{\psi}=\frac{\boldsymbol{z}}{a(1-e^2)\cdot k_0}=\frac{x+\mathrm{i}y}{a(1-e^2)\left(1+\frac{3}{4}e^2+\frac{45}{64}e^4+\frac{175}{256}e^6+\frac{11\,025}{16\,384}e^8+\frac{43\,659}{65\,536}e^{10}\right)} \tag{6.1.12}$$

当$y=0$时，它可看成是x对应的弧度值。

其次，由高斯投影条件②知$y=0$时，$l=0$，虚部消失，应有

$$q=f^{-1}\left[\frac{x}{a(1-e^2)\left(1+\frac{3}{4}e^2+\frac{45}{64}e^4+\frac{175}{256}e^6+\frac{11\,025}{16\,384}e^8+\frac{43\,659}{65\,536}e^{10}\right)}\right] \tag{6.1.13}$$

式中：q为等量纬度，它与大地纬度有着确定的函数关系，故式（6.1.12）又可以写为

$$B=f^{-1}\left[\frac{x}{a(1-e^2)\left(1+\frac{3}{4}e^2+\frac{45}{64}e^4+\frac{175}{256}e^6+\frac{11\,025}{16\,384}e^8+\frac{43\,659}{65\,536}e^{10}\right)}\right] \tag{6.1.14}$$

再由高斯投影条件③“中央子午线投影后长度不变”知式（6.1.14）应为子午线弧长反解公式。略去推导，可直接写出子午线弧长的反解公式：

$$B=\psi+a_2\sin 2\psi+a_4\sin 4\psi+a_6\sin 6\psi+a_8\sin 8\psi+a_{10}\sin 10\psi \tag{6.1.15}$$

式中

$$\begin{cases}\psi=\dfrac{X}{a(1-e^2)\left(1+\frac{3}{4}e^2+\frac{45}{64}e^4+\frac{175}{256}e^6+\frac{11\,025}{16\,384}e^8+\frac{43\,659}{65\,536}e^{10}\right)}\\ a_2=\dfrac{3}{8}e^2+\dfrac{3}{16}e^4+\dfrac{213}{2048}e^6+\dfrac{255}{4096}e^8+\dfrac{20\,861}{524\,288}e^{10}\\ a_4=\dfrac{21}{256}e^4+\dfrac{21}{256}e^6+\dfrac{533}{8192}e^8+\dfrac{197}{4096}e^{10}\\ a_6=\dfrac{151}{6144}e^6+\dfrac{151}{4096}e^8+\dfrac{5019}{131\,072}e^{10}\\ a_8=\dfrac{1097}{131\,072}e^8+\dfrac{1097}{65\,536}e^{10}\\ a_{10}=\dfrac{8011}{2\,621\,440}e^{10}\end{cases} \tag{6.1.16}$$

ψ可以理解为“等距离纬度”。

为导出高斯投影复变函数表示的反解公式，将式（6.1.15）原实数变量ψ用本节复数变量$\boldsymbol{\psi}$代替，实变函数拓展为复变函数，原实数变量纬度（即通常所说的底点纬度）相应变化为复数，仍称为复数纬度，用$\boldsymbol{B}$表示，即

$$\boldsymbol{B}=\boldsymbol{\psi}+a_2\sin 2\boldsymbol{\psi}+a_4\sin 4\boldsymbol{\psi}+a_6\sin 6\boldsymbol{\psi}+a_8\sin 8\boldsymbol{\psi}+a_{10}\sin 10\boldsymbol{\psi} \tag{6.1.17}$$

式中各系数值同式（6.1.16），为方便阅读，下面仍列出其值。

$$
\begin{cases}
a_2 = \dfrac{3}{8}e^2 + \dfrac{3}{16}e^4 + \dfrac{213}{2048}e^6 + \dfrac{255}{4096}e^8 + \dfrac{20\,861}{524\,288}e^{10} \\
a_4 = \dfrac{21}{256}e^4 + \dfrac{21}{256}e^6 + \dfrac{533}{8192}e^8 + \dfrac{197}{4096}e^{10} \\
a_6 = \dfrac{151}{6144}e^6 + \dfrac{151}{4096}e^8 + \dfrac{5019}{131\,072}e^{10} \\
a_8 = \dfrac{1097}{131\,072}e^8 + \dfrac{1097}{65\,536}e^{10} \\
a_{10} = \dfrac{8011}{2\,621\,440}e^{10}
\end{cases}
\tag{6.1.18}
$$

求出复数纬度后，复变量 $\boldsymbol{w} = q + \mathrm{i}l$ 的值可在式（6.1.1）的基础上，经过复变函数解析开拓后的数学关系得出

$$
\boldsymbol{w} = q + \mathrm{i}l = \operatorname{arctanh}(\sin \boldsymbol{B}) - e\operatorname{arctanh}(e\sin \boldsymbol{B}) \tag{6.1.19}
$$

式（6.1.19）的实部即为实际的等量纬度，虚部为经差，而实际的大地纬度的计算式为

$$
B = \arcsin\{\tanh[q + e\operatorname{arctanh}(e\sin B)]\} \tag{6.1.20}
$$

式（6.1.20）需要迭代，由于偏心率很小，且迭代以 e^2 量级收敛，迭代三次即可完全达到所要求的精度。

至此，式（6.1.17）～式（6.1.20）构成了高斯投影反解表达式的完整形式。由于所得复变函数都是经初等复变函数解析开拓，且在主值范围内是单值单叶的，所决定的函数是解析的，是保角映射，满足高斯投影的条件①。且当 $y = 0$ 时，由子午线弧长反解公式求出的是中央子午线上的实际纬度，也满足高斯投影的条件②和③。

6.1.4 高斯投影长度比和子午线收敛角

椭球面为不可展曲面，除中央子午线外，投影会产生变形，在高斯投影平面上，子午线均为凹向纵轴的曲线。设高斯投影平面上有一点，称该点领域内某线段投影后与投影前比值为长度比，一般用 m 表示，称该点子午线投影的切线方向与纵轴夹角为子午线收敛角，一般用 γ 表示。从子午线投影曲线量至纵轴，顺时针方向为正，逆时针方向为负。用复变函数的观点来看，所谓长度比和子午线收敛角就是解析函数在某点处的导数。

平面子午线收敛角可用于大地方位角与平面方位角的相关换算。例如，设椭球面上两点 P_1、P_2，真北方向为 N，大地方位角为 A_{12}，相应高斯投影平面上两点方位角为 T_{12}，如图 6-1 所示。大地方位角转换为高斯投影平面上的方位角，必须加入平面子午线收敛角的影响：

$$
T_{12} = A_{12} - \gamma \tag{6.1.21}
$$

式中：γ 为 P_1 点的子午线收敛角。

对 $\boldsymbol{z} = f(\boldsymbol{w})$ 求复变函数导数，可得

$$
\boldsymbol{z}' = f'(\boldsymbol{w}) = \frac{\mathrm{d}f(\boldsymbol{w})}{r\mathrm{d}\boldsymbol{w}} \tag{6.1.22}
$$

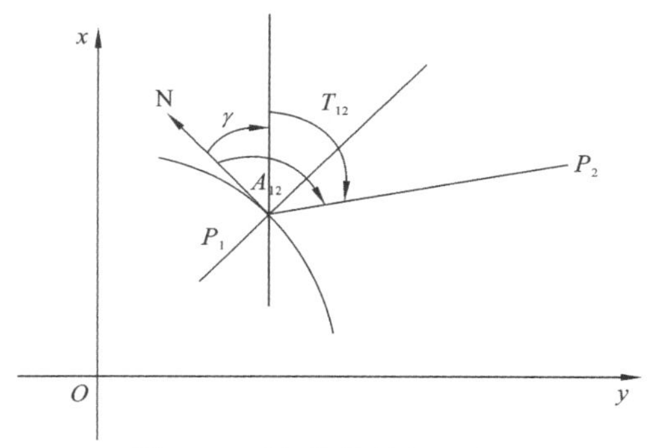

图 6-1　子午线收敛角示意图

式中：r 为平行圈半径，可表示为

$$r = N\cos B = \frac{a\cos B}{\sqrt{1-e^2\sin^2 B}} \tag{6.1.23}$$

式（6.1.22）与一般解析函数的导数定义稍有不同，它考虑了椭球面的实际尺度。为求得解析函数的导数，将式（6.1.22）变形为

$$\boldsymbol{z}' = \frac{\mathrm{d}f(\boldsymbol{B})}{r\mathrm{d}\boldsymbol{B}} \bigg/ \frac{\mathrm{d}\boldsymbol{w}}{\mathrm{d}\boldsymbol{B}} \tag{6.1.24}$$

由式（6.1.10）和式（6.1.19）求对复数纬度的导数分别可得

$$\frac{\mathrm{d}f(\boldsymbol{B})}{\mathrm{d}\boldsymbol{B}} = \frac{a(1-e^2)}{(1-e^2\sin^2\boldsymbol{B})^{3/2}} \tag{6.1.25}$$

$$\frac{\mathrm{d}\boldsymbol{w}}{\mathrm{d}\boldsymbol{B}} = \frac{1-e^2}{(1-e^2\sin^2\boldsymbol{B})\cos\boldsymbol{B}} \tag{6.1.26}$$

将式（6.1.25）和式（6.1.26）代入式（6.1.24），可得

$$\boldsymbol{z}' = \frac{\cos\boldsymbol{B}}{\cos B}\sqrt{\frac{1-e^2\sin^2 B}{1-e^2\sin^2\boldsymbol{B}}} \tag{6.1.27}$$

如果将式（6.1.27）表示成复数的三角形式：

$$\boldsymbol{z}' = m(\cos\gamma - \mathrm{i}\sin\gamma) = \frac{\cos\boldsymbol{B}}{\cos B}\sqrt{\frac{1-e^2\sin^2 B}{1-e^2\sin^2\boldsymbol{B}}} \tag{6.1.28}$$

则依解析函数的导数定义可知，m 即为长度比，γ 即为子午线收敛角。式（6.1.28）角度加一负号是由于复变函数规定的转角正好与高斯投影定义的子午线收敛角方向相反。

值得注意的是，式（6.1.28）为闭合公式，而非以往的级数展开式，表示形式和实际计算都要简明得多，这说明高斯投影的复变函数表示的确有一定的数学优越性和方便之处。

6.1.5　高斯投影作图

高斯投影作图的主要目的是通过示意图说明高斯投影后经纬线的形状和变形。作图过程中可以做一些近似处理，由于偏心率很小，可以近似认为偏心率 $e = 0$ 。

假设椭球的长半轴为单位长度，则高斯投影复变函数正解公式（6.1.10）可变形为

$$\boldsymbol{z} = x + \mathrm{i}y = \arcsin[\tanh(q + \mathrm{i}l)] \tag{6.1.29}$$

令式（6.1.1）中 $e=0$，可得

$$q=\operatorname{arctanh}(\sin B) \tag{6.1.30}$$

式中：B和l 分别为大地纬度与大地经差，分别取 $B_{\max}=80^{\circ}$，$l_{\max}=30^{\circ}$ 和 $B_{\max}=80^{\circ}$，$l_{\max}=60^{\circ}$；q 为等量纬度。

用 Mathematica 计算机代数系统绘制投影后的等量纬度与经线形状图，相关的指令如下，绘图结果如图 6-2 所示，可知中央子午线两侧经线比较弯曲，即变形比较大。

```
q= ArcTanh[sin[B*pi/180]];
z= ArcSin[Tanh[q+1*pi/180*ii]];
Parametricplot[{Im[z],Re[z]},{B,-80,80},{1,-30,30}]
```

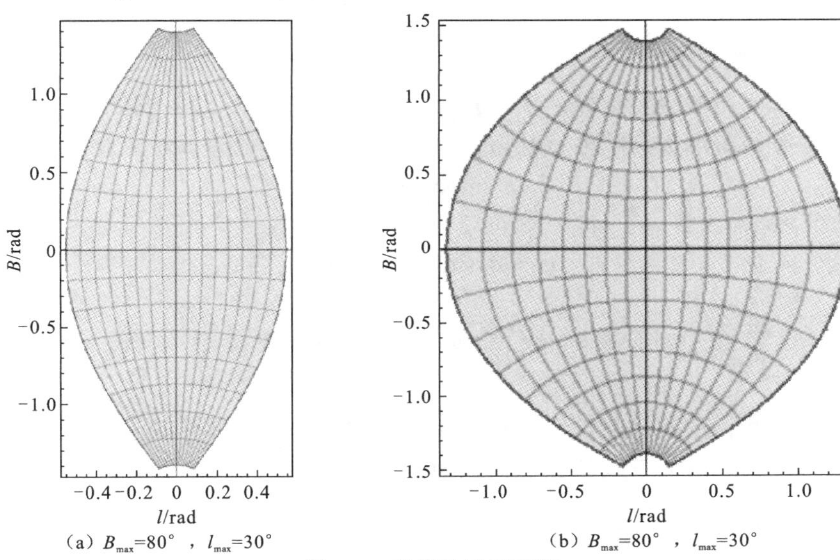

（a）$B_{\max}=80^{\circ}$，$l_{\max}=30^{\circ}$　（b）$B_{\max}=80^{\circ}$，$l_{\max}=30^{\circ}$

图 6-2　高斯投影示意图

6.2　高斯投影正反解复变函数非迭代表示

以实数表示的高斯投影公式推导过程复杂，表示形式也比较复杂，反解时仍然使用迭代的数值过程，应用起来不甚方便。6.1 节将实数域的子午线弧长正反解公式拓展至复数域，给出了高斯投影的复变函数表示，但在反解计算时仍需要较为烦琐的迭代运算，略显复杂。李厚朴等（2009）将子午线弧长直接展开成以等量纬度为变量的偏心率幂级数展开式，然后以此为基础导出了高斯投影复变函数的非迭代表示。鉴于此，本节将在综合作者和国内外学者（过家春，2020；Peter，2013；刘大海，2012；Kazushige，2011；Karney，2011；Schuhr，1995；Bowring，1990；杨启和，1989）研究成果的基础上，利用复变函数与等角投影的内在联系，借助 Mathematica 计算机代数系统推导出高斯投影正反解算的非迭代公式。

6.2.1 等角纬度的解析开拓

等量纬度 q 与大地纬度 B 有如下数学关系（吕晓华 等，2016；熊介，1988）：

$$q=\int_0^B \frac{1-e^2}{(1-e^2\sin^2 B)\cos B}\mathrm{d}B=\ln\left[\tan\left(\frac{\pi}{4}+\frac{B}{2}\right)\left(\frac{1-e\sin B}{1+e\sin B}\right)^{e/2}\right] \tag{6.2.1}$$

等角纬度 φ 与大地纬度 B 有如下关系：

$$\tan\left(\frac{\pi}{4}+\frac{\varphi}{2}\right)=\tan\left(\frac{\pi}{4}+\frac{B}{2}\right)\left(\frac{1-e\sin B}{1+e\sin B}\right)^{e/2} \tag{6.2.2}$$

可得

$$q=\ln\left[\tan\left(\frac{\pi}{4}+\frac{\varphi}{2}\right)\right]=\operatorname{arctanh}(\sin\varphi) \tag{6.2.3}$$

式中：arctanh (*) 为反双曲正切函数。

将式（6.2.3）拓展至复数域，以等量纬度 q 与经差 l 组成的复变量 $\boldsymbol{w}=q+\mathrm{i}l$ 代替 q，则式（6.2.3）等号右端等角纬度 φ 开拓为复变等角纬度，记为 $\boldsymbol{\varphi}$，因此有

$$q+\mathrm{i}l=\operatorname{arctanh}(\sin\boldsymbol{\varphi}) \tag{6.2.4}$$

即

$$\boldsymbol{\varphi}=\arcsin[\tanh(q+\mathrm{i}l)] \tag{6.2.5}$$

6.2.2 复变等角纬度表示的高斯投影正解非迭代公式

复变等角纬度表示的高斯投影正解可在子午线弧长实变展开的基础上经解析开拓得到。用大地纬度表示的子午线弧长展开式为

$$\begin{aligned} x=f(q)=f[q(B)]=X(B)&=a(1-e^2)\int_0^B\frac{\mathrm{d}B}{(1-e^2\sin^2 B)^{3/2}}\\ &=a(1-e^2)(k_0B+k_2\sin 2B+k_4\sin 4B+k_6\sin 6B+k_8\sin 8B+k_{10}\sin 10B)\end{aligned} \tag{6.2.6}$$

式中系数为

$$\left\{\begin{aligned} k_0&=1+\frac{3}{4}e^2+\frac{45}{64}e^4+\frac{175}{256}e^6+\frac{11\,025}{16\,384}e^8+\frac{43\,659}{65\,536}e^{10}\\ k_2&=-\frac{3}{8}e^2-\frac{15}{32}e^4-\frac{525}{1024}e^6-\frac{2205}{4096}e^8-\frac{72\,765}{131\,072}e^{10}\\ k_4&=\frac{15}{256}e^4+\frac{105}{1024}e^6+\frac{22\,025}{16\,384}e^8+\frac{10\,395}{65\,536}e^{10}\\ k_6&=-\frac{35}{3072}e^6-\frac{105}{4096}e^8-\frac{10\,395}{262\,144}e^{10}\\ k_8&=\frac{315}{131\,072}e^8+\frac{3465}{524\,288}e^{10}\\ k_{10}&=-\frac{693}{1310\,720}e^{10}\end{aligned}\right. \tag{6.2.7}$$

将等角纬度反解表达式代入式（6.2.6），借助计算机代数系统对其进行级数展开和化简，则式（6.2.6）可变形为

$$X = a(a_0\varphi + a_2\sin 2\varphi + a_4\sin 4\varphi + a_6\sin 6\varphi + a_8\sin 8\varphi + a_{10}\sin 10\varphi) \tag{6.2.8}$$

式中系数为

$$\begin{cases} a_0 = 1 - \dfrac{1}{4}e^2 - \dfrac{3}{64}e^4 - \dfrac{5}{256}e^6 - \dfrac{175}{16\,384}e^8 - \dfrac{441}{65\,536}e^{10} - \dfrac{43\,659}{65\,536}e^{12} \\ a_2 = \dfrac{1}{8}e^2 - \dfrac{1}{96}e^4 - \dfrac{9}{1024}e^6 - \dfrac{901}{184\,320}e^8 - \dfrac{16\,381}{5\,898\,240}e^{10} + \dfrac{2\,538\,673}{4\,587\,520}e^{12} \\ a_4 = \dfrac{13}{768}e^4 + \dfrac{17}{5120}e^6 - \dfrac{311}{737\,282}e^8 - \dfrac{18\,931}{20\,643\,840}e^{10} - \dfrac{1\,803\,171}{9\,175\,040}e^{12} \\ a_6 = \dfrac{61}{15\,360}e^6 + \dfrac{899}{430\,080}e^8 + \dfrac{18\,757}{27\,525\,120}e^{10} + \dfrac{461\,137}{20\,643\,840}e^{12} \\ a_8 = \dfrac{49\,561}{41\,287\,680}e^8 + \dfrac{175\,087}{165\,150\,720}e^{10} - \dfrac{869\,251}{20\,643\,840}e^{12} \\ a_{10} = -\dfrac{179\,101}{41\,287\,680}e^{10} - \dfrac{25\,387}{1\,290\,240}e^{12} \end{cases} \tag{6.2.9}$$

将解析开拓后的复变等角纬度 $\boldsymbol{\varphi}$ 代入式（6.2.8），将等式左端相应改写为高斯投影的复数坐标：

$$\boldsymbol{z} = x + \mathrm{i}y$$

式中：x、y 分别为高斯投影纵坐标、横坐标，则有

$$\boldsymbol{z} = x + \mathrm{i}y = a(a_0\boldsymbol{\varphi} + a_2\sin 2\boldsymbol{\varphi} + a_4\sin 4\boldsymbol{\varphi} + a_6\sin 6\boldsymbol{\varphi} + a_8\sin 8\boldsymbol{\varphi} + a_{10}\sin 10\boldsymbol{\varphi}) \tag{6.2.10}$$

如果式（6.2.10）扩展成无穷级数，则形式上可以表示为

$$\boldsymbol{z} = aa_0\boldsymbol{\varphi} + a\sum_{i=1}^{\infty} a_{2n}\sin 2n\boldsymbol{\varphi} \tag{6.2.11}$$

式（6.2.10）的正确性可进一步阐述如下。

（1）由 $\boldsymbol{w}$ 所决定的 $\boldsymbol{\varphi}$ 及由 $\boldsymbol{\varphi}$ 所决定的 $\boldsymbol{z}$ 均为初等函数，且在其主值范围内是单值单叶解析函数，而解析函数必然满足保角映射条件，即高斯投影“保角映射（正形）”条件得以保证。

（2）当 $l=0$ 时，式（6.2.5）虚部消失，式（6.2.10）横坐标 $y=0$，纵坐标 x 即为子午线弧长公式。高斯投影条件“中央子午线投影后为直线（一般为纵轴）”和“中央子午线投影后长度不变”得以保证。

因此，式（6.2.10）满足高斯投影的全部条件。但与传统的高斯投影相比，可避免幂级数展开和分带现象。

6.2.3 复数底点纬度表示的高斯投影反解非迭代公式

高斯投影复变函数的反解，就是已知高斯直角坐标 (x,y) 求对应的大地坐标 (B,l)。略去复杂的推导过程，可直接写出等距离纬度的定义和等量纬度关于等距离纬度的展开式：

$$
\begin{cases}
\psi = \dfrac{x}{a(1-e^2)k_0} \\
q = \operatorname{arctanh}(\sin\psi) + \xi_1 \sin\psi + \xi_3 \sin 3\psi + \xi_5 \sin 5\psi + \xi_7 \sin 7\psi + \xi_9 \sin 9\psi
\end{cases}
\tag{6.2.12}
$$

式中系数为

$$
\begin{cases}
\xi_1 = -\dfrac{1}{4}e^2 - \dfrac{1}{64}e^4 + \dfrac{1}{3\,072}e^6 + \dfrac{33}{16\,384}e^8 + \dfrac{2\,363}{1\,310\,720}e^{10} \\
\xi_3 = -\dfrac{1}{96}e^4 - \dfrac{13}{3\,072}e^6 - \dfrac{13}{8\,192}e^8 - \dfrac{1\,057}{1\,966\,080}e^{10} \\
\xi_5 = -\dfrac{11}{7\,680}e^6 - \dfrac{29}{24\,576}e^8 - \dfrac{2\,897}{3\,932\,160}e^{10} \\
\xi_7 = -\dfrac{25}{86\,016}e^8 - \dfrac{727}{1\,966\,080}e^{10} \\
\xi_9 = -\dfrac{53}{737\,280}e^{10}
\end{cases}
\tag{6.2.13}
$$

将式（6.2.12）拓展至复数域，以 $\boldsymbol{z} = x + \mathrm{i}y$ 代替 x，则该式中第二式左端相应变为 $\boldsymbol{w} = q + \mathrm{i}l$，即

$$
\begin{cases}
\boldsymbol{\Psi} = \dfrac{x + \mathrm{i}y}{a(1-e^2)a_0} \\
\boldsymbol{w} = q + \mathrm{i}l = \operatorname{arctanh}(\sin\boldsymbol{\Psi}) + \xi_1 \sin\boldsymbol{\Psi} + \xi_3 \sin 3\boldsymbol{\Psi} + \xi_5 \sin 5\boldsymbol{\Psi} + \xi_7 \sin 7\boldsymbol{\Psi} + \xi_9 \sin 9\boldsymbol{\Psi}
\end{cases}
\tag{6.2.14}
$$

式中：$\boldsymbol{\Psi}$ 可理解为复数底点纬度。

求出等量纬度 q 后，大地纬度 B 可由以下公式计算得到：

$$
\begin{cases}
\varphi = \arcsin(\tanh q) \\
B = \varphi + b_2 \sin 2\varphi + b_4 \sin 4\varphi + b_6 \sin 6\varphi + b_8 \sin 8\varphi + b_{10} \sin 10\varphi
\end{cases}
\tag{6.2.15}
$$

式中系数为

$$
\begin{cases}
b_2 = \dfrac{1}{2}e^2 + \dfrac{5}{24}e^4 + \dfrac{1}{12}e^6 + \dfrac{13}{360}e^8 + \dfrac{3}{160}e^{10} \\
b_4 = \dfrac{7}{48}e^4 + \dfrac{29}{240}e^6 + \dfrac{811}{11\,520}e^8 + \dfrac{81}{2240}e^{10} \\
b_6 = \dfrac{7}{120}e^6 + \dfrac{81}{1120}e^8 + \dfrac{3029}{53\,760}e^{10} \\
b_8 = \dfrac{4279}{161\,280}e^8 + \dfrac{883}{20\,160}e^{10} \\
b_{10} = \dfrac{2087}{161\,280}e^{10}
\end{cases}
\tag{6.2.16}
$$

式（6.2.14）和式（6.2.15）确定的高斯投影反解的正确性可进一步阐述如下。

（1）式（6.2.14）在其主值范围内为单值的解析函数，由 $\boldsymbol{z} = x + \mathrm{i}y$ 到 $\boldsymbol{w} = q + \mathrm{i}l$ 的映射是保角映射，高斯投影条件“保角映射（正形）”得以保证。

（2）当 $y = 0$ 时，式（6.2.14）恢复为式（6.2.12），此时 $l = 0$，由式（6.2.15）确定的 B 即为中央子午线处的大地纬度，高斯投影条件“中央子午线投影后为直线（一般为纵轴）”和条件“中央子午线投影后长度不变”得以满足。

因此，式（6.2.14）和式（6.2.15）构成了高斯投影反解表示的完整形式，并且彻底消除了迭代计算。

为判断本小节导出的复数公式计算结果的准确性、可靠性，同时为了与熊介（1988）给出的传统公式进行精度比较，选择克拉索夫斯基椭球作为参考椭球，借助计算机代数系统对高斯投影进行正反解验算。计算结果如表 6-1 所示。

表 6-1　本小节公式和传统公式的计算误差对照表

大地纬度和经差		本小节公式计算误差		传统公式计算误差	
B/（°）	l/（°）	ΔB_1/（″）	Δl_1/（″）	ΔB_2/（″）	Δl_2/（″）
0	1.0	0	3.44×10^{-11}	0	1.38×10^{-2}
20	1.5	-2.93×10^{-7}	1.13×10^{-9}	10.22×10^{-4}	3.88×10^{-2}
40	2.0	1.14×10^{-7}	-1.13×10^{-9}	1.17×10^{-3}	5.05×10^{-2}
60	2.5	-3.28×10^{-8}	-1.17×10^{-10}	7.75×10^{-4}	2.81×10^{-2}
80	3.0	-10.31×10^{-9}	1.42×10^{-10}	1.34×10^{-4}	2.12×10^{-3}

本小节从高斯投影满足的三个条件出发，引入等量纬度反解的直接公式，借助计算机代数系统得到子午线弧长与等量纬度的关系式，并将其拓展至复数域，在此基础上推导出高斯投影反解的非迭代公式。可以得出以下结论。

（1）与传统公式给出的复数公式相比，本小节导出的公式彻底消除了迭代运算，且均为结构简单的闭合形式，在此基础上分别给出了适合计算机编程计算的表达式，并将其系数展开为椭球第一偏心率 e 的幂级数形式，可解决不同地球参考椭球下的高斯投影反算问题。

（2）设计算例对导出公式的精度进行检验，结果表明本小节公式的精度高于 $10^{-6}{}''$，可以满足实际需要。相比传统公式，本小节公式不仅提高了计算精度，而且在一定程度上简化了计算过程。

（3）高斯投影非迭代公式的推导涉及十分复杂的数学运算，人工推导极其困难甚至难以实现，计算机代数系统强大的数学分析功能为解决这类问题提供了有力的帮助。本小节的推导过程同时说明计算机代数系统在解决地图投影及其他数学分析问题中也有着良好的应用前景。

6.2.4　高斯投影复变函数换带公式

记椭球面上点 $P(B,L)$ 分别相对于中央经线 L_1 和 L_2 的经差为 $\Delta l_1 = l - L_1$ 和 $\Delta l_2 = l - L_2$，对应的复数等量坐标分别为 $\boldsymbol{w}_1 = q + \mathrm{i}\Delta l_1$ 和 $\boldsymbol{w}_2 = q + \mathrm{i}\Delta l_2$，而 $\Delta l_2 = \Delta l_1 + L_1 - L_2$。由于 l_1 和 l_2 为已知，因此为简便计算，可记已知量 $l_{12} = L_1 - L_2$，有 $\Delta l_2 = \Delta l_1 + l_{12}$，进而得

$$\boldsymbol{w}_2 = \boldsymbol{w}_1 + \mathrm{i}l_{12} \tag{6.2.17}$$

根据式（6.2.5）有 $\boldsymbol{\varphi} = \arcsin(\tanh \boldsymbol{w})$，可得 $P(B,l)$ 相对于中央经线 L_2 的复数等角纬度 $\boldsymbol{\varphi}_2$ 为（因为 $\boldsymbol{w}_2$ 未知）

$$
\begin{aligned}
\varphi_2 &= \arcsin(\tanh w_2) = \arcsin[\tanh(w_1 + \mathrm{i}\, l_{12})] \\
&= \arcsin\left[\frac{\tanh w_1 + \tanh(\mathrm{i} l_{12})}{1 + \tanh w_1 \tanh(\mathrm{i} l_{12})}\right] \\
&= \arcsin\left[\frac{\sin\varphi_1 + \tanh(\mathrm{i} l_{12})}{1 + \sin\varphi_1 \tanh(\mathrm{i} l_{12})}\right]
\end{aligned}
\tag{6.2.18}
$$

将式（6.2.18）代入式（6.2.5），可得

$$
z_2 = a(a_0\varphi_2 + a_2 \sin 2\varphi_2 + a_4 \sin 4\varphi_2 + a_6 \sin 6\varphi_2 + a_8 \sin 8\varphi_2 + a_{10} \sin 10\varphi_2) \tag{6.2.19}
$$

综合上述分析可知，式（6.2.17）～式（6.2.19）可实现由高斯坐标 z_1 到 z_2 的变换，即实现以 L_1 为中央经线的高斯坐标到以 L_2 为中央经线的高斯坐标之间的变换。

以 CGCS2000 椭球（长半轴 $a = 6\,378\,137$ m，扁率 $f = 1/298.257\,222\,101$）为例，记椭球面上 $P(B,l)$ 相对于中央经线 L_1 和 L_2 的高斯投影平面坐标为 $z_1 = x_1 + \mathrm{i}y_1$ 和 $z_2 = x_2 + \mathrm{i}y_2$。$\varphi_1'$ 是通过式（6.2.19）反解高斯投影坐标 $z_1 = x_1 + \mathrm{i}y_1$ 而得，φ_2' 是通过将 φ_1' 代入式（6.2.5）、式（6.2.18）换算而得，$z_2' = x_2' + \mathrm{i}y_2'$ 是通过将 φ_2' 代入式（6.2.19）得到，即由坐标 z_1 通过式（6.2.17）～式（6.2.19）变换而得。可通过对比高斯投影坐标 z_2 与变换坐标 z_2'，对本小节推导出的“基于复变函数的不同中央经线高斯投影间变换公式”进行可靠性验证。

现有的高斯投影邻带换算数值法，在可实现的变换区域及对应精度为两相邻 6° 带换带时，在距边经线 2° 范围内坐标换算精度在 1 mm 范围内。为验证高斯投影复变函数表示的变换关系式在解决高斯投影邻带换算问题中的可靠性及正确性，记纵坐标差异 $\Delta x = x_2 - x_2'$，横坐标差异 $\Delta y = y_2 - y_2'$，考虑高斯投影关于中央经线的对称性，可令 $l_{12} = 6^\circ$，分别绘制在一个高斯投影 6° 条带内，Δx 及 Δy 的变化分布（以 mm 为计量单位），如图 6-3 和图 6-4 所示。

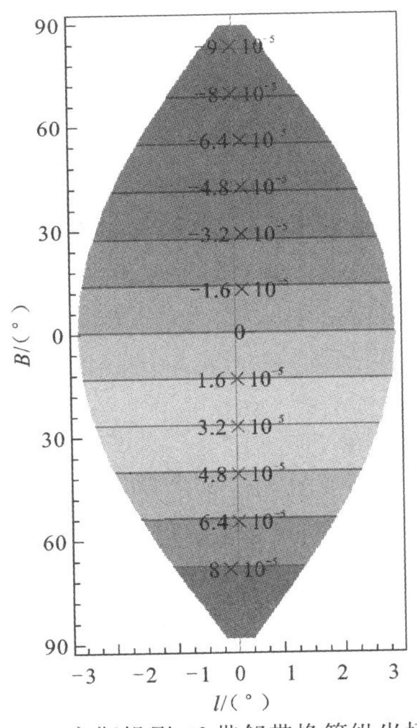

图 6-3　高斯投影 6° 带邻带换算纵坐标差

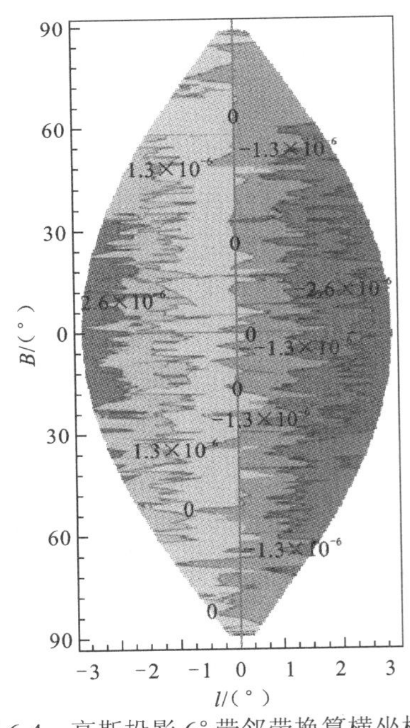

图 6-4　高斯投影 6° 带邻带换算横坐标差

由图 6-3 和图 6-4 可以看出，在高斯投影 6° 带邻带换算中，经差 Δl_1 在−3° ～3° 的范围内，高斯投影坐标与变换坐标间的差异为：纵坐标差异 Δx 为 $-2.2\times10^{-5}\sim2.4\times10^{-5}$，横坐标差异值 Δy 为 $-5\times10^{-6}\sim3\times10^{-6}$。根据对称性可知，利用高斯投影变换复变函数表示式进行 6° 带换带时，在距离中央经线 3° 范围内，纵坐标具有高于10^{-4} mm 的精度，横坐标具有高于10^{-5} mm 的精度。同理，可验证利用该变换公式进行 3° 带邻带换算时，在距离中央经线 1.5° 范围内，纵坐标具有高于10^{-4} mm 的精度，横坐标具有高于10^{-5} mm 的精度。因此，相较于传统的高斯投影邻带换算数值法，本小节公式在邻带换算中具有更高的精度。

一般来说，坐标换算的精度达到 1～2 mm 便能满足测量的要求。高斯投影复变函数表示式的一大优势是其应用范围远大于6° 带宽，考虑当$|\Delta l_1|$或$|\Delta l_2|\to 90°$，高斯投影的横坐标分量将趋向于无穷远处。此处可选择$\Delta l_1,\Delta l_2\in[-80°,80°]$，即认为$-80°\leqslant(\Delta l_1+l_{12})\leqslant80°$。经验证，式（6.2.19）在该范围内的计算精度优于10^{-3} mm，可以满足高精度制图的需求。故在该范围内对“基于复变函数的不同中央经线高斯投影间的变换公式”进行可靠性验证及精度分析，可选取任意$l_{12}\in[-40°,40°]$。分别求出$l_{12}=\pm10°,\pm20°,\pm30°,\pm40°$时，该范围内高斯变换坐标的绝对差异最大值，并列于表 6-2。

表 6-2　Δx 与 Δy 的最大绝对值　（单位：mm）

l_{12}	−40°	−30°	−20°	−10°	10°	20°	30°	40°
$\lvert\Delta x\rvert_{max}$	0.002 31	0.001 16	0.000 79	0.000 62	0.000 62	0.000 79	0.001 16	0.002 31
$\lvert\Delta y\rvert_{max}$	0.002 73	0.001 24	0.000 83	0.000 65	0.000 65	0.000 83	0.001 24	0.002 73

由表 6-2 可以看出，随着$|l_{12}|$的增大，高斯投影坐标与变换坐标的绝对差异最大值越来越大。可令$l_{12}=40°$，绘制该范围内 Δx 及 Δy 的变化分布（以 mm 为计量单位）如图 6-5 和图 6-6 所示。

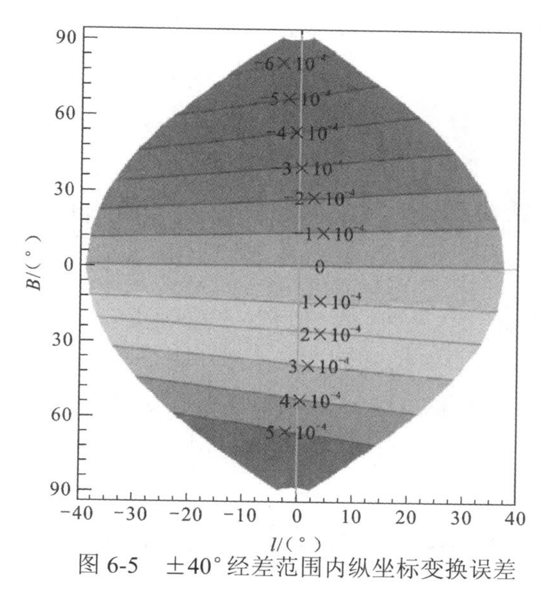

图 6-5　±40° 经差范围内纵坐标变换误差

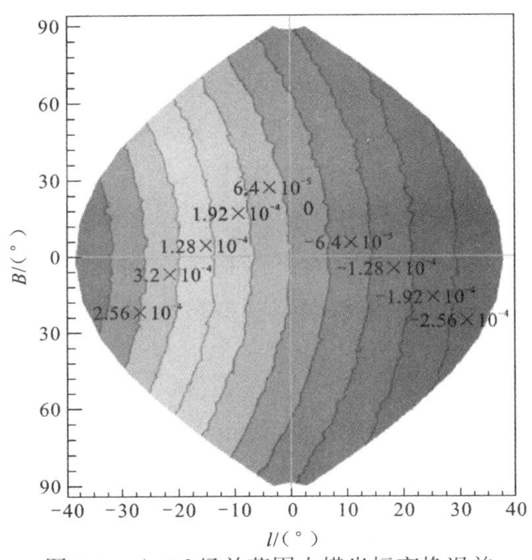

图 6-6　±40°经差范围内横坐标变换误差

由表 6-2 及图 6-6 可以看出，在 $P\{(B,l):|\Delta l_1|\leqslant 40°,\ -80°\leqslant B\leqslant 84°\}$ 范围内，随着 $|l_{12}|$ 的增大，高斯坐标变换的绝对差异最大值越来越大；当 $l_{12}=40°$ 时，利用式（6.2.10）计算的投影坐标与借助式（6.2.17）～式（6.2.19）推导出的变换坐标相比，纵坐标绝对差异最大值为 0.002 31 mm，横坐标最大绝对差异值为 0.002 73 mm。即在该范围内，当两中央经线之差 $|l_{12}|=40°$ 时，高斯投影变换公式具有高于 0.01 mm 的精度，远小于 1～2 mm 的界限值。因此，可得出结论：在 $P\{(B,l):|\Delta l_1|\leqslant 40°,\ -80°\leqslant B\leqslant 84°\}$ 范围内，当两中央经线差值 $|l_{12}|\leqslant 40°$ 时，本小节推导的“基于复变函数的不同中央经线高斯投影间的变换公式”完全可以满足测量要求。相较于传统的高斯投影邻带换算数值法，本小节公式在进行高斯投影坐标换算中具有更广的应用范围。

根据以上两个算例可知，相较于传统的高斯投影坐标换算数值法，本小节推导的“基于复变函数的不同中央经线高斯投影间的变换公式”可靠准确，不再受限于 3° 或 6° 带宽，具有更高的精度、更广的应用范围，一定程度上丰富了高斯投影变换理论，为高斯坐标变换提供参考。

6.3　高斯投影长度比和子午线收敛角的复变函数表示

6.3.1　投影长度比和子午线收敛角

高斯投影为等角投影，等角投影从一点出发各方向的长度比是相等的。因此只要求出某一方向的长度比，即是各方向的长度比。由《地图投影学》（李连营 等，2023）知任一方向长度比可表示为

$$\mu^2=\frac{E}{M^2}\cos^2\alpha+\frac{F}{Mr}\sin 2\alpha+\frac{G}{r^2}\sin^2\alpha \tag{6.3.1}$$

式中

$$\begin{cases} E=\left(\dfrac{\partial x}{\partial \varphi}\right)^2+\left(\dfrac{\partial y}{\partial \varphi}\right)^2 \\ F=\dfrac{\partial x}{\partial \varphi}\dfrac{\partial x}{\partial \lambda}+\dfrac{\partial y}{\partial \varphi}\dfrac{\partial y}{\partial \lambda} \\ G=\left(\dfrac{\partial x}{\partial \lambda}\right)^2+\left(\dfrac{\partial y}{\partial \lambda}\right)^2 \end{cases} \tag{6.3.2}$$

α 为某点上微分线段的方位角；M、r 分别为子午圈曲率半径、平行圈曲率半径。

为推演方便，对高斯投影来说，用纬线长度比代替任一方向长度比较为合宜。在式（6.3.1）中，令 $\alpha=90°$，可得纬线长度比为

$$\mu=n=\frac{\sqrt{G}}{r} \tag{6.3.3}$$

代入式（6.3.2），顾及 $r=N\cos\varphi$，则有

$$\mu=\frac{1}{N\cos\varphi}\sqrt{\left(\frac{\partial x}{\partial \lambda}\right)^2+\left(\frac{\partial y}{\partial \lambda}\right)^2} \tag{6.3.4}$$

对高斯投影正解公式分别取 x 对 λ 及 y 对 λ 的偏导数，取至 λ^4 项，可得

$$\frac{\partial x}{\partial \lambda}=N\cos\varphi\left[\lambda\sin\varphi+\frac{\lambda^3}{6}\sin\varphi\cos^2\varphi(5-t^2+9\eta^2+4\eta^4)\right] \tag{6.3.5}$$

$$\frac{\partial y}{\partial \lambda}=N\cos\varphi\left[1+\frac{\lambda^2}{2}\cos^2\varphi(1-t^2+\eta^2)+\frac{\lambda^4}{24}\cos^4\varphi(5-18t^2+t^4)\right] \tag{6.3.6}$$

将式（6.3.5）和式（6.3.6）取至 λ^4 项并略去 η^2 项的以上各项，可得

$$\left(\frac{\partial x}{\partial \lambda}\right)^2=N^2\cos^2\varphi\left[\lambda^2\sin^2\varphi+\frac{\lambda^3}{3}\sin^2\varphi\cos^2\varphi(5-t^2)\right] \tag{6.3.7}$$

$$\left(\frac{\partial y}{\partial \lambda}\right)^2=N^2\cos^2\varphi\left[1+\lambda^2\cos^2\varphi(1-t^2+\eta^2)+\frac{1}{3}\lambda^4\cos^4\varphi(2-6t^2+t^4)\right] \tag{6.3.8}$$

将式（6.3.7）、式（6.3.8）代入式（6.3.4），整理后得

$$\mu=\left[1+\lambda^2\cos^2\varphi(1+\eta^2)+\frac{\lambda^4}{3}\cos^4\varphi(2-t^2)\right]^{\frac{1}{2}} \tag{6.3.9}$$

将式（6.3.9）按二项级数展开法展开，也取至 λ^4 项，并略去 λ^4 项中的 η^2 项以上各项，得

$$\mu=1+\frac{\lambda^2}{2}\cos^2\varphi(1+\eta^2)+\frac{\lambda^4}{24}\cos^4\varphi(5-4t^2) \tag{6.3.10}$$

根据式（6.3.10）来分析高斯投影的变形规律。

（1）当 $\lambda=0$ 时，$\mu=1$，即中央子午线上无长度变形，这是符合本投影所设条件的。

（2）在同一条纬线上（即 φ 为常数时），长度变形随经差 λ 的增大而增大。

（3）在同一条经线上（即 λ 为常数时），长度变形随纬度 φ 的减小而增大，在赤道为最大。

(4) 因 λ 和 $\cos\varphi$ 均为偶次方，且各项均为正号，故长度变形恒为正，即除中央子午线外，其他线段都有所增长。

(5) 由于 $\cos\varphi$ 为小于 1 的值，其二次方、四次方的值更小，长度变形主要随 λ 的增大而增大。因此高斯投影只能按经差分带投影，以减小投影变形。

(6) 若按 6° 分带，相邻两带重叠处距中央子午线的最大经差为 3° 30′，按式（6.3.10）可算得最不利时（$\varphi=0$）其长度比为 1.001 881 25，即长度变形约为 0.2%，而面积变形不大于 0.4%。因此可得出结论，高斯投影是投影变形较小的一种投影。

下面推求子午线收敛角公式。

子午线收敛角是投影平面上，过某一点的经线与坐标纵线间的夹角，即

$$\tan\gamma=\frac{\partial y}{\partial\varphi}\Big/\frac{\partial x}{\partial\varphi} \tag{6.3.11}$$

由于高斯投影系等角投影，可在式（6.3.11）中引入

$$\begin{cases}\dfrac{\partial y}{\partial\lambda}=\dfrac{r}{M}\dfrac{\partial x}{\partial\varphi}\\[2mm] \dfrac{\partial x}{\partial\lambda}=-\dfrac{r}{M}\dfrac{\partial y}{\partial\varphi}\end{cases}$$

将其变为对 λ 的偏导数形式：

$$\tan\gamma=\frac{\partial x}{\partial\lambda}\Big/\frac{\partial y}{\partial\lambda} \tag{6.3.12}$$

将式（6.3.5）、式（6.3.6）代入式（6.3.12），得

$$\begin{aligned}\tan\gamma&=\frac{\lambda\sin\varphi+\dfrac{\lambda^3}{6}\sin\varphi\cos^2\varphi(5-t^2+9\eta^2+4\eta^4)}{1+\dfrac{\lambda^2}{2}\cos^2\varphi(1-t^2+\eta^2)+\dfrac{\lambda^4}{24}\cos^4\varphi(5-18t^2+t^4)}\\&=\lambda\sin\varphi+\frac{\lambda^3}{3}\sin\varphi(1+2t^2+3\eta^2+2\eta^4)+\cdots\end{aligned} \tag{6.3.13}$$

为便于计算，按已知展开式

$$\gamma=\tan^{-1}(\tan\gamma)=\tan\gamma-\frac{1}{3}\tan^3\gamma+\cdots \tag{6.3.14}$$

引入式（6.3.13），取至 λ^3 项，并略去 η^4 项，最后得

$$\gamma=\lambda\sin\varphi+\frac{\lambda^3}{3}\sin\varphi\cos^2\varphi(1+3\eta^2) \tag{6.3.15}$$

式中：γ、λ 均以弧度为单位，在中央子午线以东 γ 为负值，反之 γ 为正值，并且 γ 随 λ 的增大而增大，随纬度的升高而增大。

6.3.2 复变等角纬度表示的长度比和子午线收敛角（基于正解公式）

在对高斯投影进行性质分析时，必然要推导出对应的长度比及子午线收敛角公式。借助复变函数来求解高斯投影问题时，长度比和子午线收敛角就是解析函数在某点处的导数，有

$$z' = \frac{\mathrm{d}f(\boldsymbol{w})}{r\mathrm{d}\boldsymbol{w}} \tag{6.3.16}$$

式中：$r = N\cos B$，N 为卯酉圈曲率半径。

为求得式（6.3.16）的具体表示形式，可将其变形为

$$z' = \frac{\mathrm{d}f(\boldsymbol{w})}{r\,\mathrm{d}\boldsymbol{\varphi}}\frac{\mathrm{d}\boldsymbol{\varphi}}{\mathrm{d}\boldsymbol{w}} \tag{6.3.17}$$

因为

$$z' = x + \mathrm{i}y = a(a_0\boldsymbol{\varphi} + a_2\sin 2\boldsymbol{\varphi} + a_4\sin 4\boldsymbol{\varphi} + a_6\sin 6\boldsymbol{\varphi} + a_8\sin 8\boldsymbol{\varphi} + a_{10}\sin 10\boldsymbol{\varphi}) \tag{6.3.18}$$

$$\boldsymbol{\varphi} = \arcsin(\tanh \boldsymbol{w}) \tag{6.3.19}$$

式中系数为

$$\begin{cases} a_0 = 1 - \dfrac{1}{4}e^2 - \dfrac{3}{64}e^4 - \dfrac{5}{256}e^6 - \dfrac{175}{16\,384}e^8 - \dfrac{441}{65\,536}e^{10} - \dfrac{43\,659}{65\,536}e^{12} \\ a_2 = \dfrac{1}{8}e^2 - \dfrac{1}{96}e^4 - \dfrac{9}{1024}e^6 - \dfrac{901}{184\,320}e^8 - \dfrac{16\,381}{5\,898\,240}e^{10} + \dfrac{2\,538\,673}{4\,587\,520}e^{12} \\ a_4 = \dfrac{13}{768}e^4 + \dfrac{17}{5120}e^6 - \dfrac{311}{737\,282}e^8 - \dfrac{18\,931}{20\,643\,840}e^{10} - \dfrac{1\,803\,171}{9\,175\,040}e^{12} \\ a_6 = \dfrac{61}{15\,360}e^6 + \dfrac{899}{430\,080}e^8 + \dfrac{18\,757}{27\,525\,120}e^{10} + \dfrac{461\,137}{20\,643\,840}e^{12} \\ a_8 = \dfrac{49\,561}{41\,287\,680}e^8 + \dfrac{175\,087}{165\,150\,720}e^{10} - \dfrac{869\,251}{20\,643\,840}e^{12} \\ a_{10} = -\dfrac{179\,101}{41\,287\,680}e^{10} - \dfrac{25\,387}{1\,290\,240}e^{12} \end{cases} \tag{6.3.20}$$

所以

$$\frac{\mathrm{d}f(\boldsymbol{w})}{\mathrm{d}\boldsymbol{\varphi}} = a(a_0\boldsymbol{\varphi} + a_2\sin 2\boldsymbol{\varphi} + a_4\sin 4\boldsymbol{\varphi} + a_6\sin 6\boldsymbol{\varphi} + a_8\sin 8\boldsymbol{\varphi} + a_{10}\sin 10\boldsymbol{\varphi}) \tag{6.3.21}$$

$$\frac{\mathrm{d}\boldsymbol{\varphi}}{\mathrm{d}\boldsymbol{w}} = \frac{1}{\sqrt{1-\tanh^2\boldsymbol{w}}}\cdot\frac{1}{\cosh^2\boldsymbol{w}} = \frac{1}{\cosh\boldsymbol{w}} = \cos\boldsymbol{\varphi} \tag{6.3.22}$$

经过求导数以后，正弦全部转换为余弦，且系数分别乘以 2、4、6、8、10，因此式（6.3.22）可进一步表示为

$$z' = \frac{a\cos\boldsymbol{\varphi}}{r}(a_0 + 2a_2\cos 2\boldsymbol{\varphi} + 4a_4\cos 4\boldsymbol{\varphi} + 6a_6\cos 6\boldsymbol{\varphi} + 8a_8\cos 8\boldsymbol{\varphi} + 10a_{10}\cos 10\boldsymbol{\varphi}) \tag{6.3.23}$$

如果将式（6.3.23）扩展成无穷级数，则形式上可以表示为

$$z' = \frac{a\cos\boldsymbol{\varphi}}{r}\left(a_0 + 2\sum_{n=1}^{N} n a_{2n}\cos 2n\boldsymbol{\varphi}\right) \tag{6.3.24}$$

至此，高斯投影复变函数非迭代表示相对应的长度比及子午线收敛角公式已求出。

可以看出，由高斯投影复变函数表示式推导出的长度比及子午线收敛角公式精度与其展开的阶数有关，当展开式中 e 的次数越高，系数 a_{2n} 越精确，长度比及子午线收敛角公式的精度也越高。

为判断在一个高斯投影条带内 $P_1 = \{(B,l): |l| \leqslant 3°,\ 0 \leqslant B \leqslant 84°\}$，长度比及子午线收敛角的精度，令 Δm 为长度比截断误差，$\Delta\gamma$ 为子午线收敛角截断误差，分别取

$N=1,2,3,4,5$，将Δm及$\Delta\gamma$的最大误差列于表 6-3。

表 6-3 长度比及子午线收敛角复变函数展开式截断误差

N	$\|\Delta m\|_{\max}$	$\|\Delta\gamma\|_{\max}$ / (″)
1	$1.587\,33\times10^{-6}$	0.110 11
2	1.7856×10^{-8}	5.4475×10^{-4}
3	$7.357\,89\times10^{-11}$	$2.935\,06\times10^{-6}$
4	8.4599×10^{-14}	$1.658\,93\times10^{-8}$
5	$4.440\,89\times10^{-16}$	$9.660\,93\times10^{-11}$

由表 6-3 可以看出，当N为 2 时，一个高斯条带内的长度比截断误差已小于$1.785\,6\times10^{-8}$，子午线收敛角的截断误差已小于$5.447\,5\times10^{-4\prime\prime}$。随着$N$值增大，长度比及子午线收敛角的复变函数表示式的截断误差逐渐减小。因此，在计算一个高斯投影条带范围内$P_1=\{(B,l):|l|\leqslant3°,\ 0\leqslant B\leqslant84°\}$的长度比及子午线收敛角时，取$N\geqslant2$即可满足要求。

6.4 基于复变函数的不同中央经线高斯投影变换方法

记z_1、z_2分别是点$P_1=(B,l)$以l_1、l_2为中央经线的高斯投影坐标，要实现由高斯坐标到z_1、z_2的变换，可先由高斯坐标z_1推导出复数等角纬度$\boldsymbol{\varphi}_1$，然后建立复数等角纬度$\boldsymbol{\varphi}_2$与$\boldsymbol{\varphi}_1$的关系，最后根据复数等角纬度$\boldsymbol{\varphi}_2$推导出高斯坐标z_2。

6.4.1 由子午线弧长反解等角纬度

引入等距离纬度ψ、大地纬度B及等角纬度间的函数关系，可得子午线弧长X与等角纬度φ存在如下关系：

$$\begin{cases}\psi=X/R_\psi\\ B=\psi+\tau_1'\sin2\psi+\tau_2'\sin4\psi+\tau_3'\sin6\psi+\tau_4'\sin8\psi+\tau_5'\sin10\psi\\ \varphi=B+\varsigma_1\sin2B+\varsigma_2\sin4B+\varsigma_3\sin6B+\varsigma_4\sin8B+\varsigma_5\sin10B\end{cases}\tag{6.4.1}$$

式中：子午线弧长X、等距离球半径R_ψ可表示为

$$X=\int_0^B M\,\mathrm{d}B=\int_0^B\frac{a(1-e^2)}{(1-e^2\sin^2B)^{3/2}}\mathrm{d}B\tag{6.4.2}$$

$$R_\psi=a\alpha_0=\frac{2X(\pi/2)}{\pi}=a\left[1-\sum_{n=1}^{\infty}\frac{1}{2n-1}\left(\frac{(2n-1)!!}{2^n n!}\right)^2e^{2n}\right]\tag{6.4.3}$$

式中：M为子午圈曲率半径。借助具有强大符号运算能力的 Mathematica 计算机代数系统，可推导出等角纬度φ关于子午线弧长X的表达式，整理后如下：

$$\begin{cases}\psi = X/R_{\psi} \\ \varphi = \psi + \xi_1 \sin 2\psi + \xi_2 \sin 4\psi + \xi_3 \sin 6\psi + \xi_4 \sin 8\psi + \xi_5 \sin 10\psi\end{cases} \tag{6.4.4}$$

即

$$\varphi = \frac{X}{R_{\psi}} + \xi_1 \sin \frac{2X}{R_{\psi}} + \xi_2 \sin \frac{4X}{R_{\psi}} + \xi_3 \sin \frac{6X}{R_{\psi}} + \xi_4 \sin \frac{8X}{R_{\psi}} + \xi_5 \sin \frac{10X}{R_{\psi}} \tag{6.4.5}$$

式中系数为

$$\begin{cases}\xi_1 = -\dfrac{e^2}{8} - \dfrac{e^4}{48} - \dfrac{7e^6}{2048} + \dfrac{17e^8}{184\,320} + \dfrac{17\,837e^{10}}{23\,592\,960} \\ \xi_2 = -\dfrac{e^4}{768} - \dfrac{3e^6}{1280} - \dfrac{559e^8}{368\,640} - \dfrac{1021e^{10}}{1\,290\,240} \\ \xi_3 = -\dfrac{17e^6}{30720} - \dfrac{283e^8}{430\,080} - \dfrac{7489e^{10}}{13\,762\,560} \\ \xi_4 = -\dfrac{4397e^8}{41\,287\,680} - \dfrac{1319e^{10}}{6\,881\,280} \\ \xi_5 = -\dfrac{4583e^{10}}{165\,150\,720}\end{cases} \tag{6.4.6}$$

至此，已实现由子午线弧长 X 反解等角纬度 φ。

6.4.2 不同中央经线的高斯投影变换

根据复变函数理论，将式（6.4.5）向复数域开拓，即用复数等角纬度 $\boldsymbol{\varphi}_1$ 取代等角纬度 φ，用高斯复数坐标 $\boldsymbol{z}_1$ 取代子午线弧长 X，可求得由高斯投影坐标 z_1 反解复数等角纬度 $\boldsymbol{\varphi}_1$ 的表达式，即

$$\boldsymbol{\varphi}_1 = \frac{\boldsymbol{z}_1}{R_{\psi}} + \xi_1 \sin \frac{2\boldsymbol{z}_1}{R_{\psi}} + \xi_2 \sin \frac{4\boldsymbol{z}_1}{R_{\psi}} + \xi_3 \sin \frac{6\boldsymbol{z}_1}{R_{\psi}} + \xi_4 \sin \frac{8\boldsymbol{z}_1}{R_{\psi}} + \xi_5 \sin \frac{10\boldsymbol{z}_1}{R_{\psi}} \tag{6.4.7}$$

记椭球面上点 $P(B,l)$ 分别相对于中央经线 l_1 和 l_2 的经差为 $\Delta l_1 = l - l_1$ 和 $\Delta l_2 = l - l_2$，对应的复数等量坐标分别为 $\boldsymbol{w}_1 = q + i\Delta l_1$ 和 $\boldsymbol{w}_2 = q + i\Delta l_2$，且 $\Delta l_2 = \Delta l_1 + l_1 - l_2$。由于 l_1、l_2 已知，为简便计算，可记已知量 $l_{12} = l_1 - l_2$，有 $\Delta l_2 = \Delta l_1 + l_{12}$，进而得

$$\boldsymbol{w}_2 = \boldsymbol{w}_1 + \mathrm{i} l_{12} \tag{6.4.8}$$

高斯投影正解复变函数表示式的第二个方程 $\boldsymbol{\varphi} = \arcsin(\tanh \boldsymbol{w})$，结合式（6.4.8），可得 $P(B,l)$ 相对于中央经线 l_2 的复数等角纬度 $\boldsymbol{\varphi}_2$ 为

$$\begin{aligned}\boldsymbol{\varphi}_2 &= \arcsin(\tanh \boldsymbol{w}_2) = \arcsin[\tanh(\boldsymbol{w}_1 + \mathrm{i}\, l_{12})] \\ &= \arcsin\left[\frac{\tanh \boldsymbol{w}_1 + \tanh(\mathrm{i} l_{12})}{1 + \tanh \boldsymbol{w}_1 \tanh(\mathrm{i} l_{12})}\right] = \arcsin\left[\frac{\sin \boldsymbol{\varphi}_1 + \tanh(\mathrm{i} l_{12})}{1 + \sin \boldsymbol{\varphi}_1 \tanh(\mathrm{i} l_{12})}\right]\end{aligned} \tag{6.4.9}$$

同时，高斯投影正解复变函数表示式的第三个方程，可得

$$\begin{aligned}\boldsymbol{z}_2 = a(&\alpha_0 \boldsymbol{\varphi}_2 + \alpha_2 \sin 2\boldsymbol{\varphi}_2 + \alpha_4 \sin 4\boldsymbol{\varphi}_2 + \alpha_6 \sin 6\boldsymbol{\varphi}_2 \\ &+ \alpha_8 \sin 8\boldsymbol{\varphi}_2 + \alpha_{10} \sin 10\boldsymbol{\varphi}_2 + \cdots)\end{aligned} \tag{6.4.10}$$

综合上述分析可知，式（6.4.7）、式（6.4.9）、式（6.4.10）可实现由高斯坐标 z_1 到 z_2 的变换，即实现以 l_1 为中央经线的高斯坐标到以 l_2 为中央经线的高斯坐标的变换。

6.4.3 算例分析

以 CGCS 2000 椭球（长半轴 $a=6\,378\,137$，扁率 $f=1/298.257\,222\,101$）为例，记椭球面上 $P(B,l)$ 相对于中央经线 l_1、l_2 的高斯投影平面坐标为 $z_1=x_1+\mathrm{i}y_1$ 和 $z_2=x_2+\mathrm{i}y_2$。φ_1' 是通过借助式（6.4.7）反解高斯投影坐标 z_1 而得，φ_2' 是通过将 φ_1' 代入式（6.4.9）换算而得，$z_2'=x_2'+\mathrm{i}y_2'$ 是通过将 φ_2' 代入式（6.4.10）得到，即由坐标 z_1 通过式（6.4.7）、式（6.4.9）、式（6.4.10）变换而得。可通过对比高斯投影坐标 z_2 与变换坐标 z_2'，对本节推导出的“基于复变函数的不同中央经线高斯投影间变换公式”进行可靠性验证。

现有的高斯投影邻带换算数值法可实现的变换区域及对应精度为：两相邻 6° 带换带时，在距边经线 2° 范围内坐标换算精度在 1 mm 范围内。为验证高斯投影复变函数表示的变换关系式在解决高斯投影邻带换算问题中的可靠性及正确性，记纵坐标差异 $\Delta x=x_2-x_2'$，横坐标差异 $\Delta y=y_2-y_2'$，考虑高斯投影关于中央经线的对称性，可令 $l_{12}=6°$，分别绘制在一个高斯投影 6° 带范围内，Δx 及 Δy 的趋势图（以 mm 为计量单位），如图 6-7 所示。

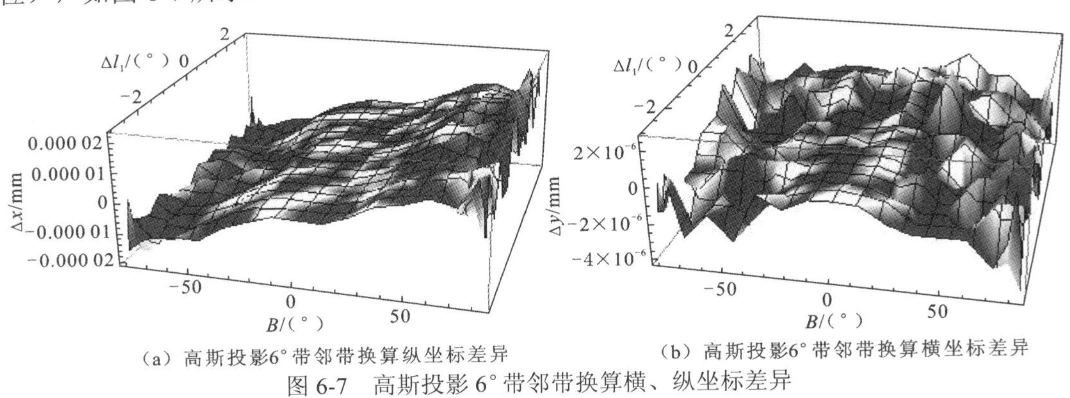

（a）高斯投影6° 带邻带换算纵坐标差异　　（b）高斯投影6° 带邻带换算横坐标差异

图 6-7　高斯投影 6° 带邻带换算横、纵坐标差异

由图 6-7 可以看出，在高斯投影 6° 带邻带换算中，经差 Δl_1 在 −3° ～ 3° 的范围内，高斯投影坐标与变换坐标间的差异为：纵坐标差异 Δx 在 $-2.2\times10^{-5}\sim2.4\times10^{-5}$ 范围内，横坐标差异值 Δy 在 $-5\times10^{-6}\sim3\times10^{-6}$ 范围内。根据对称性可知，利用高斯投影变换复变函数表示式进行 6° 带换带时，在距离中央经线 3° 范围内，纵坐标具有高于 10^{-4}mm 的精度，横坐标具有高于 10^{-5}mm 的精度。同理，可验证利用该变换公式进行 3° 带邻带换算时，在距离中央经线 1.5° 范围内，纵坐标具有高于 10^{-4}mm 的精度，横坐标具有高于 10^{-5}mm 的精度。因此，相较于传统的高斯投影邻带换算数值法，本节推导公式在邻带换算中具有更高的精度。

由金立新等（2013）可知，坐标换算的精度达到 1～2 mm 便能满足测量的要求。高斯

投影复变函数表示式的一大优势是其应用范围远大于6°带宽。考虑当$|\Delta l_1|$或$|\Delta l_2| \to 90°$，高斯投影的横坐标分量将趋向于无穷远处。此处可选择Δl_1，$\Delta l_2 \in [-80°,80°]$，即认为：$-80° \leqslant (\Delta l_1 + \Delta l_{12}) \leqslant 80°$。又因为，经验证展开至$e^{10}$的式（6.3.1）在范围内具有高于$10^{-3}$mm精度，可以满足任何高精度制图的需求。故在该范围内对“基于复变函数的不同中央经线高斯投影间变换公式”进行可靠性验证及精度分析时，可选取任意$l_{12} \in [-40°,40°]$。分别求出$l_{12} = \pm 10°, \pm 20°, \pm 30°, \pm 40°$时，该范围内高斯变换坐标的绝对差异最大值，并列于表6-4。

表6-4　Δx与Δy的最大绝对值　　（单位：mm）

l_{12}	−40°	−30°	−20°	−10°	10°	20°	30°	40°
$\|\Delta x\|_{max}$	0.002 31	0.001 16	0.000 79	0.000 62	0.000 62	0.000 79	0.001 16	0.002 31
$\|\Delta y\|_{max}$	0.002 73	0.001 24	0.000 83	0.000 65	0.000 65	0.000 83	0.001 24	0.002 73

由表6-4可以看出，随着$|l_{12}|$的增大，高斯投影坐标与变换坐标的绝对差异最大值越来越大。可令$l_{12} = 40°$，绘制该范围内Δx及Δy的变化趋势图（以mm为计量单位），如图6-8所示。

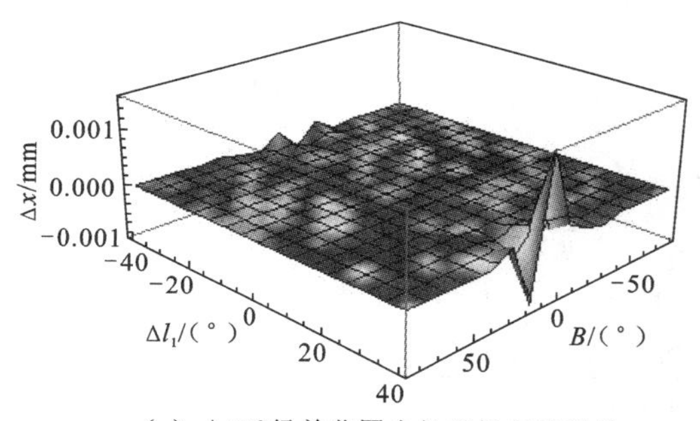

（a）±40°经差范围内纵坐标变换误差

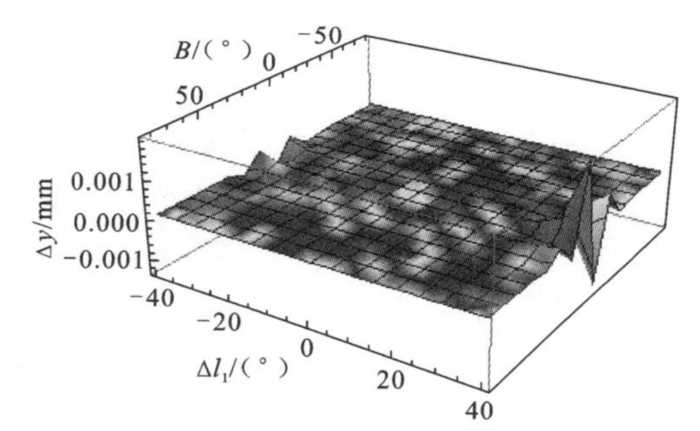

（b）±40°经差范围内横坐标变换误差

图6-8　±40°经差范围内横、纵坐标变换误差

由表6-4及图6-8可以看出：在$P\{(B,l):|\Delta l_1| \leqslant 40°, -80° \leqslant B \leqslant 84°\}$范围内，随着$|l_{12}|$的增大，高斯坐标变换的绝对差异最大值越来越大；当$l_{12} = 40°$时，利用高斯投影公式计算的投影坐标与借助投影变换式（6.4.7）、式（6.4.9）、式（6.4.10）推导出的变换坐标相比，纵坐标绝对差异最大值为0.002 31 mm，横坐标最大绝对差异值为0.002 73 mm。即在该范围内，当两中央经线之差$l_{12} = 40°$时，高斯投影变换公式具有高于0.01 mm的精度，远小于1～2 mm的界限值。因此，可得出结论：在$P\{(B,l):|\Delta l_1| \leqslant 40°, -80° \leqslant B \leqslant 84°\}$范围内，当两中央经线差值$|l_{12}| \leqslant 40°$时，本节推导的“基于复变函数的不同中央经线高斯投影间变换公式”完全可以满足测量要求。相较于传统的高斯投影邻带换算数值法，本节推导公式在进行高斯投影坐标换算中具有更广的应用范围。

根据以上两个算例可知，相较于传统的高斯投影坐标换算数值法，本节推导的“基于复变函数的不同中央经线高斯投影间的变换公式”在解决6°（或3°）带邻带换算问题中，具有更高的精度；此外，该变换公式可在$P\{(B,l):|\Delta l_1| \leqslant 40°, -80° \leqslant B \leqslant 84°\}$范围

内，两中央经线差值$|l_{12}| \leqslant 40^\circ$时满足测量需求，具有更广的适用范围。综上所述，与传统的高斯投影邻带换算数值法相比，本节推导的公式不再受限于3°或6°带宽，具有更高的精度、更广的应用范围，在一定程度上丰富了高斯投影变换理论，可为高斯坐标变换提供参考。

6.5 不分带的高斯投影实数公式

在式（6.3.23）中，高斯投影公式被表示为复数等角纬度$\boldsymbol{\varphi}$的表达式，为将投影公式表示为实部与虚部分开的形式，可将复数等角纬度$\boldsymbol{\varphi}$表示成实部与虚部分开的形式，即令$\boldsymbol{\varphi} = u + \mathrm{i}v$。

将式（6.1.5）做如下等价变换：

$$\boldsymbol{\varphi} = \arcsin(\tanh \boldsymbol{w}) = \arctan[\sinh(q + \mathrm{i}l)] \tag{6.5.1}$$

对式（6.5.1）两边分别取正切，并利用双曲正弦和函数的关系，可得

$$\tan \boldsymbol{\varphi} = \sinh(q + \mathrm{i}l) = \sinh q \cos l + \mathrm{i} \cosh q \sin l \tag{6.5.2}$$

等量纬度q与等角纬度φ存在关系式：

$$\sinh q = \tan \varphi \tag{6.5.3}$$

进而可得关系式：

$$\cosh q = \sqrt{1 + \sinh^2 q} = \sqrt{1 + \tan^2 \varphi} = \sec \varphi \tag{6.5.4}$$

将这两个关系式代入式（6.5.2），则式（6.5.2）中可消去等量纬度q，等价转换为

$$\tan \boldsymbol{\varphi} = \tan \varphi \cos l + \mathrm{i} \sec \varphi \sin l \tag{6.5.5}$$

又根据双曲函数与三角函数的关系式：$\tanh v = -\mathrm{i} \tan(\mathrm{i}v)$，可得

$$\tan \boldsymbol{\varphi} = \tan(u + \mathrm{i}v) = \frac{\tan u + \tan(\mathrm{i}v)}{1 - \tan u \tan(\mathrm{i}v)} = \frac{\tan u + \mathrm{i} \tanh v}{1 - \mathrm{i} \tan u \tanh v} \tag{6.5.6}$$

将式（6.5.5）和式（6.5.6）联立，可得

$$\tan \varphi \cos l + \mathrm{i} \sec \varphi \sin l = \frac{\tan u + \mathrm{i} \tanh v}{1 - \mathrm{i} \tan u \tanh v} \tag{6.5.7}$$

经过化简，令式（6.5.7）中等号两边实部与虚部对应相等，可分别得实部及虚部对应关系式为

$$\begin{cases} \cos \varphi \tan u = \sin \varphi \cos l + \sin l \tan u \tanh v \\ \cos \varphi \tanh v = \sin l - \tan u \tanh v \sin \varphi \cos l \end{cases} \tag{6.5.8}$$

求解该方程组，可得

$$\begin{cases} \tan u = \tan \varphi / \cos l \\ \tanh v = \cos \varphi \sin l \end{cases} \tag{6.5.9}$$

根据双曲函数的变换关系可得

$$\begin{cases} u = \arctan\left(\dfrac{\tan\varphi}{\cos l}\right) \\ v = \operatorname{arcsinh}\left(\dfrac{\sin l}{\sqrt{\tan^2\varphi + \cos^2 l}}\right) \end{cases} \tag{6.5.10}$$

至此，已将复数等角纬度$\boldsymbol{\varphi}$表示成实部与虚部分开的形式。根据双曲函数与三角函数的关系式$\sinh v = -\mathrm{i}\sin \mathrm{i}v$，$\cosh v = \cos \mathrm{i}v$，则得

$$\begin{aligned} \sin 2n\boldsymbol{\varphi} &= \sin(2n + \mathrm{i}2nv) = \sin(2nu)\cos(\mathrm{i}2nv) + \cos(2nu)\sin(\mathrm{i}2nv) \\ &= -\mathrm{i}\sin(2nu)\cosh(2nv) + \mathrm{i}\cos(2nu)\sinh(2nv) \end{aligned} \tag{6.5.11}$$

因此，式（6.2.11）可表示为实部和虚部分开的形式，其中实部x为高斯投影纵坐标，虚部y为高斯投影横坐标：

$$\begin{cases} x = a(1-e^2)\left[a_0'u + \sum\limits_{n=1}^{\infty} a_{2n}' \sin(2nu)\cosh(2nv)\right] \\ y = a(1-e^2)\left[a_0'v + \sum\limits_{n=1}^{\infty} a_{2n}' \cos(2nu)\sinh(2nv)\right] \end{cases} \tag{6.5.12}$$

综上，已将高斯投影公式表示为实部与虚部分开的形式。特别地，当椭球第一偏心率$e=0$时，即系数$\alpha_{2n}=0\ (n\geqslant 1)$，根据反双曲正弦的定义及其对应的对数表达式，则高斯投影公式简化为

$$\begin{cases} x = au = a\arctan\left(\dfrac{\tan B}{\cos l}\right) = a\arctan(\tan B\sec l) \\ y = av = a\operatorname{arcsinh}\left(\dfrac{\sin l}{\sqrt{\tan^2 B + \cos^2 l}}\right) = \dfrac{a}{2}\ln\dfrac{1+\cos B\sin l}{1-\cos B\sin l} \end{cases} \tag{6.5.13}$$

当地球椭球的第一偏心率$e=0$时，基于高斯投影复变函数公式推导出的“不分带”实数坐标公式[式（6.5.12）]与球面高斯投影给出的公式完全相同。该特例在一定程度上验证了本节推导的高斯投影实数型“不分带”公式的正确性。

6.6 等距离球面高斯投影

高斯投影是一种等角投影，应用比较广泛，是许多国家用作地形图的数学基础。高斯投影的特点是无角度变形，中央经线被投影成一条与赤道垂直的直线，且其长度保持不变。由于高斯投影在地球椭球面上采用等角横切椭圆柱进行投影，所以无法像球体投影一样可利用球面坐标计算，其计算比较繁杂。为此，在保留高斯投影的前两个条件下，本节提出一种等距离球面高斯投影，即一种双重高斯投影：先从椭球面投影到等距离球面上，再从等距离球面上采用横轴圆柱投影到平面上。等距离球面高斯投影可直接利用球面坐标计算，可简化各种与投影相关的计算。本节着重分析等距离球面高斯投影的各种数学性质和变形情况，并与高斯投影进行比较，进而说明等距离高斯投影的可行性。

6.6.1 等距离球面高斯投影及其投影公式

先将地球椭球面按一定法则投影到一个球面上：经度坐标 l 不变，球面纬度坐标 φ 是大地纬度 B 的函数；再将球面按照等角横切圆柱投影到平面上（球面高斯投影）。这样的双重投影显然满足中央经线和赤道投影是垂直的直线，若还要中央经线投影后保持长度不变，由于球面按照等角横切圆柱投影到平面上时保持中央经线投影后保持长度不变，所以地球椭球面投影到球面上时也必须保持中央经线投影后保持长度不变，那么这个球面就必然是等距离纬度球面，即球面纬度坐标 φ 就是等距离纬度 ψ。

等距离球面高斯投影是一种双重投影，先投影到球面上，再投影到平面上，示意图如图 6-9 所示。

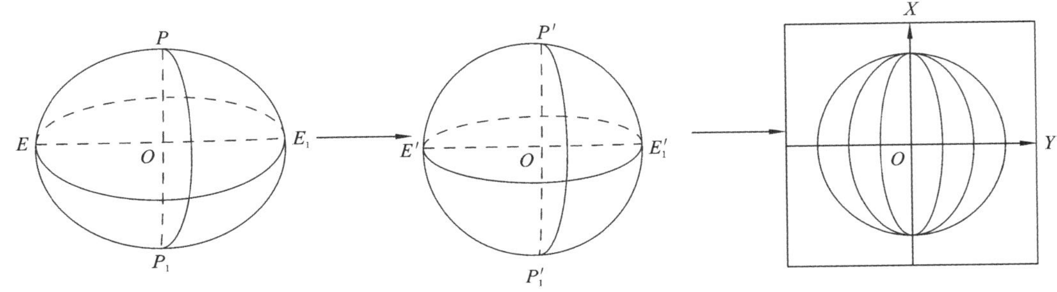

图 6-9　等距离球面高斯投影示意图

由球面高斯投影（球面横墨卡托投影）的闭合公式，从等距离球面上投影到平面时，球面上的一点 (ψ, l) 对应的投影平面坐标 (x, y) 为

$$\begin{cases} x = R_{\psi} \arctan(\tan\psi \sec l) \\ y = R_{\psi} \arctan h(\cos\psi \sin l) \end{cases} \tag{6.6.1}$$

式中：R_{ψ} 为等距离球半径。

从地球椭球面上投影到等距离球面上时，经度坐标不变，纬度坐标 ψ 是大地纬度 B 与椭球第一偏心率 e 的函数，即 $\psi = X / R_{\psi}$。结合式（6.6.1）及等距离纬度关于大地纬度的展开式，可得到等距离球面高斯投影公式。联系等距离纬度反解公式，可得球面高斯投影的反解公式为

$$\begin{cases} B = B(\psi) = \psi + \sum\limits_{k=1}^{\infty} \tau_k' \sin 2k\psi \\ l = \arctan[\sec(x / R_{\psi}) \sinh(y / R_{\psi})] \\ \psi = \arcsin[\sin(x / R_{\psi}) \operatorname{sech}(y / R_{\psi})] \end{cases} \tag{6.6.2}$$

6.6.2 等距离球面高斯投影经纬网和方里网

投影平面上所建立的经纬网构成地图投影的数学基础。根据式（6.6.1），经过推导可得等距离球面高斯投影子午线和纬线圈的投影方程：

$$
\begin{cases}
\dfrac{\sin^2 l}{\tanh^2(y/R_\psi)} - [\tan(x/R_\psi)\cos l]^2 = 1 \\
\dfrac{\tan^2 \psi}{\tan^2(x/R_\psi)} + [\tanh(y/R_\psi)\sec\psi]^2 = 1
\end{cases}
\tag{6.6.3}
$$

取 CGCS 2000 椭球参数，根据式（6.6.3）或式（6.6.1），绘制等距离球面高斯投影的子午线和纬线圈投影示意图，如图 6-10 所示。

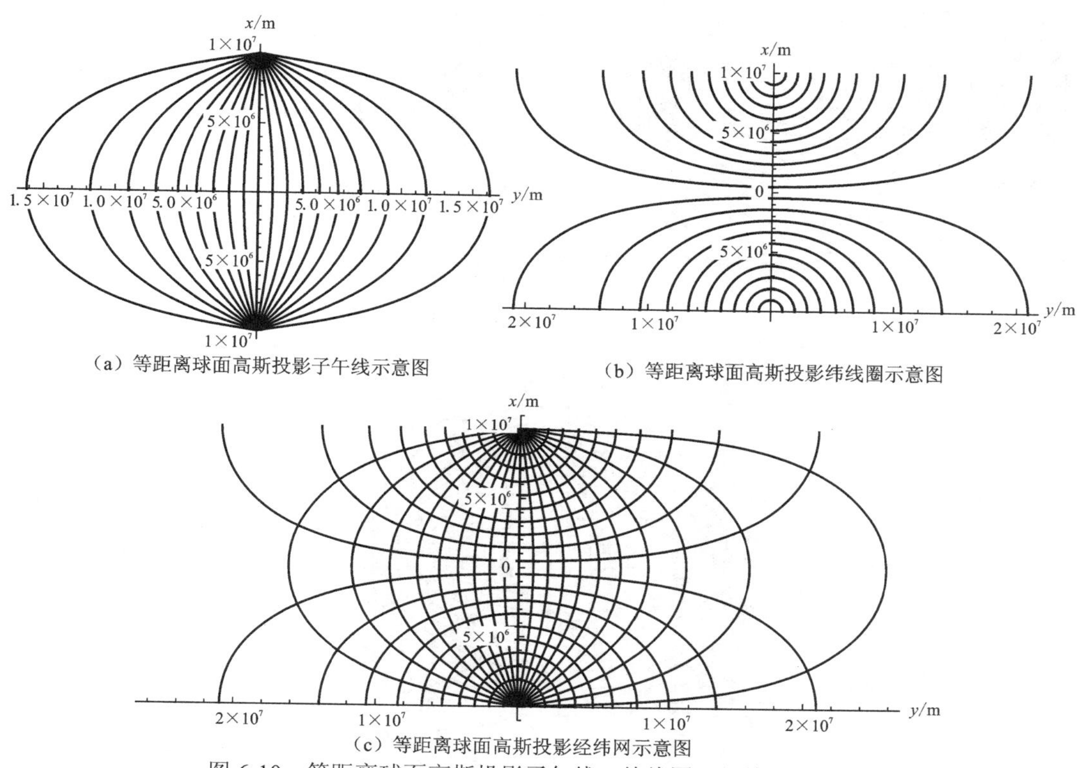

（a）等距离球面高斯投影子午线示意图

（b）等距离球面高斯投影纬线圈示意图

（c）等距离球面高斯投影经纬网示意图

图 6-10　等距离球面高斯投影子午线、纬线圈、经纬网示意图

从图 6-10 可以看出：等距离球面高斯投影的子午线投影为汇聚到极点的曲线，在极点附近接近于直线；等距离球面高斯投影的纬线圈投影接近于椭圆的曲线，将南北半球的纬线圈投影拼合在一起可以得到类似于椭圆的闭合曲线；等距离球面高斯投影的经纬线投影仍然正交。

方里网是一种建立在某种地图投影基础上的格网系统，将制图区域按平面坐标或按经纬度划分为格网。根据式（6.6.2），结合三角恒等式 $\operatorname{sech}^2 t(1+\sinh^2 t)=1$ 与 $\sec^2 t(1-\sin^2 t)=1$，可推得等距离球面高斯投影平面上的方里网在原椭球面上的坐标方程为

$$
\begin{cases}
\dfrac{\sin^2 \psi}{\sin^2(x/R_\psi)}[1+\tan^2 l\cos^2(x/R_\psi)] = 1 \\
\dfrac{\tan^2 l}{\sinh^2(y/R_\psi)}[1-\sin^2 \psi\cosh^2(y/R_\psi)] = 1
\end{cases}
\tag{6.6.4}
$$

式中：ψ 与 B 可互相导出。

根据式（6.6.4），绘制等距离球面高斯投影平面方里网的椭球面坐标网示意图，如图 6-11 所示。

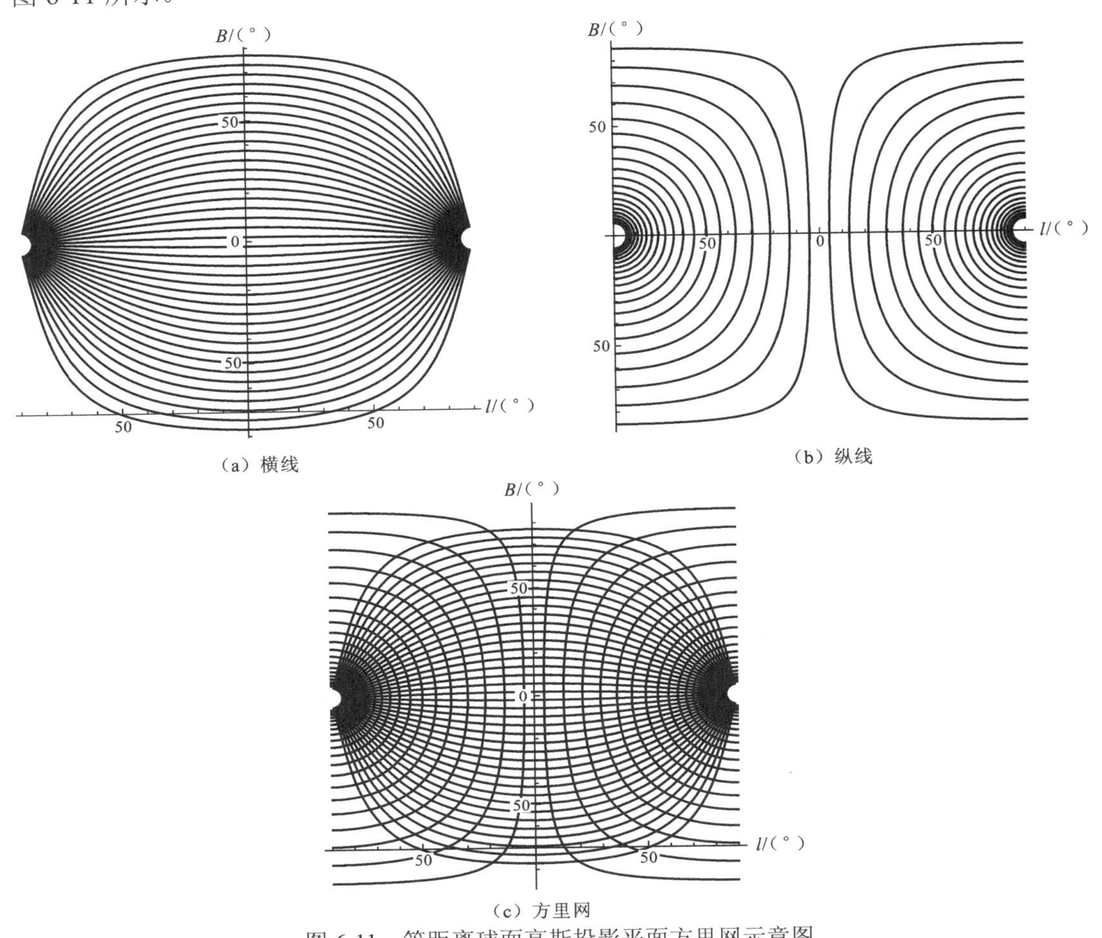

图 6-11　等距离球面高斯投影平面方里网示意图

由图 6-11 可以看出：等距离球面高斯投影平面方里网坐标横线在原椭球面上的坐标线汇聚于两点，保持不相交的性质；方里网坐标纵线在原椭球面上的坐标线向两边发散，保持不相交的性质。

第7章　极区高斯投影计算机代数分析

近年来，随着极区的战略地位越来越受到国际关注，我国也日益重视极地考察工作，但与部分国家相比，仍存在较大差距。为保障我国在极区事务中的国际地位及相关权益，须重视和加强极区的科学研究，其中选择合适的投影方式绘制极区航海及科考图至关重要。极区通常采用日晷投影，该投影以极点为中心，投影变形有对称的优点，但日晷投影仅与地球椭球相切于一点，随着极距增大投影变形也比较大。极球面投影基于椭球面到球面再到平面的二重投影，虽然有计算方便的优点，但球近似是其致命的缺陷，难以满足测量和导航的高精度需求。而高斯投影与地球椭球相切于经圈，故在极区的变形必定小于日晷投影，且其在中央子午线上无投影变形。此外，高斯投影的保角优势，可正确反映极区的方位关系。可以说，极区高斯投影对极区航海及科考图的绘制具有比较重要的参考价值。然而传统高斯投影公式表示为经差的幂级数，划分为3°带或6°带，使极区难以形成统一、完整的表达。边少锋等（2018，2012）、李厚朴等（2015，2009）推导出了高斯投影的复变函数表达式，该表达式不再是经差的幂级数形式，可避免高斯投影分带表示。但因表达式中的等量纬度在极点存在奇异问题，不便于高斯投影在极区的应用，因此，既不受限于带宽又适用于极区的高斯投影表达式仍待推导。此外，陆图通常采用高斯投影，海图在非极区使用墨卡托投影，在极区采用日晷投影，即海图、陆图难以统一。

鉴于此，本章将建立极区非奇异高斯投影复变函数表示，这种表示方法无须分带且便于极区陆图与海图的统一应用，非常适合南极洲、北冰洋海域的一体化表示，可为极区科考及航海制图提供重要参考。

7.1　等量纬度和等角纬度在极点的奇异性

等量纬度 q 与大地纬度 B 有如下数学关系：

$$q=\int_0^B \frac{1-e^2}{(1-e^2\sin^2 B)\cos B}\mathrm{d}B=\ln\left[\tan\left(\frac{\pi}{4}+\frac{B}{2}\right)\left(\frac{1-e\sin B}{1+e\sin B}\right)^{e/2}\right] \tag{7.1.1}$$

等量纬度在极点趋向于无穷，在极点附近不便于应用。使用 Mathematica 计算机代数系统绘制等量纬度与大地纬度的函数关系，指令如下所示，绘图结果如图 7-1 所示。可以看出在北极点附近，等量纬度趋于无穷大。

```
f=1/298.257222101;
e=√f*(2-f)
0.0818192
```

```
Plot[ArcTanh[Sin[B*π/180]]-e*ArcTanh[e*Sin[B*π/180]],{B,0,90},Frame
→Ture,
FrameLabel→{"B/(°)","q/rad"},GridLines→Automatic,
GridLinesStyle→Directive[Dashed]]
```

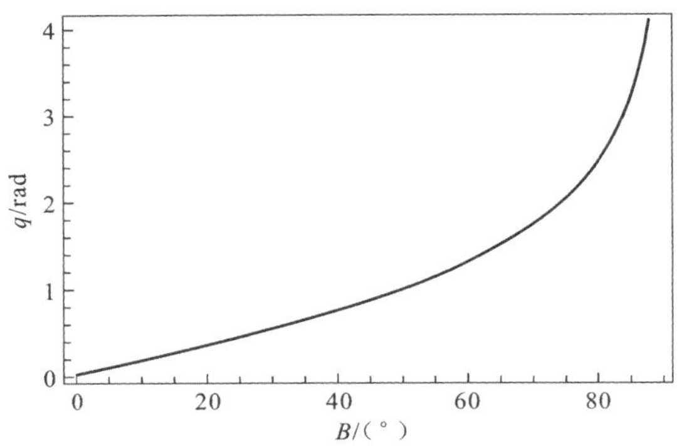

图 7-1　等量纬度与大地纬度的函数变化曲线

根据等角纬度定义可知，等角纬度 φ 与大地纬度 B 有如下关系：

$$\tan\left(\frac{\pi}{4}+\frac{\varphi}{2}\right)=\tan\left(\frac{\pi}{4}+\frac{B}{2}\right)\left(\frac{1-e\sin B}{1+e\sin B}\right)^{\frac{e}{2}} \tag{7.1.2}$$

又根据等量纬度定义可得

$$q=\ln\left[\tan\left(\frac{\pi}{4}+\frac{\varphi}{2}\right)\right]=\operatorname{arctanh}(\sin\varphi) \tag{7.1.3}$$

式中：$\operatorname{arctanh}(*)$ 为反双曲正切函数。

将式（7.1.3）拓展至复数域，以等量纬度 q 与经差 l 组成的复变量 $\boldsymbol{w}=q+\mathrm{i}l$ 代替 q，则式（7.1.3）等号右端等角纬度 φ 开拓为复数等角纬度，记为 $\boldsymbol{\varphi}$，因此有

$$q+\mathrm{i}l=\operatorname{arctanh}(\sin\boldsymbol{\varphi}) \tag{7.1.4}$$

可以得到复数等角纬度的表达式为

$$\boldsymbol{\varphi}=\arcsin[\tanh(q+\mathrm{i}l)] \tag{7.1.5}$$

等量纬度在极点附近奇异，导致复数等角纬度在极点附近应用起来也不是非常方便。

7.2　复数等角余纬度

椭球面高斯投影即椭球体横轴墨卡托投影，其实数型公式常用于分带高斯投影。复变函数表达式中虽消除了分带的限制，但是由于等量纬度在极区的奇异现象，复变函数表达式难以在极区应用。然而，可以通过引入等角余纬度定义，并根据复指数函数和复对数函数的关系式，推导出严密的复数等角余纬度公式，进而得到极区非奇异高斯投影严密公式。在此基础上，可推导出适用于极区的长度比和子午线收敛角复变函数公式。

由式（6.2.5）和式（6.2.8）可知，椭球面高斯投影正解的非迭代复变函数表达式为

$$
\begin{cases}\boldsymbol{\varphi}=\arcsin[\tanh(\boldsymbol{w})]\\ \boldsymbol{z}=a(a_0\boldsymbol{\varphi}+a_2\sin 2\boldsymbol{\varphi}+a_4\sin 4\boldsymbol{\varphi}+a_6\sin 6\boldsymbol{\varphi}+a_8\sin 8\boldsymbol{\varphi}+a_{10}\sin 10\boldsymbol{\varphi})\end{cases} \tag{7.2.1}
$$

式中：a 为地球长半轴；$\boldsymbol{w}=q+\mathrm{i}l$；$a_0$、$a_2$、$a_4$、$a_6$、$a_8$、$a_{10}$ 可分别表示为

$$
\begin{cases}
a_0=1-\dfrac{1}{4}e^2-\dfrac{3}{64}e^4-\dfrac{5}{256}e^6-\dfrac{175}{16\,384}e^8-\dfrac{441}{65\,536}e^{10}-\dfrac{43\,659}{65\,536}e^{12}\\
a_2=\dfrac{1}{8}e^2-\dfrac{1}{96}e^4-\dfrac{9}{1024}e^6-\dfrac{901}{184\,320}e^8-\dfrac{16\,381}{5\,898\,240}e^{10}+\dfrac{2\,538\,673}{4\,587\,520}e^{12}\\
a_4=\dfrac{13}{768}e^4+\dfrac{17}{5120}e^6-\dfrac{311}{737\,282}e^8-\dfrac{18\,931}{20\,643\,840}e^{10}-\dfrac{1\,803\,171}{9\,175\,040}e^{12}\\
a_6=\dfrac{61}{15\,360}e^6+\dfrac{899}{430\,080}e^8+\dfrac{18\,757}{27\,525\,120}e^{10}+\dfrac{461\,137}{20\,643\,840}e^{12}\\
a_8=\dfrac{49\,561}{41\,287\,680}e^8+\dfrac{175\,087}{165\,150\,720}e^{10}-\dfrac{869\,251}{20\,643\,840}e^{12}\\
a_{10}=-\dfrac{179\,101}{41\,287\,680}e^{10}-\dfrac{25\,387}{1\,290\,240}e^{12}
\end{cases} \tag{7.2.2}
$$

等量纬度 q 为大地纬度 B 的表达式：

$$
q=\operatorname{arctanh}(\sin B)-e\operatorname{arctanh}(e\sin B)=\ln\sqrt{\frac{1+\sin B}{1-\sin B}\left(\frac{1-e\sin B}{1+e\sin B}\right)^e} \tag{7.2.3}
$$

在大地纬度 $B\in[0,90^\circ]$ 时，等量纬度 q 随着大地纬度 B 的增大而增大。当大地纬度 $B\to 90^\circ$ 时，等量纬度 q 趋向于无穷，使 q、$\boldsymbol{w}$ 及 $\boldsymbol{\varphi}$ 表达式奇异，导致高斯投影公式难以在极区直接应用。

子午线弧长关于等角纬度 φ 的表达式为

$$
X=a(a_0\varphi+a_2\sin 2\varphi+a_4\sin 4\varphi+a_6\sin 6\varphi+a_8\sin 8\varphi+a_{10}\sin 10\varphi) \tag{7.2.4}
$$

定义等角余纬度：

$$
\theta=\frac{\pi}{2}-\varphi \tag{7.2.5}
$$

将式（7.2.3）代入式（7.2.4），则子午线弧长可以表示成关于等角余纬度的表达式：

$$
\begin{aligned}
X&=a\left[a_0\left(\frac{\pi}{2}-\theta\right)+a_2\sin 2\theta-a_4\sin 4\theta+a_6\sin 6\theta-a_8\sin 8\theta+a_{10}\sin 10\theta\right]\\
&=a\left(-a_0\theta+a_2\sin 2\theta-a_4\sin 4\theta+a_6\sin 6\theta-a_8\sin 8\theta+a_{10}\sin 10\theta\right)+aa_0\frac{\pi}{2}
\end{aligned} \tag{7.2.6}
$$

由式（7.1.2）等角纬度定义，可解得 φ 的表达式为

$$
\varphi=2\arctan\left[\tan\left(\frac{\pi}{4}+\frac{B}{2}\right)\left(\frac{1-e\sin B}{1+e\sin B}\right)^e\right]-\frac{\pi}{2} \tag{7.2.7}
$$

将式（7.2.7）代入式（7.2.5），并引入式（7.2.3），考虑反正切是以 π 为周期的周期函数，可得等角余纬度 θ 的表达式为

$$
\theta=\frac{\pi}{2}-\varphi=\pi-2\arctan[\exp(q)]=2\arctan[\exp(-q)] \tag{7.2.8}
$$

根据指数函数与对数函数互为反函数关系可知：

$$\exp(\ln x) \equiv x \tag{7.2.9}$$

因此，可将 q 的表达式（7.2.3）代入式（7.2.9），有

$$\exp(-q) = \exp\left(-\ln\sqrt{\frac{1+\sin B}{1-\sin B}\left(\frac{1-e\sin B}{1+e\sin B}\right)^e}\right) = \sqrt{\frac{1-\sin B}{1+\sin B}\left(\frac{1+e\sin B}{1-e\sin B}\right)^e} \tag{7.2.10}$$

令

$$U = \sqrt{\frac{1-\sin B}{1+\sin B}\left(\frac{1+e\sin B}{1-e\sin B}\right)^e} \tag{7.2.11}$$

式中：U 为关于 B 的表达式。绘制 $B \in [0, 90°]$ 时，U 随大地纬度 B 的变化曲线图，如图 7-2 所示。

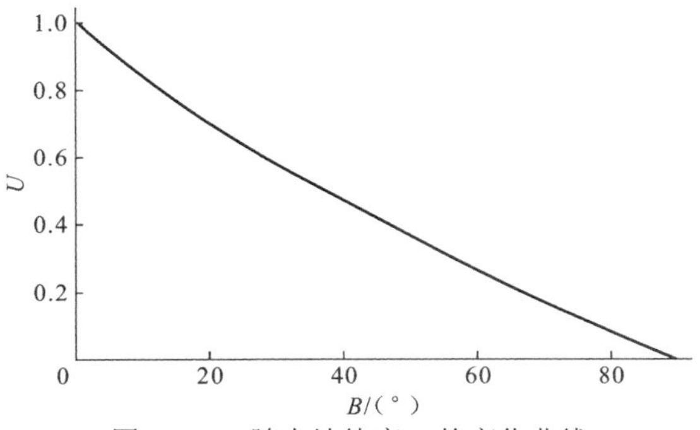

图 7-2　U 随大地纬度 B 的变化曲线

由图 7-2 可以看出，当大地纬度 $B \in [0, 90°]$ 时，U 由最大值1向最小值0单调递减，在大地纬度 $B = 0°$ 时，$U = 1$，当大地纬度 $B = 90°$ 时，$U = 0$，U 在极区不存在奇异现象。将 U 的表达式代入式（7.2.8）可知，当 $B = 90°$ 时，有 $\theta = 0$。

极区高斯投影正解可由纵坐标 x 与等量纬度 q 的关系式做复数域开拓得到。首先，可根据复变函数定义，以 $\boldsymbol{w} = q + \mathrm{i}l$ 代替式（7.2.8）中的 q，实现等角余纬度由实数域向复数域解析开拓，可得复数等角余纬度 $\boldsymbol{\theta}$：

$$\boldsymbol{\theta} = 2\arctan\{\exp[-(q+\mathrm{i}l)]\} = 2\arctan[U\exp(-\mathrm{i}l)] \tag{7.2.12}$$

至此，复数等角余纬度的表达式已确定。

7.3　极区高斯投影正解公式

将复数等角余纬度表达式（7.2.12）代入式（7.2.6），并将式（7.2.6）左端相应地变为高斯投影的复数坐标 $\boldsymbol{z} = x + \mathrm{i}y$，可实现高斯投影向复数域开拓。为方便极区制图，将表达式的零点由赤道移至极点，即将纵坐标减去 $\frac{1}{4}$ 子午线弧长 $aa_0\frac{\pi}{2}$；再将纵坐标轴反向。平移、反向后的纵、横坐标仍然使用 (x, y) 表示，略去推导，可得

$$\boldsymbol{z} = x + \mathrm{i}y = a(a_0\boldsymbol{\theta} - a_2\sin 2\boldsymbol{\theta} + a_4\sin 4\boldsymbol{\theta} - a_6\sin 6\boldsymbol{\theta} + a_8\sin 8\boldsymbol{\theta} - a_{10}\sin 10\boldsymbol{\theta}) \tag{7.3.1}$$

式中系数为

$$
\begin{cases}
a_0 = 1 - \dfrac{1}{4}e^2 - \dfrac{3}{64}e^4 - \dfrac{5}{256}e^6 - \dfrac{175}{16\,384}e^8 - \dfrac{441}{65\,536}e^{10} - \dfrac{43\,659}{65\,536}e^{12} \\
a_2 = \dfrac{1}{8}e^2 - \dfrac{1}{96}e^4 - \dfrac{9}{1024}e^6 - \dfrac{901}{184\,320}e^8 - \dfrac{16\,381}{5\,898\,240}e^{10} + \dfrac{2\,538\,673}{4\,587\,520}e^{12} \\
a_4 = \dfrac{13}{768}e^4 + \dfrac{17}{5120}e^6 - \dfrac{311}{737\,282}e^8 - \dfrac{18\,931}{20\,643\,840}e^{10} - \dfrac{1\,803\,171}{9\,175\,040}e^{12} \\
a_6 = \dfrac{61}{15\,360}e^6 + \dfrac{899}{430\,080}e^8 + \dfrac{18\,757}{27\,525\,120}e^{10} + \dfrac{461\,137}{20\,643\,840}e^{12} \\
a_8 = \dfrac{49\,561}{41\,287\,680}e^8 + \dfrac{175\,087}{165\,150\,720}e^{10} - \dfrac{869\,251}{20\,643\,840}e^{12} \\
a_{10} = -\dfrac{179\,101}{41\,287\,680}e^{10} - \dfrac{25\,387}{1\,290\,240}e^{12}
\end{cases}
\tag{7.3.2}
$$

至此，可用于极区的高斯投影正解表达式已经建立，可以称为“极区高斯投影非奇异复变函数表达式”。该表达式的正确性可由以下条件进行保证。

（1）上述一系列变换均为复变函数的初等变换，且在主值范围内为单值解析函数，变换过程中均保持保角性质。高斯投影条件①“保角映射（正形）”得以满足。

（2）当经差 l 为 0° 时，横方向分量 $y=0$，纵方向分量的 x 值为自平移至极点的子午线弧长公式。高斯投影条件②“中央子午线投影后为直线（一般为纵轴）”和③“中央子午线投影后长度不变”得以满足。

因此，式（7.2.11）、式（7.3.1）共同构成了极区高斯投影非奇异复变函数表达式。

【例 7.1】 以 CGCS 2000 椭球 $a=6\,378\,137\ \text{m}$，$f=1/298.257\,222\,101$ 作为参考椭球，当 $B=85^\circ$，$l=45^\circ$ 时，试进行极区高斯投影正解计算。

【解】 以下为 Mathematica 计算机代数系统中的运算过程和运算结果。

$$\text{In[1]=a=6378137;b=6356752.3141403558;e}=\left(\frac{a^2-b^2}{a^2}\right)^{\frac{1}{2}};$$

$$\text{B=85Degree;l=45Degree;}$$

$$\text{U}=\left(\frac{1-\text{Sin[B]}}{1+\text{Sin[B]}}*\left(\frac{1+\text{eSin[B]}}{1-\text{eSin[B]}}\right)^{e}\right)^{1/2};\theta=\text{2ArcTan[U*Exp[-I*l]];}$$

$$\text{a0}=1-\frac{e^2}{4}-\frac{3e^4}{64}-\frac{5e^6}{256}-\frac{175e^8}{16384}-\frac{441e^{10}}{65536};$$

$$\text{a2}=\frac{e^2}{8}-\frac{e^4}{96}-\frac{9e^6}{1024}-\frac{901e^8}{184320}-\frac{16381e^{10}}{5898240};$$

$$\text{a4}=\frac{13e^4}{768}+\frac{17e^6}{5120}-\frac{311e^8}{737280}-\frac{18931e^{10}}{20643840};$$

$$\text{a6}=\frac{61e^6}{15360}+\frac{899e^8}{430080}+\frac{14977e^{10}}{27525120};$$

$$\text{a8}=\frac{49561e^8}{41287680}+\frac{175087e^{10}}{165150720};$$

```
a10 = 34729e^10/82575360;
z = a(α0*θ-α2*Sin[2θ]+α4*Sin[4θ]-α6*Sin[6θ]+α8*Sin[8θ]
   -α10*Sin[10θ]);
x = Re[z];y = Im[z];
NumberForm[x,{10,4}]
NumberForm[y,{10,4}]
Out[12]/NumberForm =
      395389.3040
Out[13]/NumberForm =
      -394887.1679
```

因此，计算的投影平面坐标 $x = 395\,389.304\,0\ \text{m}$， $y = -394\,887.167\,9\ \text{m}$ 。

传统高斯投影幂级数形式仅适用于高斯投影中绘制条带图，在极区难以应用。本节推导出的极区非奇异高斯投影复变函数表达式满足以极点作为投影中心，对极区进行连续投影作图，可实现极区海、陆图统一表示。此外，高斯投影具有保角优势，能更好地体现世界各国与极区的方位关系，对拟定航线、制订航行计划具有重要意义。基于本节推导出的极区非奇异高斯投影复变函数表达式，分别绘制南北极地区具有海岸线数据的高斯投影示意图，如图 7-3 和图 7-4 所示。

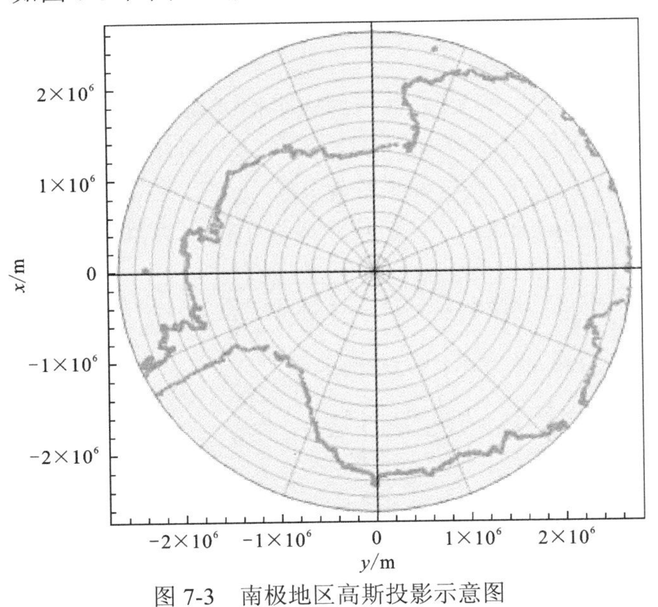

图 7-3　南极地区高斯投影示意图

特别地，当地球为球体时，椭球第一偏心率 $e = 0$ 。记 R 为地球平均半径，可得极区球面高斯投影非奇异复变函数表达式为

$$
\begin{aligned}
\boldsymbol{z} &= -R\boldsymbol{\theta} = -2R\arctan\{\exp[-(q+\mathrm{i}l)]\} \\
&= -R\arctan\left\{\frac{2\exp[-(q+\mathrm{i}l)]}{1-\exp[-2(q+\mathrm{i}l)]}\right\}
\end{aligned}
\tag{7.3.3}
$$

由于 $\exp[-(q+\mathrm{i}l)] = (\cos l + \mathrm{i}\sin l)\exp(q)$ ，结合 q 与 B 的关系式，可得

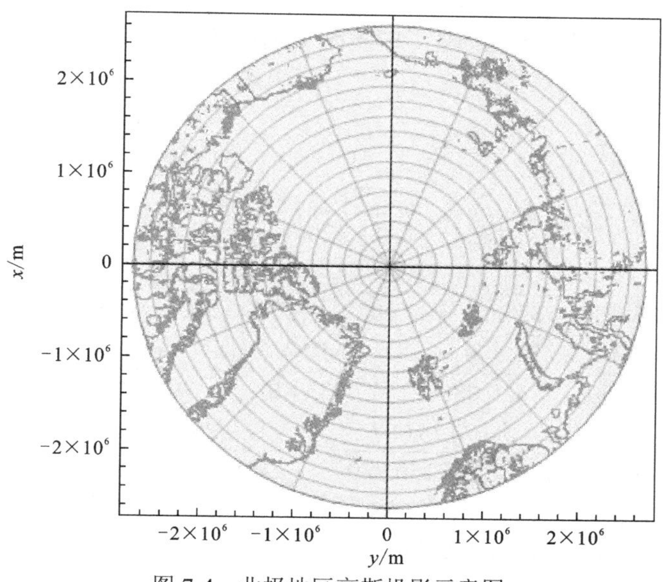

图 7-4　北极地区高斯投影示意图

$$
\begin{aligned}
\frac{2\exp(-(q+\mathrm{i}l))}{1-\exp(-2(q+\mathrm{i}l))} &= \frac{2}{\exp(q+\mathrm{i}l)-\exp[-(q+\mathrm{i}l)]} \\
&= \frac{2}{\cos l[\exp(q)-\exp(-q)]+\mathrm{i}\sin l[\exp(q)+\exp(-q)]} \\
&= \frac{1}{\tan B\cos l+\mathrm{i}\sec B\sin l}
\end{aligned} \tag{7.3.4}
$$

将式（7.3.3）代入式（7.3.2），在主值范围内有

$$
\begin{aligned}
&-R\arctan\left(\frac{1}{\tan B\cos l+\mathrm{i}\sec B\sin l}\right) \\
&= -R\left[\frac{\pi}{2}-\arctan(\tan B\cos l+\mathrm{i}\sec B\sin l)\right] \\
&= -R\arctan(\cot B\cos l)+\mathrm{i}R\,\mathrm{arctanh}(\cos B\sin l)
\end{aligned} \tag{7.3.5}
$$

式中：实部与虚部分别表示高斯投影纵、横坐标，因此可将式（7.3.5）中的实部与虚部分开，得到球面高斯投影极区非奇异公式为

$$
\begin{cases}
x = -R\arctan(\cot B\cos l) \\
y = R\,\mathrm{arctanh}\,(\cos B\sin l)
\end{cases} \tag{7.3.6}
$$

上述特例表明，尽管本节推导的复变函数表达式与实数型极区投影闭合公式的形式差别较大，但通过一定的变换关系，可以得到这两种投影公式的等价性证明。因此，在实际应用中，可以根据特定需要选择合适的投影方程。

7.4　极区高斯投影反解公式

极区高斯投影正解公式为

$$z = x + \mathrm{i}y = a(a_0\boldsymbol{\theta} - a_2 \sin 2\boldsymbol{\theta} + a_4 \sin 4\boldsymbol{\theta} - a_6 \sin 6\boldsymbol{\theta} + a_8 \sin 8\boldsymbol{\theta} - a_{10} \sin 10\boldsymbol{\theta}) \tag{7.4.1}$$

式中系数为

$$\begin{cases} a_0 = 1 - \dfrac{1}{4}e^2 - \dfrac{3}{64}e^4 - \dfrac{5}{256}e^6 - \dfrac{175}{16\,384}e^8 - \dfrac{441}{65\,536}e^{10} - \dfrac{43\,659}{65\,536}e^{12} \\ a_2 = \dfrac{1}{8}e^2 - \dfrac{1}{96}e^4 - \dfrac{9}{1024}e^6 - \dfrac{901}{184\,320}e^8 - \dfrac{16\,381}{5\,898\,240}e^{10} + \dfrac{2\,538\,673}{4\,587\,520}e^{12} \\ a_4 = \dfrac{13}{768}e^4 + \dfrac{17}{5120}e^6 - \dfrac{311}{737\,282}e^8 - \dfrac{18\,931}{20\,643\,840}e^{10} - \dfrac{1\,803\,171}{9\,175\,040}e^{12} \\ a_6 = \dfrac{61}{15\,360}e^6 + \dfrac{899}{430\,080}e^8 + \dfrac{18\,757}{27\,525\,120}e^{10} + \dfrac{461\,137}{20\,643\,840}e^{12} \\ a_8 = \dfrac{49\,561}{41\,287\,680}e^8 + \dfrac{175\,087}{165\,150\,720}e^{10} - \dfrac{869\,251}{20\,643\,840}e^{12} \\ a_{10} = -\dfrac{179\,101}{41\,287\,680}e^{10} - \dfrac{25\,387}{1\,290\,240}e^{12} \end{cases} \tag{7.4.2}$$

以式（7.4.1）和式（7.4.2）为基础，可以通过符号迭代法或拉格朗日法推导出极区高斯投影反解公式。略去推导过程，反解公式为

$$\begin{cases} \boldsymbol{\psi} = \dfrac{x + \mathrm{i}y}{a(1 - e^2)a_0} \\ \boldsymbol{\theta} = \boldsymbol{\psi} + \zeta_2 \sin 2\boldsymbol{\psi} + \zeta_4 \sin 4\boldsymbol{\psi} + \zeta_6 \sin 6\boldsymbol{\psi} + \zeta_8 \sin 8\boldsymbol{\psi} + \zeta_{10} \sin 10\boldsymbol{\psi} \end{cases} \tag{7.4.3}$$

式中系数为

$$\begin{cases} \zeta_2 = \dfrac{1}{8}e^2 + \dfrac{1}{48}e^4 + \dfrac{47}{2048}e^6 - \dfrac{17}{184\,320}e^8 - \dfrac{17\,837}{23\,592\,960}e^{10} \\ \zeta_4 = -\dfrac{1}{768}e^4 - \dfrac{3}{1280}e^6 - \dfrac{559}{368\,640}e^8 - \dfrac{1\,021}{1\,290\,240}e^{10} \\ \zeta_6 = \dfrac{17}{30\,720}e^6 + \dfrac{283}{430\,080}e^8 + \dfrac{7\,489}{13\,762\,560}e^{10} \\ \zeta_8 = \dfrac{4\,397}{41\,287\,680}e^8 - \dfrac{1\,319}{6\,881\,280}e^{10} \\ \zeta_{10} = \dfrac{4\,583}{165\,150\,720}e^{10} \end{cases} \tag{7.4.4}$$

由于等角余纬度仍然为复数，根据等角余纬度定义有

$$\boldsymbol{\theta} = 2\arctan\{\exp[-(q + \mathrm{i}l)]\} \tag{7.4.5}$$

因此

$$\tan\frac{\boldsymbol{\theta}}{2} = \exp[-(q + \mathrm{i}l)] = \exp(-q)\cos l - \mathrm{i}\exp(-q)\sin l \tag{7.4.6}$$

由式（7.4.6）可以解得实数等角余纬度为

$$\theta = 2\arctan\left|\tan\frac{\boldsymbol{\theta}}{2}\right| \tag{7.4.7}$$

等角纬度为

$$\varphi=\frac{\pi}{2}-\theta \tag{7.4.8}$$

使用大地纬度与等角纬度转换公式，求出最后所需要的大地纬度：

$$B=\varphi+b_2\sin 2\varphi+b_4\sin 4\varphi+b_6\sin 6\varphi+b_8\sin 8\varphi+b_{10}\sin 10\varphi \tag{7.4.9}$$

式中系数为

$$\begin{cases} b_2=\frac{1}{2}e^2+\frac{5}{24}e^4+\frac{1}{12}e^6+\frac{13}{360}e^8+\frac{3}{160}e^{10} \\ b_4=\frac{7}{48}e^4+\frac{29}{240}e^6+\frac{811}{11\,520}e^8+\frac{81}{2\,240}e^{10} \\ b_6=\frac{7}{120}e^6+\frac{81}{1120}e^8+\frac{3\,029}{53\,760}e^{10} \\ b_8=\frac{4\,279}{161\,280}e^8+\frac{883}{20\,160}e^{10} \\ b_{10}=\frac{2\,087}{161\,280}e^{10} \end{cases} \tag{7.4.10}$$

【例 7.2】 以 CGCS 2000 椭球 $a=6\,378\,137\ \mathrm{m}$，$f=1/298.257\,222\,101$ 作为参考椭球，并取例 7.1 计算的投影平面坐标 $x=395\,389.304\,0\ \mathrm{m}$，$y=-394\,887.167\,9\ \mathrm{m}$，试进行极区高斯投影反解计算。

【解】 以下为 Mathematica 计算机代数系统中的运算过程和运算结果。

$$a=6378137;b=6356752.3141403558;e=\left(\frac{a^2-b^2}{a^2}\right)^{\frac{1}{2}};$$

$$x=395389.3040;y=-394887.1679;$$

$$a0=a\left(1-\frac{e^2}{4}-\frac{3e^4}{64}-\frac{5e^6}{256}-\frac{175e^8}{16384}-\frac{441e^{10}}{65536}\right);\psi=\frac{x+I*y}{a0};$$

$$\xi2=\frac{e^2}{8}+\frac{e^4}{48}+\frac{47e^6}{2048}-\frac{17e^8}{184320}-\frac{17837e^{10}}{23592960};$$

$$\xi4=-\frac{1e^4}{768}-\frac{3e^6}{1280}-\frac{559e^8}{368640}-\frac{1021e^{10}}{1290240};$$

$$\xi6=\frac{17e^6}{30720}+\frac{283e^8}{430080}+\frac{7489e^{10}}{13762560};$$

$$\xi8=\frac{4397e^8}{41287680}-\frac{1319e^{10}}{6881280};$$

$$\xi10=\frac{4583e^{10}}{165150720};$$

$$\theta=(\psi+\xi2*\mathrm{Sin}[2\psi]+\xi4*\mathrm{Sin}[4\psi]+\xi6*\mathrm{Sin}[6\psi]+\xi8*\mathrm{Sin}[8\psi]+\xi10*\mathrm{Sin}[10\psi]);$$

$$q=\mathrm{Re}\left[-\mathrm{Log}\left[\mathrm{Tan}\left[\frac{\theta}{2}\right]\right]\right];$$

```
l = Im[-Log[Tan[θ/2]]];
φ = ArcSin[Tanh[q]]
b2 = e^2/2 + 5e^4/24 + e^6/12 + 13e^8/360 + 3e^10/160;
b4 = 7e^4/48 + 29e^6/240 + 811e^8/11520 + 81e^10/2240;
b6 = 7e^6/120 + 81e^8/1120 + 3029e^10/53760;
b8 = 4279e^8/161280 + 883e^10/20160;
b10 = 2087e^10/161280;
B = (φ + b2*Sin[2φ] + b4*Sin[4φ] + b6*Sin[6φ] + b8*Sin[8φ] + b10*Sin[10φ])
    *180/Pi
l = l*180/Pi
85.
45.
```

因此，反解得椭球面大地坐标 $B=85°$， $l=45°$ 。

7.5 极区高斯投影长度比与子午线收敛角

借助复变函数来求解高斯投影问题时，高斯投影长度比和子午线收敛角为高斯投影复变函数表示式在某点处的导数，有

$$z' = \frac{\mathrm{d}f(\boldsymbol{w})}{r\mathrm{d}\boldsymbol{w}} \tag{7.5.1}$$

式中： $r=N\cos B$； N 为卯酉圈曲率半径。为求得式（7.5.1）的具体表示形式，可将其变形为

$$z' = \frac{\mathrm{d}f(\boldsymbol{w})}{r\mathrm{d}\boldsymbol{\theta}}\frac{\mathrm{d}\boldsymbol{\theta}}{\mathrm{d}\boldsymbol{w}} \tag{7.5.2}$$

又由于

$$\frac{\mathrm{d}f(\boldsymbol{w})}{\mathrm{d}\boldsymbol{\theta}} = a(-a_0 + 2a_2\cos 2\boldsymbol{\theta} - 4a_4\cos 4\boldsymbol{\theta} + 6a_6\cos 6\boldsymbol{\theta} - 8a_8\cos 8\boldsymbol{\theta} + 10a_{10}\cos 10\boldsymbol{\theta}) \tag{7.5.3}$$

$$\frac{\mathrm{d}\boldsymbol{w}}{\mathrm{d}\boldsymbol{\theta}} = -\csc\boldsymbol{\theta} \tag{7.5.4}$$

式中系数为

$$
\begin{cases}
a_0 = 1 - \dfrac{1}{4}e^2 - \dfrac{3}{64}e^4 - \dfrac{5}{256}e^6 - \dfrac{175}{16\,384}e^8 - \dfrac{441}{65\,536}e^{10} - \dfrac{43\,659}{65\,536}e^{12} \\
a_2 = \dfrac{1}{8}e^2 - \dfrac{1}{96}e^4 - \dfrac{9}{1024}e^6 - \dfrac{901}{184\,320}e^8 - \dfrac{16\,381}{5\,898\,240}e^{10} + \dfrac{2\,538\,673}{4\,587\,520}e^{12} \\
a_4 = \dfrac{13}{768}e^4 + \dfrac{17}{5120}e^6 - \dfrac{311}{737\,282}e^8 - \dfrac{18\,931}{20\,643\,840}e^{10} - \dfrac{1\,803\,171}{9\,175\,040}e^{12} \\
a_6 = \dfrac{61}{15\,360}e^6 + \dfrac{899}{430\,080}e^8 + \dfrac{18\,757}{27\,525\,120}e^{10} + \dfrac{461\,137}{20\,643\,840}e^{12} \\
a_8 = \dfrac{49\,561}{41\,287\,680}e^8 + \dfrac{175\,087}{165\,150\,720}e^{10} - \dfrac{869\,251}{20\,643\,840}e^{12} \\
a_{10} = -\dfrac{179\,101}{41\,287\,680}e^{10} - \dfrac{25\,387}{1\,290\,240}e^{12}
\end{cases}
\tag{7.5.5}
$$

将式（7.5.3）、式（7.5.4）代入式（7.5.2），整理后可得

$$
z = \frac{(1 - e^2 \sin^2 B)^{\frac{1}{2}} \sin\boldsymbol{\theta}}{\cos B}(-a_0 + 2a_2 \cos 2\boldsymbol{\theta} - 4a_4 \cos 4\boldsymbol{\theta} + 6a_6 \cos 6\boldsymbol{\theta} - 8a_8 \cos 8\boldsymbol{\theta} + 10a_{10} \cos 10\boldsymbol{\theta})
\tag{7.5.6}
$$

特别地，当地球为球体，即椭球第一偏心率 $e = 0$ 时，有

$$
z' = \frac{\mathrm{d}f(\boldsymbol{w})}{r\,\mathrm{d}\boldsymbol{w}} = \frac{\mathrm{d}(-R\boldsymbol{\theta})}{R\cos B\mathrm{d}\boldsymbol{\theta}}\frac{\mathrm{d}\boldsymbol{\theta}}{\mathrm{d}\boldsymbol{w}} = \frac{-R}{-R\cos B\csc\boldsymbol{\theta}} = \frac{\sin\boldsymbol{\theta}}{\cos B}
\tag{7.5.7}
$$

根据长度比及子午线收敛角的定义可知，长度比为该导数的模，即

$$
m = |z'|
\tag{7.5.8}
$$

子午线收敛角为该导数幅角的反向，即

$$
\gamma = -\arg(z')
\tag{7.5.9}
$$

在满足极区导航需求的情况下，借助计算机代数系统，根据式（7.5.8）、式（7.5.9）绘制极区 $B \in [66.55°, 90°]$、$l \in [-180°, 180°]$，高斯投影长度比及子午线收敛角的示意图，分别如图 7-5、图 7-6 所示。将式（7.5.9）中的长度比与 1 作差，可得投影长度变形，将一些重要点处的长度变形数值列于表 7-1。

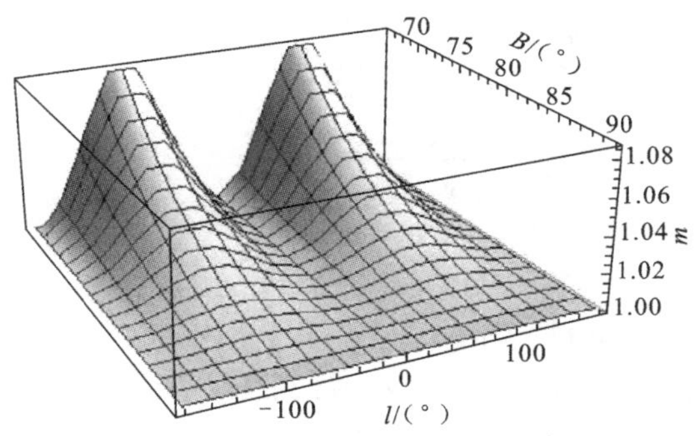

图 7-5　极区范围内高斯投影长度比

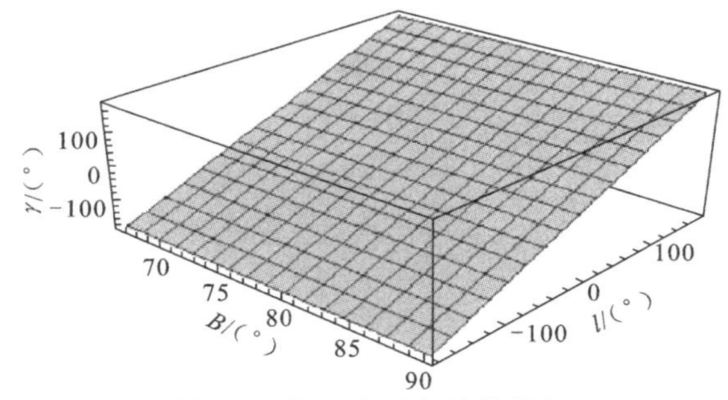

图 7-6　极区内子午线收敛角

表 7-1　极区高斯投影长度变形

m=1	$B=66.55°$	$B=70°$	$B=75°$	$B=80°$	$B=85°$	$B=90°$
$l=0°$	0	0	0	0	0	0
$l=15°$	0.0054	0.0039	0.0023	0.0010	0.0003	0
$l=30°$	0.0205	0.0150	0.0085	0.0038	0.0010	0
$l=45°$	0.0423	0.0306	0.0172	0.0076	0.0019	0
$l=60°$	0.0655	0.0470	0.0261	0.0115	0.0029	0
$l=75°$	0.0835	0.0594	0.0328	0.0144	0.0036	0
$l=90°$	0.0903	0.0641	0.0353	0.0154	0.0038	0

由表 7-1 及图 7-5、图 7-7 可以看出，在极区 $B\in[66.55°,90°]$，$l\in[-180°,180°]$，投影长度比关于中央子午线对称，在中央子午线上，投影长度比 $m=1$。在 $l\in[0°,180°]$，当大地纬度 B +一定时，投影长度比先增大后减小，关于 $l=90°$ 对称，并在 $l=90°$ 时存在最大值。在同一子午线上（中央子午线除外），投影长度比随着远离极点而逐渐增大。由图 7-7 可以看出，在 $l\in[0°,180°]$，子午线收敛角为正，由 0° 到 180° 逐渐递增。在 $l\in[0°,-180°]$，子午线收敛角为负，由 0° 到 −180° 逐渐递减。

利用式(7.5.10)绘制极区投影后子午线（λ 间隔15°），如图 7-7 所示。利用式(7.5.11)绘制出极区投影后纬线圈，如图 7-8 所示。可得

$$\frac{\coth^2 y}{\csc^2\lambda}-\frac{\cot^2 x}{\sec^2\lambda}=1 \tag{7.5.10}$$

$$\frac{\tan^2 x}{\tan^2\theta}+\frac{\tanh^2 y}{\sin^2\theta}=1 \tag{7.5.11}$$

由式（7.5.10）、式（7.5.11）及图 7-7、图 7-8 可以看出，在极区范围内纬线圈的形状类似椭圆，子午线形状类似反双曲线。特别在余纬度很小时，子午线近似为直线。

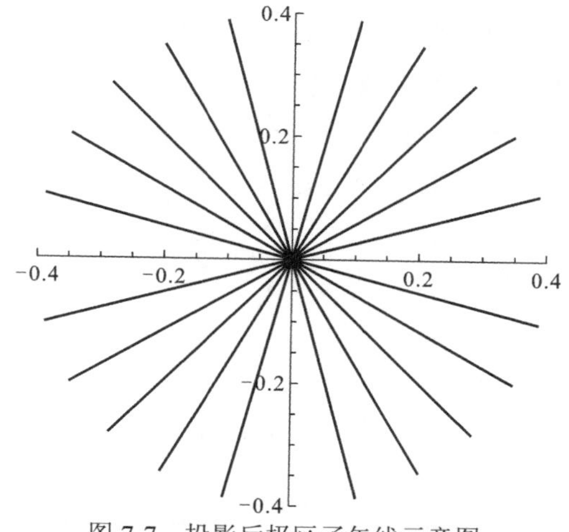

图 7-7　投影后极区子午线示意图

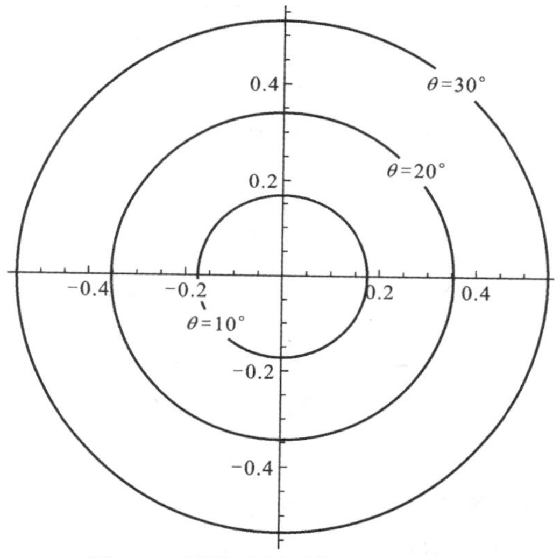

图 7-8　投影后极区纬线圈示意图

7.6　子午线偏移角

根据横轴墨卡托投影的特性可知，投影平面上的子午线为一组聚交于北极而且收敛于坐标纵轴的曲线，由图 7-7 可以看出，这组曲线近似为直线。为更直观地说明投影后子午线的形状，提出偏移角 κ 的概念，考虑横轴墨卡托投影的对称性，下面对经差 $\lambda \in [0°, 90°]$ 偏移角公式进行推导。

在极区范围内，子午线投影形状近似为直线，与透视方位投影的子午线投影变化不大，原有的子午线收敛角在极区已失去收敛的意义，因此子午线偏移角 κ 可定义为经差为 l 子午线相对于该子午线在极点处切线的偏移角度，以逆时针方向为正。根据投影理论可知，子午线偏移角 κ 可表示为

$$\kappa = \gamma - l = -\arg(z') - l \tag{7.6.1}$$

绘制极区 $B\in[66.55°,90°]$，$l\in[-180°,180°]$ 范围内的子午线偏移角示意图，如图 7-9 所示，并将一些重要点处的子午线偏移角列于表 7-2。

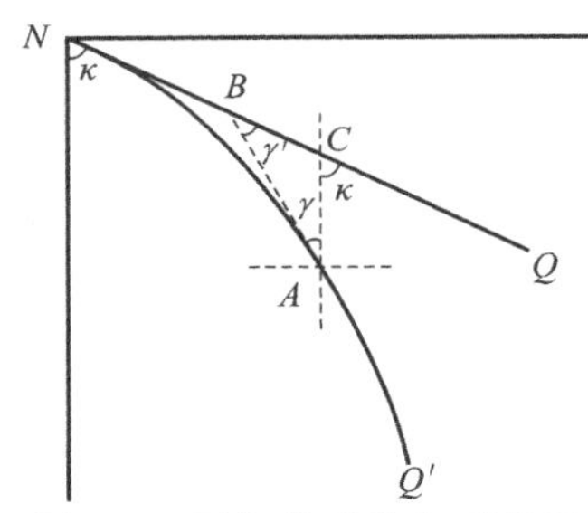

图 7-9　子午线偏移角示意图

表 7-2　极区高斯投影子午线偏移角

κ/（°）	B = 66.55°	B = 70°	B = 75°	B = 80°	B = 85°	B = 90°
l = 0°	0	0	0	0	0	0
l = 15°	−1.1943	−0.8672	−0.4892	−0.2178	−0.0545	0
l = 30°	−2.0993	−1.5182	−0.8524	−0.3783	−0.0945	0
l = 45°	−2.4747	−1.7794	−0.9925	−0.4385	−0.1092	0
l = 60°	−2.1894	−1.5648	−0.8669	−0.3811	−0.0947	0
l = 75°	−1.2846	−0.9138	−0.5036	−0.2207	−0.0547	0
l = 90°	0	0	0	0	0	0

由表 7-2 及图 7-10 可以看出，在极圈 $B\in[66.55°,90°]$ 范围内，当 $l\in[-90°,0°]$ 和 $l\in[90°,180°]$ 时，子午线偏移角为正，即子午线向逆时针方向偏移，当大地纬度 B 一定时，子午线偏移角的数值先增大后减小，分别在 $l=-45°$ 和 $l=135°$ 附近存在最大值。相应地，当 $l\in[-180°,-90°]$ 和 $l\in[0°,90°]$ 时，子午线偏移角为负，即子午线向顺时针方向偏移，当大地纬度 B 一定时，子午线偏移角的绝对值先增大后减小，分别在 $l=-135°$ 和 $l=45°$ 附近存在最大值。当经差 l 为 0°、±90°、±180° 时，子午线偏移角为 0°，在其他子午线上，子午线偏移角的绝对值随着远离极点而逐渐增大。

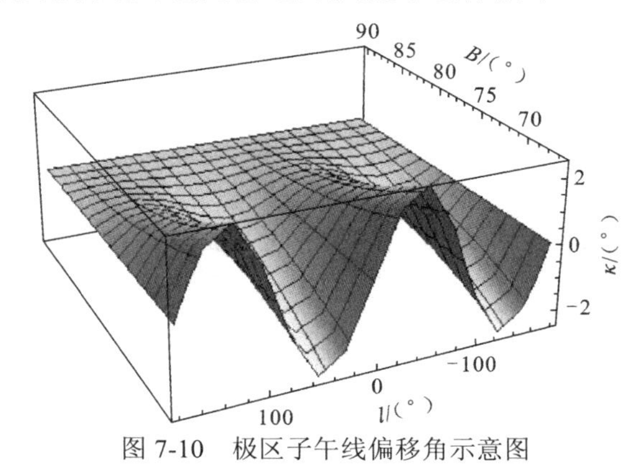

图 7-10　极区子午线偏移角示意图

7.7 算例分析

改进后的“高斯投影极区非奇异复变函数表达式”与原有从赤道起算的高斯投影公式仅在数值上相差 1/4 子午线弧长，实现了将投影中心平移到极点，并可通过一系列数学变换，消去原有公式在极点存在奇异的缺陷。

为验证本节公式的正确性，将其与平移至极点的一般高斯投影实数型幂级数公式进行比较。以 CGCS 2000 椭球为例，在北极圈半个 6° 带宽 $B\in[66.55°,90°]$、$l\in[0,3°]$ 范围内，记 Δx、Δy 分别为借助本节公式与椭球高斯投影实数型幂级数公式计算的投影纵、横坐标之差，具体数值分别列于表 7-3 和表 7-4。

表 7-3　与椭球实数型投影公式计算的纵坐标差异

Δx / m	$B=66.55°$	$B=70°$	$B=75°$	$B=80°$	$B=85°$	$B=90°$
$l=0.5°$	-8.4983×10^{-7}	-6.0862×10^{-7}	-1.9022×10^{-7}	1.1898×10^{-7}	1.6775×10^{-7}	0
$l=1°$	-8.4424×10^{-7}	-6.0815×10^{-7}	-1.8999×10^{-7}	1.2107×10^{-7}	1.5635×10^{-7}	0
$l=1.5°$	-8.475×10^{-7}	-6.0862×10^{-7}	-1.9302×10^{-7}	1.2061×10^{-7}	1.8021×10^{-7}	0
$l=2°$	-8.475×10^{-7}	-6.0955×10^{-7}	-1.9209×10^{-7}	1.2107×10^{-7}	1.8789×10^{-7}	0
$l=2.5°$	-8.4704×10^{-7}	-6.0955×10^{-7}	-1.9209×10^{-7}	1.1572×10^{-7}	1.5949×10^{-7}	0
$l=3°$	-8.4844×10^{-7}	-6.1141×10^{-7}	-1.9022×10^{-7}	1.2154×10^{-7}	1.5879×10^{-7}	0

表 7-4　与椭球实数型投影公式计算的横坐标差异

Δy / m	$B=66.55°$	$B=70°$	$B=75°$	$B=80°$	$B=85°$	$B=90°$
$l=0.5°$	-3.7835×10^{-10}	-6.0754×10^{-10}	5.9849×10^{-10}	1.8736×10^{-10}	-8.5765×10^{-10}	0
$l=1°$	-3.638×10^{-10}	-2.3283×10^{-10}	-6.7666×10^{-10}	-3.8563×10^{-10}	8.8221×10^{-10}	0
$l=1.5°$	-1.8044×10^{-9}	-5.2387×10^{-10}	3.5652×10^{-10}	8.1855×10^{-10}	9.5497×10^{-10}	0
$l=2°$	-6.0827×10^{-9}	-1.5716×10^{-9}	6.5484×10^{-11}	1.0114×10^{-9}	1.2587×10^{-9}	0
$l=2.5°$	-9.6043×10^{-9}	1.4552×10^{-9}	2.3429×10^{-9}	3.4197×10^{-10}	2.3283×10^{-10}	0
$l=3°$	2.9104×10^{-11}	1.6866×10^{-8}	1.0259×10^{-8}	1.8408×10^{-9}	-3.8563×10^{-10}	0

由表 7-3 和表 7-4 可以看出，与椭球高斯投影实数型幂级数公式计算的投影坐标相比，本节极区非奇异复变函数表达式计算的投影纵坐标差异量级在 10^{-7} m，横坐标差异量级在 10^{-9} m。在大地测量及制图作业中，这些差异完全可以不予考虑，即该算例进一步在数值上证明了本节公式的可靠性及正确性。

同样地，可验证基于“极区高斯投影非奇异复变函数表达式”推导出的长度比及子午线收敛角公式的正确性，在极区范围内记 Δm、$\Delta\gamma$ 分别为借助本节公式与椭球高斯投影实数型幂级数公式计算的投影长度比、子午线收敛角之差，具体数值分别列于表 7-5 和表 7-6。

表 7-5　与椭球实数型投影公式计算的长度比差异

Δm	$B=66.55°$	$B=70°$	$B=75°$	$B=80°$	$B=85°$	$B=89.9999°$
$l=0.5°$	-8.4088×10^{-13}	-4.996×10^{-13}	-1.7941×10^{-13}	-3.6859×10^{-14}	-3.5527×10^{-15}	0
$l=1°$	-1.3525×10^{-11}	-8.0249×10^{-12}	-2.8941×10^{-12}	-6.1662×10^{-13}	-3.8414×10^{-14}	0
$l=1.5°$	-6.8979×10^{-11}	-4.083×10^{-11}	-1.463×10^{-11}	-3.0602×10^{-12}	-1.6298×10^{-13}	0
$l=2°$	-2.2027×10^{-10}	-1.2994×10^{-10}	-4.6118×10^{-11}	-9.3718×10^{-12}	-3.9435×10^{-13}	0
$l=2.5°$	-5.4484×10^{-10}	-3.2004×10^{-10}	-1.122×10^{-10}	-2.1929×10^{-11}	-5.8886×10^{-13}	0
$l=3°$	-1.1477×10^{-9}	-6.7077×10^{-10}	-2.3168×10^{-10}	-4.3053×10^{-11}	-2.7556×10^{-13}	0

表 7-6　与椭球实数型投影公式计算的子午线收敛角差异

$\Delta\gamma$ /（″）	$B=66.55°$	$B=70°$	$B=75°$	$B=80°$	$B=85°$	$B=89.9999°$
$l=0.5°$	2.9876×10^{-10}	1.5827×10^{-10}	6.315×10^{-11}	4.3965×10^{-11}	4.2166×10^{-11}	4.2566×10^{-11}
$l=1°$	1.3219×10^{-8}	8.504×10^{-9}	5.948×10^{-9}	5.4676×10^{-9}	5.4696×10^{-9}	5.4908×10^{-9}
$l=1.5°$	1.4824×10^{-7}	1.1349×10^{-7}	9.5846×10^{-8}	9.2823×10^{-8}	9.3441×10^{-8}	9.3791×10^{-8}
$l=2°$	9.0632×10^{-7}	7.6694×10^{-7}	6.9913×10^{-7}	6.9369×10^{-7}	6.9979×10^{-7}	7.0242×10^{-7}
$l=2.5°$	3.8706×10^{-6}	3.4726×10^{-6}	3.2972×10^{-6}	3.3032×10^{-6}	3.3355×10^{-6}	3.3481×10^{-6}
$l=3°$	1.2989×10^{-5}	1.2081×10^{-5}	1.1741×10^{-5}	1.1824×10^{-5}	1.1946×10^{-5}	1.1991×10^{-5}

从表 7-5 和表 7-6 可以看出，与椭球高斯投影实数型长度比、子午线收敛角公式计算的结果相比，利用本节推导的复变函数公式计算的投影长度比差异量级在10^{-6}，子午线收敛角的差异量级在10^{-5}″。可以说，算例进一步在数值上证明了长度比及子午线收敛角复变函数公式的可靠性及正确性。由于实数型的长度比及子午线收敛角公式通常用于分带的高斯投影，适用范围受到带宽的限制，而本节推导的长度比、子午线收敛角复变函数表达式适用范围更广，对编制极区航海图具有重要的参考价值。此外，由于本节公式消去了高斯函数在极点奇异的问题，解决了传统高斯投影公式难以在极区应用的问题，对完善高斯投影的数学体系具有一定意义，对极区导航具有重要参考价值。

为确保本节公式在极区无限制带宽内的适用性，除验证该公式在一个高斯投影条带内的准确度之外，需与以往高斯投影复变函数表示式（李忠美 等，2017）进行比较。由于原有高斯投影复变函数表示式在极点附近不适用，对 $B\in[66.55°,88°]$，$\lambda\in[0,90°]$ 范围内其与本节公式的纵坐标、横坐标进行比较，如图 7-11 和图 7-12 所示。

由图 7-11 和图 7-12 中可以看出，在该范围内本节公式与原有高斯投影复变函数表示式间横纵坐标绝对差异最大值小于10^{-8} m。因此在极区范围内，本节公式与原有高斯投影复变函数表示式在无限制带宽间的差异非常小，完全可以满足极区测量制图和航海导航要求，且解决了原有公式在极区奇异难以应用的问题。

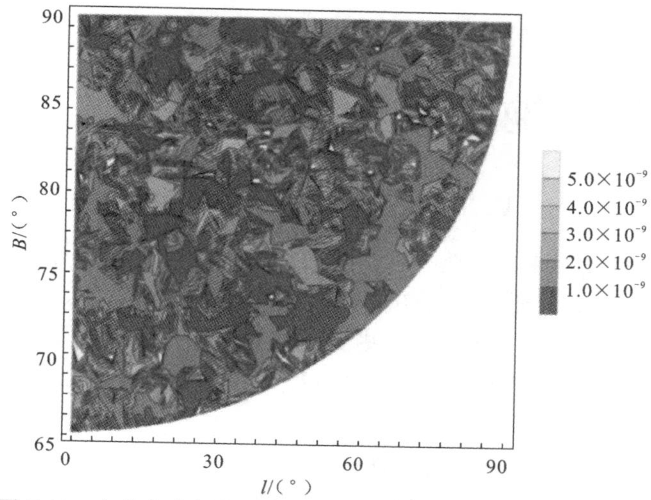

图 7-11　本节公式与传统高斯投影复变函数表示式纵坐标差异

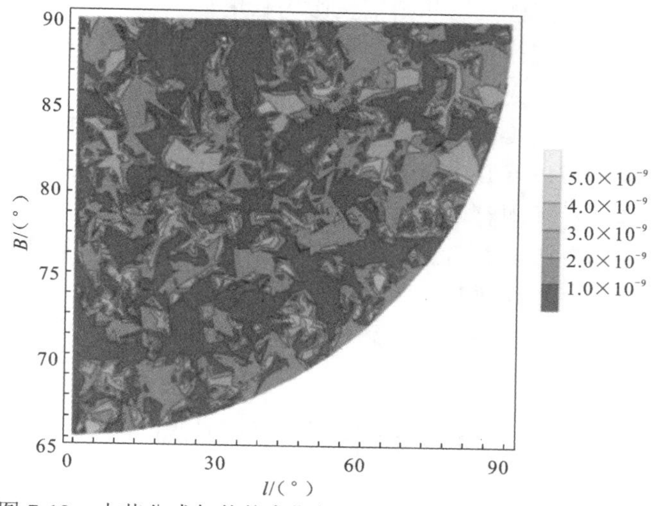

图 7-12　本节公式与传统高斯投影复变函数表示式横坐标差异

第 8 章　地图投影变换计算机代数分析

由于地球椭球面（或球面）是不可展的曲面，在导航和测量计算中，为更加有效地描述地球、传递信息，经常要用到地图这一直观工具。地图的最大特点之一是可测量性，这是因为其具有严密的数学法则，而这些法则的基础就是地图投影。地图投影的实质是建立地球椭球面（或球面）与地图平面上各点之间的对应关系，它是地图从生产到使用都不可缺少的数学基础。

圆柱投影和圆锥投影是两类重要的投影，在导航和测量中应用非常广泛，如区域地图、世界地图、航空图和海图的绘制大都采用这两种投影方式，实际生产中经常会遇到这两类投影的变换问题。圆柱投影和圆锥投影均有正轴、横轴和斜轴投影之分，横轴、斜轴圆柱投影和圆锥投影在计算时将地球视为正球体，其不同性质间的变换公式较为简单。本章主要研究正轴圆柱投影和正轴圆锥投影不同变形性质间的变换。对于这一问题，杨启和（1989）多是采用间接变换法实现的，在计算时需要反解出大地纬度和经差，较为烦琐；有些情况虽然可以展开成投影坐标的级数形式，但表达式复杂冗长，不便于应用，且对计算精度和区域范围有一定的限制。

本章将详细论述地图投影的概念、分类，阐述地图投影变换的实现方法及特点，借助计算机代数系统推导子午线弧长、等量纬度和等面积纬度函数间变换的直接展开式，并在此基础上系统地推导出正轴圆柱投影和正轴圆锥投影更为严密的直接变换公式。

8.1　地图投影变换

地图投影变换是测量和制图生产中经常遇到的一个实际问题。在地图编制的实践中，有时会遇到所选用的编图资料与新编地图的数学基础不相同的情况，例如在编制跨海岸线的地形图时,陆地部分的地形图资料和海域部分的海图资料使用的投影方式不同;又如编制跨国界的地图，国界线以外的地图资料多数与我国使用的投影方式不同。此时在制图作业中都需要进行投影变换。

在常规地图制图过程中，为了将基本制图资料填充到新编图的经纬网中，通常以照相拼贴法、方格转绘法及纠正仪转绘法等达到地图投影变换的目的。这种变换只是局部点间的坐标变换，而大量点只是一种近似的变换，其特点是不要求建立两投影间变换的严格的数学关系式。这类方法虽然勉强能够解决投影变换的问题，但费时费力，不适应大面积作业，而且其最大缺点是不能保证投影变换的精度。随着计算机技术的发展，计算机地图制图逐渐取代了常规地图制图，上述地图投影变换的方法显然已不再适用。根据计算机辅助地图制图的要求，必须首先提供从一种地图投影点的坐标变换到另一种地图投影点坐标的关系式，才能进行变换。因此，地图投影变换已成为计算机地图制图的一个重要组成部分，研究地图投影变换的理论和方法日益重要和迫切。

地图投影变换可广义地理解为研究空间数据处理、变换及应用的理论和方法，可狭义地理解为建立两平面场之间点的一一对应的函数关系。假定已知原图点的坐标方程式为

$$\begin{cases} x = f_1(B,l) \\ y = f_1(B,l) \end{cases} \tag{8.1.1}$$

新编图点的坐标方程式为

$$\begin{cases} X = h_1(B,l) \\ Y = h_2(B,l) \end{cases} \tag{8.1.2}$$

由已知编图资料点坐标变换到新编图点坐标，其实质在于建立两平面场点的对应方程式：

$$\begin{cases} X = F_1(x,y) \\ Y = F_2(x,y) \end{cases} \tag{8.1.3}$$

由式（8.1.1）、式（8.1.2）得到式（8.1.3）的方法很多，即存在各种投影变换的方法，按投影变换所采用的数学方法的不同，通常有如下三类方法。

1. 解析变换法

解析变换法能够建立两投影间坐标变换的解析计算公式，根据采用的计算方法不同，又可分为间接变换法、直接变换法和综合变换法三种。

间接变换法是一种反解变换方法，即首先由式（8.1.1）反解出原地图投影点的大地坐标：

$$\begin{cases} B = B(x,y) \\ l = l(x,y) \end{cases} \tag{8.1.4}$$

将式（8.1.4）代入式（8.1.2），即可得到由一种投影变换到另一种投影的关系式。

这种变换方法是严密的，不受制图区域大小的影响，但纬度 B 或经差 l 有时为非常复杂的超越函数，直接建立反解式比较困难，往往需要迭代计算。

直接变换法是一种正解变换法，不要求反解出原地图投影点的大地坐标，而是直接建立两投影点的直角坐标关系式。这种方法也是严密的，可表达编图和制图过程中的数学实质，不同投影之间具有精确的对应关系，不受制图区域大小的影响，但不是任何投影之间都易于建立关系式（8.1.3），有时只能建立它们之间的近似关系式。

综合变换法是将反解变换法与正解变换法相结合的一种变换方法，通常是根据原投影点的坐标 x 反解出纬度 B，然后根据 B、y 求得新投影点的坐标 X、Y。对于某些投影间的变换，采用这种方法比单用正解变换法或反解变换法要简便一些。

2. 数值变换法

在原投影解析式未知，或不易求出两投影点坐标之间解析式的情况下，可以采用多项式逼近来建立它们间的联系，即利用两个投影平面间互相对应的若干离散点 (x_i,y_i) 和 (X_i,Y_i)，根据数值逼近的理论和方法来建立两投影间的关系式，这种变换方法称为数值变换法。

数值变换法中的逼近多项式有二元 n 次多项式和乘积型插值多项式，常用的逼近多项式有二元三次多项式、双二次多项式等。求解多项式系数时需要用到两投影间的共同点，当多项式系数个数与共同点个数相同时，可由主元素消去法或其他算法直接确定逼近多项式；当共同点个数多于多项式系数个数时，通常按最小二乘法确定逼近多项式；如果变换范围较大，共同点数不够，需要根据少量已知点的坐标，利用三次样条函数或拉格朗日插值来加密共同点的坐标。数值变换法是一种近似方法，受制图区域大小的影响，为保证变换的精度，一般要分块进行变换。

3. 数值-解析变换法

已知新投影方程式（8.1.2），而原投影方程式（8.1.1）未知时，可采取逼近多项式的方法求原投影点的大地坐标 B 、L ，然后代入新投影方程式，即可实现两投影间的变换，这种方法称为数值-解析变换。这种方法也是一种近似方法，受制图区域大小的影响，适合分块进行变换，以保证一定的精度。

8.2 子午线弧长、等量纬度和等面积纬度函数间变换的直接展开式

子午线弧长、等量纬度和等面积纬度函数分别是等距离纬度、等角纬度和等面积纬度的函数，它们之间的变换是实现等距离投影、等角投影和等面积投影间变换的基础。对于这三种量之间的变换，杨启和（1989）通过解算大地纬度间接实现，计算公式复杂冗长，不便于应用。为实现等距离投影、等角投影和等面积投影之间的直接变换，本节在导出的等距离纬度、等角纬度和等面积纬度正反解展开式的基础上，借助计算机代数系统，推导子午线弧长、等量纬度和等面积纬度函数之间变换的直接展开式。

8.2.1 子午线弧长与等量纬度间变换的直接展开式

1. 子午线弧长变换至等量纬度的直接展开式

已知子午线弧长 X 时，将其代入式（2.1.6）可得等距离纬度 ψ ，将 ψ 代入等距离纬度反解展开式（2.3.11）可得大地纬度 B ，将 B 代入等角纬度正解展开式（2.3.60）可得等角纬度 φ ，再将 φ 代入式（2.3.56）即可得到等量纬度 q ，完整的计算公式为

$$\begin{cases}\psi=\dfrac{X}{R}\\ B=\psi+a_2\sin 2\psi+a_4\sin 4\psi+a_6\sin 6\psi+a_8\sin 8\psi+a_{10}\sin 10\psi\\ \varphi=B+\beta_2\sin 2B+\beta_4\sin 4B+\beta_6\sin 6B+\beta_8\sin 8B+\beta_{10}\sin 10B\\ q=\operatorname{arctan}\operatorname{h}(\sin\varphi)\end{cases}\tag{8.2.1}$$

使用式（8.2.1），需要经过 4 步计算方可完成变换，较为复杂，因此有必要导出更为实用的直接展开式。从理论上讲，可将式（8.2.1）中的变量 B 、φ 消去，得到由等距

离纬度ψ计算等量纬度q的直接公式。但是，该过程人工推导起来极其烦琐，甚至不可能实现。本小节借助计算机代数系统强大的数学分析能力，成功地解决了这一难题，主要步骤如下。

（定义相关系数和变量）

$$a_2=\frac{3e^2}{8}+\frac{3e^4}{16}+\frac{213e^6}{2048}+\frac{225e^8}{4096}+\frac{20861e^{10}}{524288};$$

$$a_4=\frac{21e^4}{256}+\frac{21e^6}{256}+\frac{533e^8}{8192}+\frac{197e^{10}}{4096};$$

$$a_6=\frac{151e^6}{6144}+\frac{151e^8}{4096}+\frac{5019e^{10}}{131072};$$

$$a_8=\frac{1097e^8}{131072}+\frac{1097e^{10}}{65536};$$

$$a_{10}=\frac{8011e^{10}}{2621440};$$

$$\beta_2=-\frac{e^2}{2}-\frac{5e^4}{24}-\frac{3e^6}{32}-\frac{281e^8}{5760}-\frac{7e^{10}}{240};$$

$$\beta_4=\frac{5e^4}{48}+\frac{7e^6}{80}+\frac{697e^8}{11520}+\frac{93e^{10}}{2240};$$

$$\beta_6=\frac{13e^6}{480}-\frac{461e^8}{13440}-\frac{1693e^{10}}{53760};$$

$$\beta_8=\frac{1237e^8}{161280}+\frac{131e^{10}}{10080};$$

$$\beta_{10}=\frac{367e^{10}}{161280};$$

$$B=\psi+a_2\mathrm{Sin}[2\psi]+a_4\mathrm{Sin}[4\psi]+a_6\mathrm{Sin}[6\psi]+a_8\mathrm{Sin}[8\psi]+a_{10}\mathrm{Sin}[10\psi];$$

$$\varphi=B+\beta_2\mathrm{Sin}[2B]+\beta_4\mathrm{Sin}[4B]+\beta_6\mathrm{Sin}[6B]+\beta_8\mathrm{Sin}[8B]+\beta_{10}\mathrm{Sin}[10B];$$

（在$e=0$处将q展开为e的幂级数形式，取至e^{10}项）

```
q=FullSimplify[Series[ArcTanh[Sin[φ]],{e,0,10}]]
```

$$\mathrm{ArcTanh}[\mathrm{Sin}[\varphi]]-\frac{1}{4}\mathrm{Sin}[\varphi]e^2+\frac{1}{192}(-3\mathrm{Sin}[\varphi]-2\mathrm{Sin}[3\varphi])e^4$$

$$+\frac{(5\mathrm{Sin}[\psi]-65\mathrm{Sin}[3\psi]-22\mathrm{Sin}[5\psi])e^6}{15360}$$

$$+\frac{(693\mathrm{Sin}[\psi]-2(273\mathrm{Sin}[3\psi]+203\mathrm{Sin}[5\psi]+50\mathrm{Sin}[7\psi]e^8}{344064}$$

$$+\frac{(21267\mathrm{Sin}[\psi]-6342\mathrm{Sin}[3\psi]-8691\mathrm{Sin}[5\psi])-4362\mathrm{Sin}[7\psi]-848\mathrm{Sin}[9\psi]e^{10}}{11796480}$$

$$+0[e]^{11}$$

将上述结果整理成地图投影理论中惯用的形式，联立式（2.1.6）可得子午线弧长X变换至等量纬度q的直接展开式为

$$
\begin{cases}
\psi = \dfrac{X}{R} \\
q = \operatorname{arctanh}(\sin\psi) + \xi_1 \sin\psi + \xi_3 \sin 3\psi + \xi_5 \sin 5\psi + \xi_7 \sin 7\psi + \xi_9 \sin 9\psi
\end{cases}
\tag{8.2.2}
$$

式中系数为

$$
\begin{cases}
\xi_1 = -\dfrac{1}{4}e^2 - \dfrac{1}{64}e^4 + \dfrac{1}{3072}e^6 + \dfrac{33}{16\,384}e^8 + \dfrac{2363}{1\,310\,720}e^{10} \\
\xi_3 = -\dfrac{1}{96}e^4 - \dfrac{13}{3072}e^6 - \dfrac{13}{8192}e^8 - \dfrac{1057}{1\,966\,080}e^{10} \\
\xi_5 = -\dfrac{11}{7680}e^6 - \dfrac{29}{24\,576}e^8 - \dfrac{2897}{3\,932\,160}e^{10} \\
\xi_7 = -\dfrac{25}{86\,016}e^8 - \dfrac{727}{1\,966\,080}e^{10} \\
\xi_9 = -\dfrac{53}{737\,280}e^{10}
\end{cases}
\tag{8.2.3}
$$

为便于使用和记忆，引入新变量 $\varepsilon = e/2$，式（8.2.3）可以简化为

$$
\begin{cases}
\xi_1 = -\varepsilon^2 - \dfrac{1}{4}\varepsilon^4 + \dfrac{1}{48}\varepsilon^6 + \dfrac{33}{64}\varepsilon^8 + \dfrac{2363}{1280}\varepsilon^{10} \\
\xi_3 = -\dfrac{1}{6}\varepsilon^4 - \dfrac{13}{48}\varepsilon^6 - \dfrac{13}{32}\varepsilon^8 - \dfrac{1057}{1920}\varepsilon^{10} \\
\xi_5 = -\dfrac{11}{120}\varepsilon^6 - \dfrac{29}{96}\varepsilon^8 - \dfrac{2897}{3840}\varepsilon^{10} \\
\xi_7 = -\dfrac{25}{336}\varepsilon^8 - \dfrac{727}{1920}\varepsilon^{10} \\
\xi_9 = -\dfrac{53}{720}\varepsilon^{10}
\end{cases}
\tag{8.2.4}
$$

将我国常用大地坐标系采用的椭球参数代入式（8.2.4），可得到相应的系数值，见表 8-1。

表 8-1　不同椭球下子午线弧长变换至等量纬度的直接展开式的系数值

椭球	系数				
	δ_1	δ_3	δ_5	δ_7	δ_9
克拉索夫斯基椭球	$-1.674\,055\,333\,636\,4\times10^{-3}$	$-4.679\,585\,93\times10^{-7}$	$-4.318\,91\times10^{-10}$	-5.88×10^{-13}	-1×10^{-15}
IUGG1975 椭球	$-1.674\,296\,379\,271\times10^{-3}$	$-4.680\,934\,92\times10^{-7}$	$-4.320\,78\times10^{-10}$	-5.89×10^{-13}	-1×10^{-15}
WGS84 椭球	$-1.674\,295\,125\,861\times10^{-3}$	$-4.680\,927\,90\times10^{-7}$	$-4.320\,77\times10^{-10}$	-5.89×10^{-13}	-1×10^{-15}
CGCS2000 椭球	$-1.674\,295\,134\,058\times10^{-3}$	$-4.680\,927\,95\times10^{-7}$	$-4.320\,77\times10^{-10}$	-5.89×10^{-13}	-1×10^{-15}

2. 等量纬度变换至子午线弧长的直接展开式

已知等量纬度q时，将q代入式（2.3.41）可得等角纬度φ，将φ代入等角纬度反解展开式（2.3.68）可得大地纬度B，将B代入等距离纬度正解展开式（2.3.1）可得等距离纬度ψ，将ψ代入式（2.1.6）可得子午线弧长X，完整的计算公式为

$$\begin{cases}\varphi=\arcsin(\tanh q)\\ B=\varphi+b_2\sin 2\varphi+b_4\sin 4\varphi+b_6\sin 6\varphi+b_8\sin 8\varphi+b_{10}\sin 10\varphi\\ \psi=B+\alpha_2\sin 2B+\alpha_4\sin 4B+\alpha_6\sin 6B+\alpha_8\sin 8B+\alpha_{10}\sin 10B\\ X=R\psi\end{cases} \tag{8.2.5}$$

为简化计算，可消去上式中的变量B、ψ，得到由等角纬度φ计算子午线弧长X的直接公式。在$e=0$处将X展开为e的幂级数形式，取至e^{10}项，略去计算机代数系统中的具体推导过程，经整理后可得等量纬度q变换至子午线弧长X的直接展开式为

$$\begin{cases}\varphi=\arcsin(\tanh q)\\ X=a(j_0\varphi+j_2\sin 2\varphi+j_4\sin 4\varphi+j_6\sin 6\varphi+j_8\sin 8\varphi+j_{10}\sin 10\varphi)\end{cases} \tag{8.2.6}$$

式中系数为

$$\begin{cases}j_0=1-\dfrac{1}{4}e^2-\dfrac{3}{64}e^4-\dfrac{5}{256}e^6-\dfrac{175}{16\,384}e^8-\dfrac{441}{65\,536}e^{10}\\ j_2=\dfrac{1}{8}e^2-\dfrac{1}{96}e^4-\dfrac{9}{1024}e^6-\dfrac{901}{184\,320}e^8-\dfrac{16\,381}{5\,898\,240}e^{10}\\ j_4=\dfrac{13}{768}e^4+\dfrac{17}{5120}e^6-\dfrac{311}{737\,280}e^8-\dfrac{18\,931}{20\,643\,840}e^{10}\\ j_6=\dfrac{61}{15\,360}e^6+\dfrac{899}{430\,080}e^8+\dfrac{14\,977}{27\,525\,120}e^{10}\\ j_8=\dfrac{49\,561}{41\,287\,680}e^8+\dfrac{175\,087}{165\,150\,720}e^{10}\\ j_{10}=\dfrac{34\,729}{82\,575\,260}e^{10}\end{cases} \tag{8.2.7}$$

引入新变量$\varepsilon=e/2$，式（8.2.7）可以简化为

$$\begin{cases}j_0=1-\varepsilon^2-\dfrac{3}{4}\varepsilon^4-\dfrac{5}{4}\varepsilon^6-\dfrac{175}{64}\varepsilon^8-\dfrac{441}{64}\varepsilon^{10}\\ j_2=\dfrac{1}{2}\varepsilon^2-\dfrac{1}{6}\varepsilon^4-\dfrac{9}{16}\varepsilon^6-\dfrac{901}{720}\varepsilon^8-\dfrac{16\,381}{5760}\varepsilon^{10}\\ j_4=\dfrac{13}{48}\varepsilon^4+\dfrac{17}{80}\varepsilon^6-\dfrac{311}{2880}\varepsilon^8-\dfrac{18\,931}{20\,160}\varepsilon^{10}\\ j_6=\dfrac{61}{240}\varepsilon^6+\dfrac{899}{1680}\varepsilon^8+\dfrac{14\,977}{26\,880}\varepsilon^{10}\\ j_8=\dfrac{49\,561}{161\,280}\varepsilon^8+\dfrac{175\,087}{161\,280}\varepsilon^{10}\\ j_{10}=\dfrac{34\,729}{80\,640}\varepsilon^{10}\end{cases} \tag{8.2.8}$$

将我国常用大地坐标系采用的椭球参数代入式（8.2.8），可得到相应的系数值，见表 8-2。

表 8-2　不同椭球下等量纬度变换至子午线弧长的直接展开式的系数值

椭球	系数		
	j_0	j_2	j_4
克拉索夫斯基椭球	0.998 324 538 627 002	$8.362\,083\,709\,90\times10^{-4}$	$7.593\,602\,06\times10^{-7}$
IUGG1975 椭球	0.998 324 297 175 735	$8.363\,286\,575\,75\times10^{-4}$	7.59578953×10^{-7}
WGS84 椭球	0.998 324 298 431 253	$8.363\,280\,320\,99\times10^{-4}$	$7.595\,778\,15\times10^{-7}$
CGCS2000 椭球	0.998 324 298 423 043	$8.363\,280\,361\,89\times10^{-4}$	$7.595\,778\,23\times10^{-7}$
椭球	系数		
	j_6	j_8	j_{10}
克拉索夫斯基椭球	$1.195\,124\,6\times10^{-9}$	2.424×10^{-12}	6×10^{-15}
IUGG1975 椭球	$1.195\,641\times10^{-9}$	2.425×10^{-12}	6×10^{-15}
WGS84 椭球	$1.195\,639\times10^{-9}$	2.425×10^{-12}	6×10^{-15}
CGCS2000 椭球	$1.195\,639\times10^{-9}$	2.425×10^{-12}	6×10^{-15}

8.2.2　子午线弧长与等面积纬度函数间变换的直接展开式

1. 子午线弧长变换至等面积纬度函数的直接展开式

已知子午线弧长 X 时，将其代入式（2.1.6）可得等距离纬度 ψ，将 ψ 代入等距离纬度反解展开式（2.3.11）可得大地纬度 B，将 B 代入等面积纬度正解展开式（2.3.43）可得等面积纬度 ϑ，再将 ϑ 代入式（2.1.12）即可得到等面积纬度函数 F，完整的计算公式为

$$\begin{cases}\psi=\dfrac{X}{R}\\ B=\psi+a_2\sin2\psi+a_4\sin4\psi+a_6\sin6\psi+a_8\sin8\psi+a_{10}\sin10\psi\\ \vartheta=B+\gamma_2\sin2B+\gamma_4\sin4B+\gamma_6\sin6B+\gamma_8\sin8B+\gamma_{10}\sin10B\\ F=R'^2\sin\vartheta\end{cases}\tag{8.2.9}$$

为简化计算，可消去上式中的变量 B 、ϑ，得到由等距离纬度 ψ 计算等面积纬度函数 F 的直接公式。在 $e=0$ 处将 F 展开为 e 的幂级数形式，取至 e^{10} 项，略去计算机代数系统中的具体推导过程，经整理后可得子午线弧长 X 变换至等面积纬度函数 F 的直接展开式为

$$\begin{cases}\psi=\dfrac{X}{R}\\ F=a^2(\varepsilon_1\sin\psi+\varepsilon_3\sin3\psi+\varepsilon_5\sin5\psi+\varepsilon_7\sin7\psi+\varepsilon_9\sin9\psi+\varepsilon_{11}\sin11\psi)\end{cases}\tag{8.2.10}$$

式中系数为

$$
\begin{cases}
\varepsilon_1 = 1 - \dfrac{5}{16}e^2 - \dfrac{17}{256}e^4 - \dfrac{121}{4096}e^6 - \dfrac{137}{8192}e^8 - \dfrac{1407}{131\,072}e^{10} \\
\varepsilon_3 = \dfrac{1}{48}e^2 + \dfrac{1}{384}e^4 - \dfrac{103}{196\,608}e^8 - \dfrac{1775}{3\,145\,728}e^{10} \\
\varepsilon_5 = \dfrac{3}{1280}e^4 + \dfrac{43}{30\,720}e^6 + \dfrac{17}{24\,576}e^8 + \dfrac{467}{1\,572\,864}e^{10} \\
\varepsilon_7 = \dfrac{37}{86\,016}e^6 + \dfrac{5}{10\,752}e^8 + \dfrac{563}{1\,572\,864}e^{10} \\
\varepsilon_9 = \dfrac{59}{589\,824}e^8 + \dfrac{1853}{11\,796\,480}e^{10} \\
\varepsilon_{11} = \dfrac{1543}{57\,671\,680}e^{10}
\end{cases}
\tag{8.2.11}
$$

引入新变量 $\varepsilon = e/2$，式（8.2.11）可以简化为

$$
\begin{cases}
\varepsilon_1 = 1 - \dfrac{5}{4}\varepsilon^2 - \dfrac{17}{16}\varepsilon^4 - \dfrac{121}{64}\varepsilon^6 - \dfrac{137}{32}\varepsilon^8 - \dfrac{1407}{128}\varepsilon^{10} \\
\varepsilon_3 = \dfrac{1}{12}\varepsilon^2 + \dfrac{1}{24}\varepsilon^4 - \dfrac{103}{768}\varepsilon^8 - \dfrac{1775}{3072}\varepsilon^{10} \\
\varepsilon_5 = \dfrac{3}{80}\varepsilon^4 + \dfrac{43}{480}\varepsilon^6 + \dfrac{17}{96}\varepsilon^8 + \dfrac{467}{1536}\varepsilon^{10} \\
\varepsilon_7 = \dfrac{37}{1344}\varepsilon^6 + \dfrac{5}{42}\varepsilon^8 + \dfrac{563}{1536}\varepsilon^{10} \\
\varepsilon_9 = \dfrac{59}{2304}\varepsilon^8 + \dfrac{1853}{11\,520}\varepsilon^{10} \\
\varepsilon_{11} = \dfrac{1543}{56\,320}\varepsilon^{10}
\end{cases}
\tag{8.2.12}
$$

将我国常用大地坐标系采用的椭球参数代入式（8.2.12），可得到相应的系数值，见表 8-3。

表 8-3　不同椭球下子午线弧长变换至等面积纬度函数的直接展开式的系数值

椭球	系数		
	ε_1	ε_3	ε_5
克拉索夫斯基椭球	0.997 905 321 724 703	$1.395\,629\,543\,49\times10^{-4}$	$1.054\,255\,80\times10^{-7}$
IUGG1975 椭球	0.997 905 019 809 189	$1.395\,830\,582\,82\times10^{-4}$	$1.054\,559\,90\times10^{-7}$
WGS84 椭球	0.997 905 021 379 115	$1.395\,829\,537\,44\times10^{-4}$	$1.054\,558\,33\times10^{-7}$
CGCS2000 椭球	0.997 905 021 368 849	$1.395\,829\,544\,28\times10^{-4}$	$1.054\,558\,34\times10^{-7}$

椭球	系数		
	ε_7	ε_9	ε_{11}
克拉索夫斯基椭球	$1.299\,31\times10^{-10}$	2.03×10^{-13}	4×10^{-16}

续表

椭球	系数		
	ε_7	ε_9	ε_{11}
IUGG1975 椭球	$1.299\,88\times10^{-10}$	2.03×10^{-13}	4×10^{-16}
WGS84 椭球	$1.299\,87\times10^{-10}$	2.03×10^{-13}	4×10^{-16}
CGCS2000 椭球	$1.299\,87\times10^{-10}$	2.03×10^{-13}	4×10^{-16}

2. 等面积纬度函数变换至子午线弧长的直接展开式

已知等面积纬度函数 F 时，将 F 代入式（2.1.12）可得等面积纬度 ϑ，将 ϑ 代入等面积纬度反解展开式（2.3.51）可得大地纬度 B，将 B 代入等距离纬度正解展开式（3.3.4）可得等距离纬度 ψ，将 ψ 代入式（2.1.12）可得子午线弧长 X，完整的计算公式为

$$\begin{cases}\vartheta=\arcsin\left(\dfrac{F}{R'^2}\right)\\ B=\vartheta+c_2\sin2\vartheta+c_4\sin4\vartheta+c_6\sin6\vartheta+c_8\sin8\vartheta+c_{10}\sin10\vartheta\\ \psi=B+\alpha_2\sin2B+\alpha_4\sin4B+\alpha_6\sin6B+\alpha_8\sin8B+\alpha_{10}\sin10B\\ X=R\psi\end{cases}\tag{8.2.13}$$

为简化计算，可消去上式中的变量 B 和 ψ，得到由等面积纬度 ϑ 计算子午线弧长 X 的直接公式。在 $e=0$ 处将 X 展开为 e 的幂级数形式，取至 e^{10} 项，略去计算机代数系统中的具体推导过程，经整理后可得等面积纬度函数 F 变换至子午线弧长 X 的直接展开式为

$$\begin{cases}\vartheta=\arcsin\left(\dfrac{F}{R'^2}\right)\\ X=a(k_0\vartheta+k_2\sin2\vartheta+k_4\sin4\vartheta+k_6\sin6\vartheta+k_8\sin8\vartheta+k_{10}\sin10\vartheta)\end{cases}\tag{8.2.14}$$

式中系数为

$$\begin{cases}k_0=1-\dfrac{1}{4}e^2-\dfrac{3}{64}e^4-\dfrac{5}{256}e^6-\dfrac{175}{16\,384}e^8-\dfrac{441}{65\,536}e^{10}\\ k_2=-\dfrac{1}{24}e^2-\dfrac{7}{1440}e^4-\dfrac{61}{107\,520}e^6+\dfrac{2719}{8\,294\,400}e^8+\dfrac{30\,578\,453}{61\,312\,204\,800}e^{10}\\ k_4=-\dfrac{29}{11\,520}e^4-\dfrac{1411}{967\,680}e^6-\dfrac{180\,269}{232\,243\,200}e^8-\dfrac{4\,110\,829}{10\,218\,700\,800}e^{10}\\ k_6=-\dfrac{1003}{2\,903\,040}e^6-\dfrac{341}{921\,600}e^8-\dfrac{36\,598\,301}{122\,624\,409\,600}e^{10}\\ k_8=-\dfrac{40\,457}{619\,315\,200}e^8-\dfrac{3\,602\,683}{35\,035\,545\,600}e^{10}\\ k_{10}=-\dfrac{1\,800\,439}{122\,624\,409\,600}e^{10}\end{cases}\tag{8.2.15}$$

引入新变量 $\varepsilon=e/2$，式（8.2.15）可以简化为

$$
\begin{cases}
k_0 = 1 - \varepsilon^2 - \dfrac{3}{4}\varepsilon^4 - \dfrac{5}{4}\varepsilon^6 - \dfrac{175}{64}\varepsilon^8 - \dfrac{441}{64}\varepsilon^{10} \\
k_2 = -\dfrac{1}{6}\varepsilon^2 - \dfrac{7}{90}\varepsilon^4 - \dfrac{61}{1680}\varepsilon^6 + \dfrac{2719}{32\,400}\varepsilon^8 + \dfrac{30\,578\,453}{59\,875\,200}\varepsilon^{10} \\
k_4 = -\dfrac{29}{720}\varepsilon^4 - \dfrac{1411}{15\,120}\varepsilon^6 - \dfrac{180\,269}{907\,200}\varepsilon^8 - \dfrac{4\,110\,829}{9\,979\,200}\varepsilon^{10} \\
k_6 = -\dfrac{1003}{45\,360}\varepsilon^6 - \dfrac{341}{3600}\varepsilon^8 - \dfrac{36\,598\,301}{119\,750\,400}\varepsilon^{10} \\
k_8 = -\dfrac{40\,457}{2\,419\,200}\varepsilon^8 - \dfrac{3\,602\,683}{34\,214\,400}\varepsilon^{10} \\
k_{10} = -\dfrac{1\,800\,439}{119\,750\,400}\varepsilon^{10}
\end{cases}
\tag{8.2.16}
$$

将我国常用大地坐标系采用的椭球参数代入式（8.2.16），可得到相应的系数值，如表 8-4 所示。

表 8-4　不同椭球下等面积纬度函数变换至子午线弧长的直接展开式的系数值

椭球	系数		
	k_0	k_2	k_4
克拉索夫斯基椭球	0.998 324 538 618 052	$-2.791\,105\,240\,71\times10^{-4}$	$-1.132\,213\,67\times10^{-7}$
IUGG1975 椭球	0.998 324 297 166 778	$-2.791\,507\,275\,32\times10^{-4}$	$-1.132\,540\,24\times10^{-7}$
WGS84 椭球	0.998 324 298 422 297	$-2.791\,505\,184\,79\times10^{-4}$	$-1.132\,538\,54\times10^{-7}$
CGCS2000 椭球	0.998 324 298 414 086	$-2.791\,505\,198\,46\times10^{-4}$	$-1.132\,538\,55\times10^{-7}$
椭球	系数		
	k_6	k_8	k_{10}
克拉索夫斯基椭球	$-1.043\,55\times10^{-10}$	-1.33×10^{-13}	-2×10^{-16}
IUGG1975 椭球	$-1.044\,00\times10^{-10}$	-1.33×10^{-13}	-2×10^{-16}
WGS84 椭球	$-1.043\,99\times10^{-10}$	-1.33×10^{-13}	-2×10^{-16}
CGCS2000 椭球	$-1.043\,99\times10^{-10}$	-1.33×10^{-13}	-2×10^{-16}

8.2.3　等量纬度与等面积纬度函数间变换的直接展开式

1. 等量纬度变换至等面积纬度函数的直接展开式

已知等量纬度 q 时，将 q 代入式（2.3.41）可得等角纬度 φ，将 φ 代入等角纬度反解展开式（2.3.68）可得大地纬度 B，将 B 代入等面积纬度函数正解展开式（2.3.43）可得等面积纬度 ϑ，将 ϑ 代入式（2.1.12）可得等面积纬度函数 F，完整的计算公式为

$$
\begin{cases}
\varphi = \arcsin(\tanh q) \\
B = \varphi + b_2 \sin 2\varphi + b_4 \sin 4\varphi + b_6 \sin 6\varphi + b_8 \sin 8\varphi + b_{10} \sin 10\varphi \\
\vartheta = B + \gamma_2 \sin 2B + \gamma_4 \sin 4B + \gamma_6 \sin 6B + \gamma_8 \sin 8B + \gamma_{10} \sin 10B \\
F = R'^2 \sin \vartheta
\end{cases}
\tag{8.2.17}
$$

为简化计算，可消去上式中的变量 B 、ϑ，得到由等角纬度 ϕ 计算等面积纬度函数 F 的直接公式。在 $e=0$ 处将 F 展开为 e 的幂级数形式，取至 e^{10} 项，略去计算机代数系统中的具体推导过程，经整理后可得等量纬度 q 变换至等面积纬度函数 F 的直接展开式为

$$
\begin{cases}
\varphi = \arcsin(\tanh q) \\
F = a^2 (\eta_1 \sin \varphi + \eta_3 \sin 3\varphi + \eta_5 \sin 5\varphi + \eta_7 \sin 7\varphi + \eta_9 \sin 9\varphi + \eta_{11} \sin 11\varphi)
\end{cases}
\tag{8.2.18}
$$

式中系数为

$$
\begin{cases}
\eta_1 = 1 - \dfrac{1}{4}e^2 - \dfrac{1}{12}e^4 - \dfrac{7}{192}e^6 - \dfrac{113}{5760}e^8 - \dfrac{7}{576}e^{10} \\
\eta_3 = \dfrac{1}{12}e^2 - \dfrac{7}{960}e^6 - \dfrac{1}{192}e^8 - \dfrac{43}{13\,440}e^{10} \\
\eta_5 = \dfrac{1}{60}e^4 + \dfrac{1}{192}e^6 + \dfrac{1}{20\,160}e^8 - \dfrac{13}{11\,520}e^{10} \\
\eta_7 = \dfrac{31}{6720}e^6 + \dfrac{7}{2304}e^8 + \dfrac{41}{40\,320}e^{10} \\
\eta_9 = \dfrac{41}{26\,880}e^8 + \dfrac{1}{640}e^{10} \\
\eta_{11} = \dfrac{167}{295\,680}e^{10}
\end{cases}
\tag{8.2.19}
$$

引入新变量 $\varepsilon = e/2$，式（8.2.19）可以简化为

$$
\begin{cases}
\eta_1 = 1 - \varepsilon^2 - \dfrac{4}{3}\varepsilon^4 - \dfrac{7}{3}\varepsilon^6 - \dfrac{226}{45}\varepsilon^8 - \dfrac{112}{9}\varepsilon^{10} \\
\eta_3 = \dfrac{1}{3}\varepsilon^2 - \dfrac{7}{15}\varepsilon^6 - \dfrac{4}{3}\varepsilon^8 - \dfrac{344}{105}\varepsilon^{10} \\
\eta_5 = \dfrac{4}{15}\varepsilon^4 + \dfrac{1}{3}\varepsilon^6 + \dfrac{4}{315}\varepsilon^8 - \dfrac{52}{45}\varepsilon^{10} \\
\eta_7 = \dfrac{31}{105}\varepsilon^6 + \dfrac{7}{9}\varepsilon^8 + \dfrac{328}{315}\varepsilon^{10} \\
\eta_9 = \dfrac{41}{105}\varepsilon^8 + \dfrac{8}{5}\varepsilon^{10} \\
\eta_{11} = \dfrac{668}{1155}\varepsilon^{10}
\end{cases}
\tag{8.2.20}
$$

将我国常用大地坐标系采用的椭球参数代入式（8.2.20），可得到相应的系数值，见表 8-5。

表 8-5　不同椭球下等量纬度变换至等面积纬度函数的直接展开式的系数值

椭球	系数		
	η_1	η_3	η_5
克拉索夫斯基椭球	0.998 322 900 130 582	$5.577\,829\,381\,40\times10^{-4}$	$7.482\,601\,66\times10^{-7}$
IUGG1975 椭球	0.998 322 658 206 891	$5.578\,632\,185\,75\times10^{-4}$	$7.484\,757\,99\times10^{-7}$
WGS84 椭球	0.998 322 659 464 87	$5.578\,628\,011\,26\times10^{-4}$	$7.484\,746\,77\times10^{-7}$
CGCS2000 椭球	0.998 322 659 456 639	$5.578\,628\,038\,56\times10^{-4}$	$7.484\,746\,85\times10^{-7}$

椭球	系数		
	η_7	η_9	η_{11}
克拉索夫斯基椭球	$1.389\,478\times10^{-9}$	3.083×10^{-12}	8×10^{-15}
IUGG1975 椭球	$1.390\,078\times10^{-9}$	3.084×10^{-12}	8×10^{-15}
WGS84 椭球	$1.390\,075\times10^{-9}$	3.084×10^{-12}	8×10^{-15}
CGCS2000 椭球	$1.390\,075\times10^{-9}$	3.084×10^{-12}	8×10^{-15}

2. 等面积纬度函数变换至等量纬度的直接展开式

已知等面积纬度函数 F 时，将 F 代入式（2.1.12）可得等面积纬度 ϑ，将 ϑ 代入等面积纬度反解展开式（2.3.51）可得大地纬度 B，将 B 代入等角纬度正解展开式（2.3.60）可得等角纬度 φ，再将 φ 代入式（2.3.56）即可得到等量纬度 q，完整的计算公式为

$$\begin{cases}\vartheta=\arcsin\left(\dfrac{F}{R'^2}\right)\\ B=\vartheta+c_2\sin2\vartheta+c_4\sin4\vartheta+c_6\sin6\vartheta+c_8\sin8\vartheta+c_{10}\sin10\vartheta\\ \varphi=B+\beta_2\sin2B+\beta_4\sin4B+\beta_6\sin6B+\beta_8\sin8B+\beta_{10}\sin10B\\ q=\operatorname{arctan\,h}(\sin\varphi)\end{cases}\tag{8.2.21}$$

为简化计算，可消去上式中的变量 B 和 φ，得到由等面积纬度 ϑ 计算等量纬度 q 的直接公式。在 $e=0$ 处将 q 展开为 e 的幂级数形式，取至 e^{10} 项，略去计算机代数系统中的具体推导过程，经整理后可得等面积纬度函数 F 变换至等量纬度 q 的直接展开式为

$$\begin{cases}\vartheta=\arcsin\left(\dfrac{F}{R'^2}\right)\\ q=\operatorname{arctanh}(\sin\vartheta)+l_1\sin\vartheta+l_3\sin3\vartheta+l_5\sin5\vartheta+l_7\sin7\vartheta+l_9\sin9\vartheta\end{cases}\tag{8.2.22}$$

式中系数为

$$
\begin{cases}
l_1 = -\dfrac{1}{3}e^2 - \dfrac{1}{30}e^4 - \dfrac{11}{1890}e^6 - \dfrac{107}{302\,400}e^8 + \dfrac{1513}{1\,663\,200}e^{10} \\
l_3 = -\dfrac{1}{90}e^4 - \dfrac{61}{11\,340}e^6 - \dfrac{2321}{907\,200}e^8 - \dfrac{1021}{831\,600}e^{10} \\
l_5 = -\dfrac{1}{756}e^6 - \dfrac{5}{4032}e^8 - \dfrac{151}{166\,320}e^{10} \\
l_7 = -\dfrac{71}{302\,400}e^8 - \dfrac{41}{123\,200}e^{10} \\
l_9 = -\dfrac{61}{1\,197\,504}e^{10}
\end{cases} \tag{8.2.23}
$$

引入新变量$\varepsilon = e/2$，上式可以简化为

$$
\begin{cases}
l_1 = -\dfrac{4}{3}\varepsilon^2 - \dfrac{8}{15}\varepsilon^4 - \dfrac{352}{945}\varepsilon^6 - \dfrac{428}{4725}\varepsilon^8 + \dfrac{48\,416}{51\,975}\varepsilon^{10} \\
l_3 = -\dfrac{8}{45}\varepsilon^4 - \dfrac{976}{2835}\varepsilon^6 - \dfrac{9284}{14\,175}\varepsilon^8 - \dfrac{65\,344}{51\,975}\varepsilon^{10} \\
l_5 = -\dfrac{16}{189}\varepsilon^6 - \dfrac{20}{63}\varepsilon^8 - \dfrac{9664}{10\,395}\varepsilon^{10} \\
l_7 = -\dfrac{284}{4725}\varepsilon^8 - \dfrac{656}{1925}\varepsilon^{10} \\
l_9 = -\dfrac{976}{18\,711}\varepsilon^{10}
\end{cases} \tag{8.2.24}
$$

将我国常用大地坐标系采用的椭球参数代入式（8.2.24），可得到相应的系数值，见表 8-6。

表 8-6 不同椭球下等面积纬度函数变换至等量纬度的直接展开式的系数值

椭球	系数				
	l_1	l_3	l_5	l_7	l_9
克拉索夫斯基椭球	$-2.232\,635\,683\,442\times10^{-3}$	$-4.994\,170\,63\times10^{-7}$	$-3.991\,65\times10^{-10}$	-4.76×10^{-13}	-7×10^{-15}
IUGG1975 椭球	$-2.232\,957\,239\,654\times10^{-3}$	$-4.995\,610\,68\times10^{-7}$	$-3.993\,38\times10^{-10}$	-4.76×10^{-13}	-7×10^{-15}
WGS84 椭球	$-2.232\,955\,567\,599\times10^{-3}$	$-4.995\,603\,20\times10^{-7}$	$-3.993\,37\times10^{-10}$	-4.76×10^{-13}	-7×10^{-15}
CGCS2000 椭球	$-2.232\,955\,578\,533\times10^{-3}$	$-4.995\,603\,24\times10^{-7}$	$-3.993\,37\times10^{-10}$	-4.76×10^{-13}	-7×10^{-15}

8.2.4 直接展开式的精度分析

为证明本节导出的子午线弧长、等量纬度和等面积纬度函数之间变换的直接展开式的准确性与可靠性，同时为了与杨启和（1989）给出的传统间接变换公式进行精度对比，本小节选用 CGCS2000 椭球参数进行精度分析。精度分析的基本思路是：取定大地纬度B_0，将其分别代入式（2.1.3）、式（2.3.54）、式（2.1.9）可得子午线弧长、等量纬度、

等面积纬度函数的理论值 X_0、q_0、F_0；将 X_0 分别代入式（8.2.2）、式（8.2.10）可得变换后的等量纬度 q_1、等面积纬度函数 F_1；将 q_0 分别代入式（8.2.6）、式（8.2.18）可得变换后的子午线弧长 X_1、等面积纬度函数 F_2；将 F_0 分别代入式（8.2.14）、式（8.2.22）可得变换后的子午线弧长 X_2、等量纬度 q_2；将变换后的计算值分别与理论值 X_0、q_0、F_0 相减，可得计算误差 ΔX_1、ΔX_2、Δq_1、Δq_2、ΔF_1、ΔF_2，见表 8-7；记杨启和（1989）给出的传统间接变换公式的计算误差分别为 $\Delta X_1'$、$\Delta X_2'$、$\Delta q_1'$、$\Delta q_2'$、$\Delta F_1'$、$\Delta F_2'$，见表 8-8。

表 8-7　子午线弧长、等量纬度和等面积纬度函数间变换的直接展开式的误差

纬度 B_0 / (°)	误差					
	ΔX_1 / m	Δq_1 / (″)	ΔF_1 / km^2	ΔX_2 / m	Δq_2 / (″)	ΔF_2 / km^2
10	4.7×10^{-10}	-1.1×10^{-11}	4.1×10^{-7}	-9.9×10^{-6}	6.9×10^{-11}	-7.5×10^{-9}
20	9.3×10^{-10}	2.3×10^{-11}	8.0×10^{-7}	-2.0×10^{-5}	1.1×10^{-11}	2.2×10^{-8}
30	3.3×10^{-9}	-4.6×10^{-11}	1.1×10^{-6}	-3.0×10^{-5}	-2.3×10^{-11}	2.2×10^{-8}
40	1.9×10^{-9}	-6.9×10^{-11}	1.3×10^{-6}	-4.0×10^{-5}	-2.1×10^{-10}	2.6×10^{-8}
50	1.9×10^{-9}	0.0	1.4×10^{-6}	-5.0×10^{-5}	-2.7×10^{-10}	3.4×10^{-8}
60	4.7×10^{-9}	-1.8×10^{-10}	1.3×10^{-6}	-6.0×10^{-5}	-6.9×10^{-10}	4.5×10^{-8}
70	4.7×10^{-9}	-9.2×10^{-11}	1.1×10^{-6}	-7.0×10^{-5}	-2.2×10^{-9}	5.2×10^{-8}
80	3.7×10^{-9}	0.0	6.3×10^{-7}	-8.0×10^{-5}	-4.6×10^{-9}	3.0×10^{-8}
89	1.1×10^{-8}	-4.4×10^{-8}	9.7×10^{-8}	-8.9×10^{-5}	-3.6×10^{-7}	3.0×10^{-8}

表 8-8　子午线弧长、等量纬度和等面积纬度函数间传统间接变换公式的误差

纬度 B_0 / (°)	误差					
	$\Delta X_1'$ / m	$\Delta q_1'$ / (″)	$\Delta F_1'$ / km^2	$\Delta X_2'$ / m	$\Delta q_2'$ / (″)	$\Delta F_2'$ / km^2
10	1.6×10^{-3}	-4.9×10^{-5}	-1.1×10^{-2}	1.7×10^{-3}	7.3×10^{-6}	-9.9×10^{-4}
20	9.4×10^{-4}	-3.1×10^{-5}	-1.1×10^{-2}	1.8×10^{-3}	3.2×10^{-5}	-5.1×10^{-3}
30	-8.2×10^{-4}	2.9×10^{-5}	-6.8×10^{-3}	1.2×10^{-3}	7.5×10^{-5}	-1.1×10^{-2}
40	-1.3×10^{-3}	5.2×10^{-5}	-8.4×10^{-3}	1.7×10^{-3}	1.2×10^{-4}	-1.4×10^{-2}
50	-2.1×10^{-4}	9.3×10^{-6}	-1.2×10^{-2}	2.9×10^{-3}	1.6×10^{-4}	-1.3×10^{-2}
60	3.5×10^{-4}	-2.5×10^{-5}	-9.0×10^{-3}	2.8×10^{-3}	1.6×10^{-4}	-7.8×10^{-3}
70	-3.8×10^{-4}	3.0×10^{-5}	-2.6×10^{-3}	1.1×10^{-3}	1.4×10^{-4}	-3.3×10^{-3}
80	-8.6×10^{-4}	1.5×10^{-4}	1.6×10^{-5}	-4.0×10^{-5}	1.5×10^{-4}	-9.2×10^{-4}
89	-2.0×10^{-4}	3.6×10^{-4}	-2.8×10^{-4}	2.5×10^{-3}	5.0×10^{-3}	-3.0×10^{-4}

由表 8-7 和表 8-8 可以看出，本节导出的子午线弧长变换至等量纬度的直接展开式[式（8.1.6）]的计算精度优于 $10^{-7}{''}$，较传统间接变换公式提高 4 个数量级；等量纬度变换至子午线弧长的直接展开式[式（8.2.6）]的计算精度优于10^{-7}m（相对于等距离纬度的精度优于 $10^{-8}{''}$），较传统间接变换公式提高 5 个数量级；子午线弧长变换至等面积纬度函数的直接展开式[式（8.2.10）]的计算精度优于10^{-5}km^2（相对于等面积纬度的精度优于 $10^{-7}{''}$），较传统间接变换公式提高 4 个数量级；等面积纬度函数变换至子午线弧长的直接展开式[式（8.2.14）]的计算精度优于10^{-4}m（相对于等距离纬度的精度优于 $10^{-5}{''}$），较传统变换公式提高 2 个数量级；等量纬度变换至等面积纬度函数的直接展开式[式（8.1.22）]的计算精度优于10^{-7}km^2（相对于等面积纬度的精度优于 $10^{-9}{''}$），较传统间接变换公式提高 6 个数量级；等面积纬度函数变换至等量纬度的直接展开式[式（8.2.22）]的计算精度优于 $10^{-6}{''}$，较传统间接变换公式提高 4 个数量级。与杨启和（1989）给出的传统间接变换公式相比，本节导出的直接展开式不仅形式简单，而且计算精度得到较大提高，可以满足精密测量计算的需要。

8.3 正轴圆柱投影和正轴圆锥投影及其之间的直接变换关系式

8.3.1 正轴圆柱投影间的直接变换关系式

等距离正轴圆柱投影的坐标公式为

$$\begin{cases} x_1 = X \\ y_1 = r_{01} l \end{cases} \tag{8.3.1}$$

式中：X 为由赤道至纬度 B 处的子午线弧长；l 为经差；r_{01} 为圆柱半径，并且：

$$r_{01} = \frac{a\cos B_{01}}{\sqrt{1-e^2\sin^2 B_{01}}} \tag{8.3.2}$$

式中：a 为椭球长半轴；e 为椭球第一偏心率；B_{01} 为基准纬度，按圆柱面与椭球面相交时的位置不同，可分为切圆柱和割圆柱两种情况，在割圆柱中，基准纬度就是对称于赤道的两个平行圈的相应纬度，平行圈半径即为割圆柱半径，当 $B_{01}=0$ 时，圆柱相切于地球椭球，切圆柱半径为 a。

等角正轴圆柱投影的坐标公式为

$$\begin{cases} x_2 = r_{02} \ln U \\ y_2 = r_{02} l \end{cases} \tag{8.3.3}$$

式中：$U = \tan\left(\frac{\pi}{4}+\frac{B}{2}\right)\left(\frac{1-e\sin B}{1+e\sin B}\right)^{e/2}$；$r_{02}$ 为基准纬度为 B_{02} 时的圆柱半径。顾及等量纬度 q 与大地纬度 B 的关系式[式（2.3.54）]，式（8.3.3）可以改写为

$$
\begin{cases} x_2 = r_{02} q \\ y_2 = r_{02} l \end{cases} \tag{8.3.4}
$$

等面积正轴圆柱投影的坐标公式为

$$
\begin{cases} x_3 = \dfrac{F}{r_{03}} \\ y_3 = r_{03} l \end{cases} \tag{8.3.5}
$$

式中：F 为单位经差由赤道至纬度 B 的所界曲边梯形面积，即等面积纬度函数；r_{03} 为基准纬度为 B_{03} 时的圆柱半径。

对于椭球情形下不同性质的正轴圆柱投影间的变换，杨启和（1989）是采用间接变换法实现的，需要求解出大地纬度，较为复杂。事实上，借助 8.2 节导出的子午线弧长、等量纬度和等面积纬度函数间变换的直接展开式，即可方便地给出等距离正轴圆柱投影、等角正轴圆柱投影和等面积正轴圆柱投影间的直接变换公式。

根据子午线弧长 X 变换至等量纬度 q 的直接展开式[式（8.2.2）]，可以得到等距离正轴圆柱投影直接变换至等角正轴圆柱投影的坐标关系式为

$$
\begin{cases} x_2 = r_{02}[\operatorname{arctanh}(\sin\psi) + \xi_1 \sin\psi + \xi_3 \sin 3\psi + \xi_5 \sin 5\psi + \xi_7 \sin 7\psi + \xi_9 \sin 9\psi] \\ y_2 = \dfrac{r_{02}}{r_{01}} y_1 \end{cases} \tag{8.3.6}
$$

式中：$\psi = x_1 / R$；各系数如式（8.2.4）所示。

根据等量纬度 q 变换至子午线弧长 X 的直接展开式[式（8.2.6）]，可以得到等角正轴圆柱投影直接变换至等距离正轴圆柱投影的坐标关系式为

$$
\begin{cases} x_1 = a[j_0\varphi + j_2 \sin 2\varphi + j_4 \sin 4\varphi + j_6 \sin 6\varphi + j_8 \sin 8\varphi + j_{10} \sin 10\varphi] \\ y_1 = \dfrac{r_{01}}{r_{02}} y_2 \end{cases} \tag{8.3.7}
$$

式中：$\varphi = \arcsin(\tanh(x_2 / r_{02}))$；各系数如式（8.2.8）所示。

根据子午线弧长 X 变换至等面积纬度函数 F 的直接展开式[式（8.2.10）]，可以得到等距离正轴圆柱投影直接变换至等面积正轴圆柱投影的坐标关系式为

$$
\begin{cases} x_3 = \dfrac{a^2}{r_{03}}(\varepsilon_1 \sin\psi + \varepsilon_3 \sin 3\psi + \varepsilon_5 \sin 5\psi + \varepsilon_7 \sin 7\psi + \varepsilon_9 \sin 9\psi + \varepsilon_{11} \sin 11\psi) \\ y_3 = \dfrac{r_{03}}{r_{01}} y_1 \end{cases} \tag{8.3.8}
$$

式中：$\psi = x_1 / R$；各系数如式（8.2.12）所示。

根据等面积纬度函数 F 变换至子午线弧长 X 的直接展开式[式（8.2.14）]，可以得到等面积正轴圆柱投影直接变换至等距离正轴圆柱投影的坐标关系式为

$$
\begin{cases} x_1 = a(k_0\vartheta + k_2 \sin 2\vartheta + k_4 \sin 4\vartheta + k_6 \sin 6\vartheta + k_8 \sin 8\vartheta + k_{10} \sin 10\vartheta) \\ y_1 = \dfrac{r_{01}}{r_{03}} y_3 \end{cases} \tag{8.3.9}
$$

式中：$\vartheta = \arcsin(x_3 r_{03} / R'^2)$；各系数如式（8.2.16）所示。

根据等量纬度 q 变换至等面积纬度函数 F 的直接展开式[式（8.2.18）]，可以得到等

角正轴圆柱投影直接变换至等面积正轴圆柱投影的坐标关系式为

$$\begin{cases} x_3 = \dfrac{a^2}{r_{03}}(\eta_1 \sin\varphi + \eta_3 \sin 3\varphi + \eta_5 \sin 5\varphi + \eta_7 \sin 7\varphi + \eta_9 \sin 9\varphi + \eta_{11} \sin 11\varphi) \\ y_3 = \dfrac{r_{03}}{r_{02}} y_2 \end{cases} \tag{8.3.10}$$

式中：$\varphi = \arcsin(\tanh x_2 / r_{02})$；各系数如式（8.2.20）所示。

根据等面积纬度函数 F 变换至等量纬度 q 的直接展开式[式（8.2.22）]，可以得到等面积正轴圆柱投影直接变换至等角正轴圆柱投影的坐标关系式为

$$\begin{cases} x_2 = r_{02}[\operatorname{arctanh}(\sin\vartheta) + l_1 \sin\vartheta + l_3 \sin 3\vartheta + l_5 \sin 5\vartheta + l_7 \sin 7\vartheta + l_9 \sin 9\vartheta] \\ y_2 = \dfrac{r_{02}}{r_{03}} y_3 \end{cases} \tag{8.3.11}$$

式中：$\vartheta = \arcsin(x_3 r_{03} / R'^2)$；各系数如式（8.2.24）所示。

式（8.3.6）～式（8.3.11）即为本小节导出的不同变形性质的正轴圆柱投影间的直接变换关系式，与杨启和（1989）利用反解变换法给出的公式相比，本小节导出的公式形式更加简洁，计算更加简便。

8.3.2 正轴圆锥投影间的直接变换关系式

等距离正轴圆锥投影的坐标公式为

$$\begin{cases} X_1 = \rho_{s1} - \rho_1 \cos\delta_1 \\ Y_1 = \rho_1 \sin\delta_1 \end{cases} \tag{8.3.12}$$

式中：常数 ρ_{s1} 为该投影下制图区域最低纬度的投影半径；ρ_1 和 δ_1 可表示为

$$\begin{cases} \rho_1 = C_1 - X \\ \delta_1 = \alpha_1 l \end{cases} \tag{8.3.13}$$

式中：α_1 和 C_1 为该投影的投影常数；X 为由赤道至纬度 B 处的子午线弧长。

等角正轴圆锥投影的坐标公式为

$$\begin{cases} X_2 = \rho_{s2} - \rho_2 \cos\delta_2 \\ Y_2 = \rho_2 \sin\delta_2 \end{cases} \tag{8.3.14}$$

式中：常数 ρ_{s2} 为该投影下制图区域最低纬度的投影半径；ρ_2 和 δ_2 可表示为

$$\begin{cases} \rho_2 = \dfrac{C_2}{U^{\alpha_2}} \\ \delta_2 = \alpha_2 l \end{cases} \tag{8.3.15}$$

式中：α_2 和 C_2 为该投影的投影常数。

顾及等量纬度 q 与大地纬度 B 的关系式[式（2.3.54）]，式（8.3.15）可以改写为

$$\begin{cases} \rho_2 = C_2 \exp(-\alpha_2 q) \\ \delta_2 = \alpha_2 l \end{cases} \tag{8.3.16}$$

等面积正轴圆锥投影的坐标公式为

$$
\begin{cases}
X_3 = \rho_{s3} - \rho_3 \cos\delta_3 \\
Y_3 = \rho_3 \sin\delta_3
\end{cases}
\tag{8.3.17}
$$

式中：常数 ρ_{s3} 为该投影下制图区域最低纬度的投影半径； ρ_3 和 δ_3 可表示为

$$
\begin{cases}
\rho_3^2 = \dfrac{2}{\alpha_3}(C_3 - F) \\
\delta_3 = \alpha_3 l
\end{cases}
\tag{8.3.18}
$$

式中： α_3 和 C_3 为该投影的投影常数。

杨启和（1989）利用级数展开法将圆锥投影半径展开为经线弧长差的幂级数形式，给出了不同性质圆锥投影间的直接变换，但展开式复杂冗长，不便于使用。借助 8.2 节导出的子午线弧长、等量纬度和等面积纬度函数间变换的直接展开式，同样可以方便地给出等距离正轴圆锥投影、等角正轴圆锥投影和等面积正轴圆锥投影间的直接变换。

由式（8.3.12）可得

$$
\begin{cases}
\rho_1 = \sqrt{(\rho_{s1} - X_1)^2 + Y_1^2} \\
\delta_1 = \arctan\dfrac{Y_1}{\rho_{s1} - X_1}
\end{cases}
\tag{8.3.19}
$$

顾及式（8.3.13）可得

$$
\begin{cases}
X = C_1 - \sqrt{(\rho_{s1} - X_1)^2 + Y_1^2} \\
l = \dfrac{1}{\alpha_1}\arctan\dfrac{Y_1}{\rho_{s1} - X_1}
\end{cases}
\tag{8.3.20}
$$

考虑式（8.3.14）和式（8.3.16），可得等距离正轴圆锥投影直接变换至等角正轴圆锥投影的坐标关系式为

$$
\begin{cases}
X_2 = \rho_{s2} - C_2 \exp(-\alpha_2 q)\cos\left(\dfrac{\alpha_2}{\alpha_1}\arctan\dfrac{Y_1}{\rho_{s1} - X_1}\right) \\
Y_2 = C_2 \exp(-\alpha_2 q)\sin\left(\dfrac{\alpha_2}{\alpha_1}\arctan\dfrac{Y_1}{\rho_{s1} - X_1}\right)
\end{cases}
\tag{8.3.21}
$$

式中： q 可根据式（8.2.2）表示为

$$
q = \operatorname{arctanh}(\sin\psi) + \xi_1 \sin\psi + \xi_3 \sin 3\psi + \xi_5 \sin 5\psi + \xi_7 \sin 7\psi + \xi_9 \sin 9\psi \tag{8.3.22}
$$

式中： $\psi = \dfrac{C_1 - \sqrt{(\rho_{s1} - X_1)^2 + Y_1^2}}{R}$ 。

由式（8.3.14）可得

$$
\begin{cases}
\rho_2 = \sqrt{(\rho_{s2} - X_2)^2 + Y_2^2} \\
\delta_2 = \arctan\dfrac{Y_2}{\rho_{s2} - X_2}
\end{cases}
\tag{8.3.23}
$$

顾及式（8.3.16）可得

$$
\begin{cases}
q = \dfrac{1}{\alpha_2}\left[\ln C_2 - \ln\sqrt{(\rho_{s2} - X_2)^2 + Y_2^2}\right] \\
l = \dfrac{1}{\alpha_2}\arctan\dfrac{Y_2}{\rho_{s2} - X_2}
\end{cases}
\tag{8.3.24}
$$

注意到式（8.3.18）和式（8.3.19），可得等角正轴圆锥投影直接变换至等距离正轴圆锥投影的坐标关系式为

$$\begin{cases} X_1 = \rho_{s1} - (C_1 - X)\cos\left(\dfrac{\alpha_1}{\alpha_2}\arctan\dfrac{Y_2}{\rho_{s2} - X_2}\right) \\ Y_1 = (C_1 - X)\sin\left(\dfrac{\alpha_1}{\alpha_2}\arctan\dfrac{Y_2}{\rho_{s2} - X_2}\right) \end{cases} \tag{8.3.25}$$

式中：X 可根据式（8.2.12）表示为

$$X = a(j_0\varphi + j_2\sin 2\varphi + j_4\sin 4\varphi + j_6\sin 6\varphi + j_8\sin 8\varphi + j_{10}\sin 10\varphi) \tag{8.3.26}$$

式中：$\varphi = \arcsin\left[\tanh\dfrac{\ln C_2 - \ln\sqrt{(\rho_{s2} - X_2)^2 + Y_2^2}}{\alpha_2}\right]$。

由式（8.3.19）和式（8.3.20），并考虑式（8.3.17）和式（8.3.18），可得等距离正轴圆锥投影直接变换至等面积正轴圆锥投影的坐标关系式为

$$\begin{cases} X_3 = \rho_{s3} - \sqrt{\dfrac{2}{\alpha_3}(C_3 - F)}\cos\left(\dfrac{\alpha_3}{\alpha_1}\arctan\dfrac{Y_1}{\rho_{s1} - X_1}\right) \\ Y_3 = \sqrt{\dfrac{2}{\alpha_3}(C_3 - F)}\sin\left(\dfrac{\alpha_3}{\alpha_1}\arctan\dfrac{Y_1}{\rho_{s1} - X_1}\right) \end{cases} \tag{8.3.27}$$

式中：F 可根据式（8.2.10）表示为

$$F = a^2(\varepsilon_1\sin\psi + \varepsilon_3\sin 3\psi + \varepsilon_5\sin 5\psi + \varepsilon_7\sin 7\psi + \varepsilon_9\sin 9\psi + \varepsilon_{11}\sin 11\psi) \tag{8.3.28}$$

式中：$\psi = \dfrac{C_1 - \sqrt{(\rho_{s1} - X_1)^2 + Y_1^2}}{R}$。

由式（8.3.17）可得

$$\begin{cases} \rho_3 = \sqrt{(\rho_{s3} - X_3)^2 + Y_3^2} \\ \delta_3 = \arctan\dfrac{Y_3}{\rho_{s3} - X_3} \end{cases} \tag{8.3.29}$$

顾及式（8.3.17）可得

$$\begin{cases} F = C_3 - \dfrac{\alpha_3}{2}[(\rho_{s3} - X_3)^2 + Y_3^2] \\ l = \dfrac{1}{\alpha_3}\arctan\dfrac{Y_3}{\rho_{s3} - X_3} \end{cases} \tag{8.3.30}$$

考虑式（8.3.12）和式（8.3.13），可得等面积正轴圆锥投影直接变换至等距离正轴圆锥投影的坐标关系式为

$$\begin{cases} X_1 = \rho_{s1} - (C_1 - X)\cos\left(\dfrac{\alpha_1}{\alpha_3}\arctan\dfrac{Y_3}{\rho_{s3} - X_3}\right) \\ Y_1 = (C_1 - X)\sin\left(\dfrac{\alpha_1}{\alpha_3}\arctan\dfrac{Y_3}{\rho_{s3} - X_3}\right) \end{cases} \tag{8.3.31}$$

式中：X 可根据式（8.2.14）表示为

$$X = a(k_0\vartheta + k_2\sin 2\vartheta + k_4\sin 4\vartheta + k_6\sin 6\vartheta + k_8\sin 8\vartheta + k_{10}\sin 10\vartheta) \tag{8.3.32}$$

式中：$\vartheta=\arcsin\left\{\dfrac{2C_3-\alpha_3[(\rho_{s3}-X_3)^2+Y_3^2]}{2R'^2}\right\}$。

由式（8.3.23）和式（8.3.24），并考虑式（8.3.17）和式（8.3.18），可得等角正轴圆锥投影直接变换至等面积正轴圆锥投影的坐标关系式为

$$\begin{cases}X_3=\rho_{s3}-\sqrt{\dfrac{2}{\alpha_3}(C_3-F)}\cos\left(\dfrac{\alpha_3}{\alpha_2}\arctan\dfrac{Y_2}{\rho_{s2}-X_2}\right)\\ Y_3=\sqrt{\dfrac{2}{\alpha_3}(C_3-F)}\sin\left(\dfrac{\alpha_3}{\alpha_2}\arctan\dfrac{Y_2}{\rho_{s2}-X_2}\right)\end{cases}\tag{8.3.33}$$

式中：F 可根据式（8.2.18）表示为

$$F=a^2(\eta_1\sin\varphi+\eta_3\sin3\varphi+\eta_5\sin5\varphi+\eta_7\sin7\varphi+\eta_9\sin9\varphi+\eta_{11}\sin11\varphi)\tag{8.3.34}$$

式中：$\varphi=\arcsin\left[\tanh\dfrac{\ln C_2-\ln\sqrt{(\rho_{s2}-X_2)^2+Y_2^2}}{\alpha_2}\right]$。

由式（8.3.29）和式（8.3.20），并考虑式（8.3.14）和式（8.3.16），可得等面积正轴圆锥投影直接变换至等角正轴圆锥投影的坐标关系式为

$$\begin{cases}X_2=\rho_{s2}-C_2\exp(-\alpha_2q)\cos\left(\dfrac{\alpha_2}{\alpha_3}\arctan\dfrac{Y_3}{\rho_{s3}-X_3}\right)\\ Y_2=C_2\exp(-\alpha_2q)\sin\left(\dfrac{\alpha_2}{\alpha_3}\arctan\dfrac{Y_3}{\rho_{s3}-X_3}\right)\end{cases}\tag{8.3.35}$$

式中：q 可根据式（8.2.22）表示为

$$q=\operatorname{arctanh}(\sin\vartheta)+l_1\sin\vartheta+l_3\sin3\vartheta+l_5\sin5\vartheta+l_7\sin7\vartheta+l_9\sin9\vartheta\tag{8.3.36}$$

式中：$\vartheta=\arcsin\left\{\dfrac{2C_3-\alpha_3[(\rho_{s3}-X_3)^2+Y_3^2]}{2R'^2}\right\}$。

与杨启和（1989）利用级数展开法给出的形式复杂且存在近似的公式相比，本小节导出的变换关系式形式更为简单，计算更为严密，便于测量和制图使用。

8.3.3 正轴圆柱投影与正轴圆锥投影间的直接变换关系式

1. 相同变形性质间的直接变换关系式

由式（8.3.1）可得

$$\begin{cases}X=x_1\\ l=\dfrac{y_1}{r_{01}}\end{cases}\tag{8.3.37}$$

将上式代入式（8.3.13），考虑式（8.3.12），可得等距离正轴圆柱投影直接变换至等距离正轴圆锥投影的坐标关系式为

$$\begin{cases} X_1 = \rho_{s1} - (C - x_1)\cos\dfrac{\alpha_1 y_1}{r_{01}} \\ Y_1 = (C - x_1)\sin\dfrac{\alpha_1 y_1}{r_{01}} \end{cases} \tag{8.3.38}$$

将式（8.3.20）代入式（8.3.1），可得等距离正轴圆锥投影直接变换至等距离正轴圆柱投影的坐标关系式为

$$\begin{cases} x_1 = C_1 - \sqrt{(\rho_{s1} - X_1)^2 + Y_1^2} \\ y_1 = \dfrac{r_{01}}{\alpha_1}\arctan\dfrac{Y_1}{\rho_{s1} - X_1} \end{cases} \tag{8.3.39}$$

由式（8.3.4）可得

$$\begin{cases} q = \dfrac{x_2}{r_{02}} \\ l = \dfrac{y_2}{r_{02}} \end{cases} \tag{8.3.40}$$

将上式代入式（8.3.16），并考虑式（8.3.14），可得等角正轴圆柱投影直接变换至等角正轴圆锥投影的坐标关系式为

$$\begin{cases} X_2 = \rho_{s2} - C_2\exp\left(-\dfrac{\alpha_2 x_2}{r_{02}}\right)\cos\dfrac{\alpha_2 y_2}{r_{02}} \\ Y_2 = C_2\exp\left(-\dfrac{\alpha_2 x_2}{r_{02}}\right)\sin\dfrac{\alpha_2 y_2}{r_{02}} \end{cases} \tag{8.3.41}$$

将式（8.3.24）代入式（8.3.4），可得等角正轴圆锥投影直接变换至等角正轴圆柱投影的坐标关系式为

$$\begin{cases} x_2 = \dfrac{r_{02}}{\alpha_2}\left[\ln C_2 - \ln\sqrt{(\rho_{s2} - X_2)^2 + Y_2^2}\right] \\ y_2 = \dfrac{r_{02}}{\alpha_2}\arctan\dfrac{Y_2}{\rho_{s2} - X_2} \end{cases} \tag{8.3.42}$$

由式（8.3.5）可得

$$\begin{cases} F = r_{03}x_3 \\ l = \dfrac{y_3}{r_{03}} \end{cases} \tag{8.3.43}$$

将上式代入式（8.3.18），并考虑式（8.3.17），可得等面积正轴圆柱投影直接变换至等面积正轴圆锥投影的坐标关系式为

$$\begin{cases} X_3 = \rho_{s3} - \sqrt{\dfrac{2}{\alpha_3}(C_3 - r_{03}x_{03})}\cos\dfrac{\alpha_3 y_{03}}{r_{03}} \\ Y_3 = \sqrt{\dfrac{2}{\alpha_3}(C_3 - r_{03}x_{03})}\sin\dfrac{\alpha_3 y_{03}}{r_{03}} \end{cases} \tag{8.3.44}$$

将式（8.3.20）代入式（8.3.5），可得等面积正轴圆锥投影直接变换至等面积正轴圆柱投影的坐标关系式为

$$\begin{cases} x_3 = \dfrac{1}{r_{03}}\left\{C_3 - \dfrac{\alpha_3}{2}\left[(\rho_{s3} - X_3)^2 + Y_3^2\right]\right\} \\ y_3 = \dfrac{r_{03}}{\alpha_3}\arctan\dfrac{Y_3}{\rho_{s3} - X_3} \end{cases} \tag{8.3.45}$$

2. 不同变形性质间的直接变换关系式

将式（8.3.37）代入式（8.3.16），并考虑式（8.3.14），可得等距离正轴圆柱投影直接变换至等角正轴圆锥投影的坐标关系式为

$$\begin{cases} X_2 = \rho_{s2} - C_2\exp(-\alpha_2 q)\cos\dfrac{\alpha_2 y_1}{r_{01}} \\ Y_2 = C_2\exp(-\alpha_2 q)\sin\dfrac{\alpha_2 y_1}{r_{01}} \end{cases} \tag{8.3.46}$$

式中：q 可根据式（8.2.2）表示为

$$q = \operatorname{arctanh}(\sin\psi) + \xi_1\sin\psi + \xi_3\sin3\psi + \xi_5\sin5\psi + \xi_7\sin7\psi + \xi_9\sin9\psi \tag{8.3.47}$$

式中：$\psi = x_1 / R$。

将式（8.3.24）代入式（8.3.1），并顾及式（8.2.6），可得等角正轴圆锥投影直接变换至等距离正轴圆柱投影的坐标关系式为

$$\begin{cases} x_1 = a(j_0\varphi + j_2\sin2\varphi + j_4\sin4\varphi + j_6\sin6\varphi + j_8\sin8\varphi + j_{10}\sin10\varphi) \\ y_1 = \dfrac{r_{01}}{\alpha_2}\arctan\dfrac{Y_2}{\rho_{s2} - X_2} \end{cases} \tag{8.3.48}$$

式中：$\varphi = \arcsin\left[\tanh\dfrac{\ln C_2 - \ln\sqrt{(\rho_{s2} - X_2)^2 + Y_2^2}}{\alpha_2}\right]$。

将式（8.3.47）代入式（8.3.18），并考虑式（8.3.17），可得等距离正轴圆柱投影直接变换至等面积正轴圆锥投影的坐标关系式为

$$\begin{cases} X_3 = \rho_{s3} - \sqrt{\dfrac{2}{\alpha_3}(C_3 - F)}\cos\dfrac{\alpha_3 y_1}{r_{01}} \\ Y_3 = \sqrt{\dfrac{2}{\alpha_3}(C_3 - F)}\sin\dfrac{\alpha_3 y_1}{r_{01}} \end{cases} \tag{8.3.49}$$

式中：F 可根据式（8.2.10）表示为

$$F = a^2(\varepsilon_1\sin\psi + \varepsilon_3\sin3\psi + \varepsilon_5\sin5\psi + \varepsilon_7\sin7\psi + \varepsilon_9\sin9\psi + \varepsilon_{11}\sin11\psi) \tag{8.3.50}$$

式中：$\psi = x_1 / R$。

将式（8.3.30）代入式（8.2.25），并顾及式（8.2.14），可得等面积正轴圆锥投影直接变换至等距离正轴圆柱投影的坐标关系式为

$$\begin{cases} x_1 = a(k_0\vartheta + k_2\sin2\vartheta + k_4\sin4\vartheta + k_6\sin6\vartheta + k_8\sin8\vartheta + k_{10}\sin10\vartheta) \\ y_1 = \dfrac{r_{01}}{\alpha_3}\arctan\dfrac{Y_3}{\rho_{s3} - X_3} \end{cases} \tag{8.3.51}$$

式中：$\vartheta = \arcsin\left\{\dfrac{2C_3 - \alpha_3[(\rho_{s3} - X_3)^2 + Y_3^2]}{2R'^2}\right\}$。

将式（8.3.40）代入式（8.3.13），并考虑式（8.3.12），可得等角正轴圆柱投影直接变换至等距离正轴圆锥投影的坐标关系式为

$$\begin{cases} X_1 = \rho_{s1} - (C_1 - X)\cos\dfrac{\alpha_1 y_2}{r_{02}} \\ Y_1 = (C_1 - X)\sin\dfrac{\alpha_1 y_2}{r_{02}} \end{cases} \tag{8.3.52}$$

式中：X 可根据式（8.2.6）表示为

$$X = a(j_0\varphi + j_2\sin 2\varphi + j_4\sin 4\varphi + j_6\sin 6\varphi + j_8\sin 8\varphi + j_{10}\sin 10\varphi) \tag{8.3.53}$$

式中：$\varphi = \arcsin\left(\tanh\dfrac{x_2}{r_{02}}\right)$。

将式（8.3.20）代入式（8.3.4），并顾及式（8.2.2），可得等距离正轴圆锥投影直接变换至等角正轴圆柱投影的坐标关系式为

$$\begin{cases} x_2 = r_{02}[\operatorname{arctanh}(\sin\psi) + \xi_1\sin\psi + \xi_3\sin 3\psi + \xi_5\sin 5\psi + \xi_7\sin 7\psi + \xi_9\sin 9\psi] \\ y_2 = \dfrac{r_{02}}{\alpha_1}\arctan\dfrac{Y_1}{\rho_{s1} - X_1} \end{cases} \tag{8.3.54}$$

式中：$\psi = \dfrac{C_1 - \sqrt{(\rho_{s1} - X_1)^2 + Y_1^2}}{R}$。

将式（8.3.40）代入式（8.3.18），并考虑式（8.3.17），可得等角正轴圆柱投影直接变换至等面积正轴圆锥投影的坐标关系式为

$$\begin{cases} X_3 = \rho_{s3} - \sqrt{\dfrac{2}{\alpha_3}(C_3 - F)}\cos\dfrac{\alpha_3 y_2}{r_{02}} \\ Y_3 = \sqrt{\dfrac{2}{\alpha_3}(C_3 - F)}\sin\dfrac{\alpha_3 y_2}{r_{02}} \end{cases} \tag{8.3.55}$$

式中：F 可根据式（8.2.18）表示为

$$F = a^2(\eta_1\sin\varphi + \eta_3\sin 3\varphi + \eta_5\sin 5\varphi + \eta_7\sin 7\varphi + \eta_9\sin 9\varphi + \eta_{11}\sin 11\varphi) \tag{8.3.56}$$

式中：$\varphi = \arcsin\left(\tanh\dfrac{x_2}{r_{02}}\right)$。

将式（8.3.30）代入式（8.3.14），并顾及式（8.2.22），可得等面积正轴圆锥投影直接变换至等角正轴圆柱投影的坐标关系式为

$$\begin{cases} x_2 = r_{02}[\operatorname{arctanh}(\sin\vartheta) + l_1\sin\vartheta + l_3\sin 3\vartheta + l_5\sin 5\vartheta + l_7\sin 7\vartheta + l_9\sin 9\vartheta] \\ y_2 = \dfrac{r_{02}}{\alpha_3}\arctan\dfrac{Y_3}{\rho_{s3} - X_3} \end{cases} \tag{8.3.57}$$

式中：$\vartheta = \arcsin\left\{\dfrac{2C_3 - \alpha_3[(\rho_{s3} - X_3)^2 + Y_3^2]}{2R'^2}\right\}$。

将式（8.3.53）代入式（8.3.13），并考虑式（8.3.12），可得等面积正轴圆柱投影直接变换至等距离正轴圆锥投影的坐标关系式为

$$
\begin{cases}
X_1 = \rho_{s1} - (C_1 - X)\cos\dfrac{\alpha_1 y_3}{r_{03}} \\
Y_1 = (C_1 - X)\sin\dfrac{\alpha_1 y_3}{r_{03}}
\end{cases}
\tag{8.3.58}
$$

式中：X 可根据式（8.2.14）表示为

$$
\begin{cases}
\vartheta = \arcsin\left(\dfrac{r_{03}x_3}{R'^2}\right) \\
X = a(k_0\vartheta + k_2\sin 2\vartheta + k_4\sin 4\vartheta + k_6\sin 6\vartheta + k_8\sin 8\vartheta + k_{10}\sin 10\vartheta)
\end{cases}
\tag{8.3.59}
$$

将式（8.3.20）代入式（8.3.15），并顾及式（8.2.10），可得等距离正轴圆锥投影直接变换至等面积正轴圆柱投影的坐标关系式为

$$
\begin{cases}
x_3 = \dfrac{a^2}{r_{03}}(\varepsilon_1\sin\psi + \varepsilon_3\sin 3\psi + \varepsilon_5\sin 5\psi + \varepsilon_7\sin 7\psi + \varepsilon_9\sin 9\psi + \varepsilon_{11}\sin 11\psi) \\
y_3 = \dfrac{r_{03}}{\alpha_1}\arctan\dfrac{Y_1}{\rho_{s1} - X_1}
\end{cases}
\tag{8.3.60}
$$

式中：$\psi = \dfrac{C_1 - \sqrt{(\rho_{s1} - X_1)^2 + Y_1^2}}{R}$。

将式（8.3.43）代入式（8.3.16），并考虑式（8.3.14），可得等面积正轴圆柱投影直接变换至等角正轴圆锥投影的坐标关系式为

$$
\begin{cases}
X_2 = \rho_{s2} - C_2\exp(-\alpha_2 q)\cos\dfrac{\alpha_2 y_3}{r_{03}} \\
Y_2 = C_2\exp(-\alpha_2 q)\sin\dfrac{\alpha_2 y_3}{r_{03}}
\end{cases}
\tag{8.3.61}
$$

式中：q 可根据式（8.2.22）表示为

$$
q = \operatorname{arctanh}(\sin\vartheta) + l_1\sin\vartheta + l_3\sin 3\vartheta + l_5\sin 5\vartheta + l_7\sin 7\vartheta + l_9\sin 9\vartheta \tag{8.3.62}
$$

式中：$\vartheta = \arcsin\left(\dfrac{r_{03}x_3}{R'^2}\right)$。

将式（8.3.24）代入式（8.3.5），并顾及式（8.2.18），可得等角正轴圆锥投影直接变换至等面积正轴圆柱投影的坐标关系式为

$$
\begin{cases}
x_3 = \dfrac{a^2}{r_{03}}(\eta_1\sin\varphi + \eta_3\sin 3\varphi + \eta_5\sin 5\varphi + \eta_7\sin 7\varphi + \eta_9\sin 9\varphi + \eta_{11}\sin 11\varphi) \\
y_3 = \dfrac{r_{03}}{\alpha_2}\arctan\dfrac{Y_2}{\rho_{s2} - X_2}
\end{cases}
\tag{8.3.63}
$$

式中：$\varphi = \arcsin\left\{\tanh\dfrac{1}{\alpha_2}\left[\ln C_2 - \ln\sqrt{(\rho_{s2} - X_2)^2 + Y_2^2}\right]\right\}$。

8.4 算例分析

为验证本章建立的不同变形性质正轴圆柱投影和正轴圆锥投影间的直接变换模型的有效性与快捷性，同时为了与杨启和（1989）给出的传统间接变换模型进行比较，本节以等角正轴圆锥投影变换至等面积正轴圆柱投影为例，选用 CGCS2000 椭球常数进行计算分析。

等角正轴圆锥投影的投影区域为 $18^\circ\mathrm{N} \leqslant B \leqslant 54^\circ\mathrm{N}$，双标准纬线分别取为 $B_1 = 27^\circ\mathrm{N}$，$B_2 = 45^\circ\mathrm{N}$，经差变化范围为 $0^\circ \leqslant l \leqslant 30^\circ$，等面积正轴圆柱投影的基准纬度取为 $B_{03} = 0^\circ$。算例分析的基本思路是：取定大地纬度 B 和经差 l，分别代入式（8.3.11）和式（8.3.20）可得等面积正轴圆柱投影坐标 (x_3, y_3) 和等角正轴圆锥投影坐标 (X_2, Y_2)，将 (X_2, Y_2) 分别代入杨启和（1989）给出的间接变换模型和本章建立的直接变换模型可得变换后的等面积正轴圆柱投影坐标，依次记为 (x_3', y_3') 和 (x_3'', y_3'')，分别与 (x_3, y_3) 相减，可得间接变换模型的计算误差 $(\Delta x_3', \Delta y_3')$ 和直接变换模型的计算误差 $(\Delta x_3'', \Delta y_3'')$。

投影区域包含的点数可由大地纬度和经差方向的分辨率确定，取分辨率为 $1^\circ \times 1^\circ$、$0.5^\circ \times 0.5^\circ$、$0.1^\circ \times 0.1^\circ$ 三种情况，间接变换模型和直接变换模型的计算用时分别记为 t_1、t_2，如表 8-9 所示，分辨率为 $0.1^\circ \times 0.1^\circ$ 时两种模型的计算误差统计情况如表 8-10 所示。

表 8-9　间接变换模型和直接变换模型的计算用时　（单位：s）

分辨率	$1^\circ \times 1^\circ$	$0.5^\circ \times 0.5^\circ$	$0.1^\circ \times 0.1^\circ$
t_1	4.391	11.313	275.391
t_2	0.469	1.813	45.359

表 8-10　分辨率为 $0.1^\circ \times 0.1^\circ$ 时间接变换模型和直接变换模型的计算误差　（单位：m）

计算误差	$\Delta x_3'$	$\Delta y_3'$	$\Delta x_3''$	$\Delta y_3''$
最大值	7.1×10^{-4}	9.3×10^{-10}	1.4×10^{-8}	9.3×10^{-10}
最小值	-6.3×10^{-4}	-2.3×10^{-9}	-2.8×10^{-8}	-2.8×10^{-9}

由表 8-9 可以看出：当分辨率为 $1^\circ \times 1^\circ$（共 37×31 个点）时，间接变换模型用时为 4.391 s，直接变换模型用时仅为 0.469 s，约为间接变换模型用时的 10.7%；当分辨率为 $0.1^\circ \times 0.1^\circ$（共 361×301 个点）时，间接变换模型用时为 275.391 s，直接变换模型用时仅为 45.359 s，约为间接变换模型用时的 16.5%。由此可知，本章建立的直接变换模型的计算用时相较传统的间接变换模型大大缩减，可极大地提高计算效率。

由表 8-10 可以看出：传统间接变换模型的横坐标计算误差和直接变换模型的横坐标计算误差基本一致，均在 10^{-9} m 量级；传统间接变换模型的纵坐标计算误差 $\Delta x_3'$ 的最大值为 7.1×10^{-4} m，而直接变换模型的纵坐标计算误差 $\Delta x_3''$ 的最大值仅为 1.4×10^{-8} m。由此可知，本章建立的直接变换模型的横坐标计算精度优于 10^{-8} m，纵坐标计算精度优于 10^{-7} m，而传统间接变换模型的纵坐标计算精度优于 10^{-3} m，直接变换模型的纵坐标计算精度相较于传统间接变换模型提高了 4 个数量级。

第9章　总结与展望

9.1　总　　结

地图投影及其变换涉及大量的椭圆函数幂级数展开、隐函数复合函数微分、椭圆积分、复变函数运算等一系列烦琐的数学分析过程，人工推导不但费时费力、容易出错，甚至根本无法实现。本书利用具有严格解析意义的计算机代数分析方法，借助计算机代数系统强大的数学分析能力，对地图投影领域中的一些典型数学分析过程进行系统的研究，推导和建立了一系列理论上更为严密、形式上更为简单、精度上更为精确的地图投影新公式和新算法，实现了地图投影在一些具体数学分析问题上的突破和创新，丰富和完善了地图投影的理论体系。本书主要内容总结如下。

（1）将计算机代数分析方法系统地应用于地图投影数学分析，极大地提高了分析效率和计算精度，在一定程度上革新了地图投影数学分析理论和算法。

（2）限于当时的历史条件，老一辈地图投影学家如吴忠性、杨启和、Snyder等在解决地图投影及其变换的相关问题时，计算机代数系统尚未得到充分利用，完全靠人工推导难免会存在偏差。利用计算机代数系统对上述问题进行地图投影数学分析，导出了一些限于当时历史条件未能实现的地图投影公式和算法。计算机代数系统的程序化设计语言保证了结果的准确性和可靠性，极大地提高了工作效率。

（3）推导和建立了椭球各纬度间正反解的符号表达式，修正了以往人工导出的正解展开式系数高阶项存在的偏差，将以往反解展开式系数的数值形式改进为椭球偏心率的幂级数形式，使其适用于任何参考椭球。

（4）大地纬度、地心纬度、归化纬度、等距离纬度、等角纬度、等面积纬度是在椭球大地测量和地图海图投影学中常见的6种纬度。借助计算机代数系统强大的数学分析能力，对各纬度间正反解展开式进行了重新推导，发现并纠正了传统等角纬度和等面积纬度正解展开式系数高阶项中存在的偏差；分别采用幂级数展开法、Hermite插值法、Lagrange级数法、符号迭代法推导出了形式一致、展开式系数完全相同的反解展开式。与传统反解展开式不同的是，反解系数不再是具体参考椭球下的数值形式，而是统一表示为椭球偏心率e的幂级数形式，对于不同的椭球，只需将椭球偏心率代入即可得到该椭球的相关系数，便于推广使用。精度分析表明，推导出的正反解展开式精度较传统人工导出的展开式最少提高2个数量级，最多提高4个数量级。

（5）分别视地球为球体和椭球体，讨论正轴、横轴及斜轴墨卡托投影。在球体情况下，横轴、斜轴墨卡托投影可基于正轴墨卡托投影实现，并给出了球面高斯投影与横轴墨卡托投影的严格等价性。在椭球情况下，分别借助椭球面积分法及双重投影法推导出正轴墨卡托投影公式；基于柯西-黎曼微分方程，推导出横轴墨卡托投影的一般公式及其反解，证明高斯投影是横轴墨卡托投影的一种特殊情形；通过建立斜轴参考椭球，提出斜轴墨卡托投影的一种新方法，该方法适用于沿大椭圆方向的区域。

（6）针对中小比例尺地图常用的圆锥投影算法存在投影参数确定需要反复代入计算，过程比较烦琐，标准纬度求解需要数值迭代，计算效率不高等问题，借助计算机代数系统对参数求解过程进行优化，推导直接计算投影参数的符号表达式，揭示投影参数间的函数关系，并进一步简化了投影坐标及变形公式。分别基于纬线长度比的泰勒级数展开和拉格朗日反演定理，构建标准纬度非迭代解法。将传统圆锥投影算法中的间接计算改进为直接计算，将迭代公式改进为非迭代公式，将数值运算改进为符号运算，对圆锥投影算法进行系统全面的优化，优化后的圆锥投影公式形式上更简单，通用性更强。以我国省区地图为例展开的可靠性与适用性分析表明，优化算法在投影坐标计算和标准纬度求解等方面与传统圆锥投影算法精度相当，但计算效率更高。

（7）对高斯投影进行系统的分析和研究，借助双曲正弦和公式、双曲函数与三角函数间的函数关系，经过一系列变换，将高斯投影复变函数表示式等价变换为实数形式，推导出不分带的高斯投影方程及长度比和子午线收敛角实数公式，并借助计算机代数系统验证了该实数公式的可靠性。通过对高斯投影复变函数展开式的截断误差进行分析比较，确定其运算精度及应用范围。借助函数迭代法，解算出等角纬度关于子午线弧长的展开式，并利用复变函数及双曲正切函数理论，推导出不同中央经线高斯投影间的变换公式，以满足测量需求。提出等距离球面高斯投影，通过分析等距离球面高斯投影的各种数学性质及变形情况，并与高斯投影进行比较，得出等距离球面高斯投影各变形参数与传统高斯投影相当，但能基于球面坐标直接进行换算。利用最小二乘法建立斜轴参考椭球，借助椭球变换法对该斜轴参考椭球进行变形，构建斜轴变形椭球。基于该斜轴变形椭球，提出“斜轴变形椭球高斯投影方法”，可有效避免烦琐的分带，同时可有效降低高差带来的影响，减小投影综合变形，该方法一定程度上丰富了高斯投影理论。

（8）对常用极区投影进行分析和研究，分析极区方位投影和极区圆锥投影的变形规律。为克服传统高斯投影公式存在极点奇异这一问题，引入等角余纬度及等量纬度的表达式，利用复指数函数与复对数函数的数学关系，推导出严密的复数等角余纬度公式，进而得到严密的极区非奇异高斯投影复变函数表达式及相应的实数公式。基于该表达式，推导出可用于极区的长度比、子午线收敛角公式，解决了传统高斯投影在极区难以应用的问题，实现了极区的海陆统一表示。借助计算机代数系统，分别绘制南极圈、北极圈的投影示意图、长度比及子午线收敛角示意图，这对绘制极区航海图具有重要的参考价值。

（9）建立正轴圆柱投影间、正轴圆锥投影间、正轴圆柱投影和正轴圆锥投影间的直接变换模型，避免了过去“圆柱→椭球→圆锥”间接变换导致的误差，显著地提高了投影变换的计算精度和计算效率。

（10）对于地球椭球模型下不同变形性质间的地图投影变换，过去采用的是间接变换法，需要通过中间过渡的方法反解出原地图投影点的椭球坐标，再代入新投影中求得该点在新投影下的直角坐标，而未能建立投影坐标间的直接关系式。利用计算机代数分析方法，推导出子午线弧长、等量纬度和等面积纬度函数之间变换的直接展开式，将展开式系数统一表示为椭球偏心率的幂级数形式，从而解决不同参考椭球下的变换问题。在此基础上建立圆柱投影和圆锥投影的直接变换模型，避免了过去“圆柱→椭球→圆锥”

间接变换导致的误差，使精度提高了 2～6 个数量级，计算速度提高了 5～10 倍，显著提高了投影变换的计算精度和计算效率。

9.2 展　望

本书针对地图投影及其变换特定领域中的一些典型数学分析过程进行了研究，虽然取得了一定的成果，但限于时间和精力，研究还不够全面和深入。作者认为，可以在以下几个方面进行更深入的研究。

（1）空间地图投影计算机代数分析。空间地图投影是图像数学基础研究的前沿课题，涉及地球形状、地球自转、卫星轨道摄动等非常复杂的数学分析问题。传统人工推演通常采用一定的近似分析方法和数值积分方法，而借助计算机代数系统强大的符号运算能力，可以推导和建立理论上更为严密、形式上更为简单、精度上更为精确的空间地图投影新公式和新算法，揭示各类空间地图投影复杂数学模型和海量数据背后隐藏的规律，实现空间地图投影在一些具体数学分析问题上的突破和创新。

（2）中小比例尺地图投影计算机代数设计与分析。中小比例尺地图投影在过去有过一些研究和分析，但在分析深度、广度和精细程度上都显得比较粗浅，绝非完美，许多投影是人工拟合得出的数值形式，参数选取有一定的随机性，缺乏严格的数学基础。利用先进的计算机代数分析工具，可以全面对比各类中小比例尺地图投影特点，对于以前缺乏数学基础的各类数值拟合投影方法，可给出符号化的通用数学准则和表达式，提高我国中小比例尺地图投影的理论研究和设计水平。

（3）海图投影及航线绘算计算机代数分析。海图投影及航线绘算是海图制图和航线设计的理论基础，在海洋监测与调查、海洋划界和航海中有着广泛的应用。传统的海图投影及航线绘算公式和算法大多表现为数值形式，普适性不高，符号形式的算法部分存在高阶项误差，同时在极区的应用和研究也很有限。利用计算机代数分析方法，借助计算机代数系统对其进行系统分析，可以将以往算法的数值形式改进为符号形式，建立更合适的新模型和新算法，完善海图投影及航线绘算的理论体系。

参考文献

边少锋, 张传定, 2001. Gauss 投影的复变函数表示. 测绘学院学报, 18(3): 157-159.

边少锋, 许江宁, 2004. 计算机代数系统与大地测量数学分析. 北京: 国防工业出版社.

边少锋, 柴洪州, 金际航, 2005. 大地坐标系与大地基准. 北京: 国防工业出版社.

边少锋, 纪兵, 2007. 等距离纬度等量纬度和等面积纬度展开式. 测绘学报, 36(2): 218-223.

边少锋, 李忠美, 李厚朴, 2014. 极区非奇异高斯投影复变函数表示. 测绘学报, 43(4): 348-352.

边少锋, 刘强, 李忠美, 等, 2015. 斜轴变形椭球高斯投影方法. 测绘学报, 44(10): 1071-1077.

边少锋, 纪兵, 李厚朴, 2016. 卫星导航系统概论(第 2 版). 北京: 测绘出版社.

边少锋, 李厚朴, 李忠美, 2017. 地图投影计算机代数分析研究进展. 测绘学报, 46(10): 1557-1569.

边少锋, 李厚朴, 2018. 大地测量计算机代数分析. 北京: 科学出版社.

边少锋, 李厚朴, 2021. 高斯投影的复变函数表示. 北京: 科学出版社.

边少锋, 纪兵, 李厚朴, 2023. 卫星导航定位新技术及应用. 北京: 科学出版社.

卞鸿巍, 刘文超, 温朝江, 等, 2020. 极区导航. 北京: 科学出版社.

陈成, 边少锋, 李厚朴, 2015. 一种解算椭球大地测量学反问题的方法及应用. 海洋测绘, 35(6): 8-13.

陈成, 2015. 极区海图投影及其变换研究. 武汉: 海军工程大学.

陈成, 金立新, 李厚朴, 等, 2017. 等距离球面高斯投影. 测绘通报 (10): 1-6.

陈成, 金立新, 边少锋, 等, 2019. 辅助纬度与大地纬度间的无穷展开. 测绘学报, 48(4): 422-430.

陈俊勇, 1981. 椭球参数的精密计算公式. 测绘学报, 10(3): 161-171.

陈键, 晁定波, 1991. 椭球大地测量学. 北京: 测绘出版社.

陈玉福, 张智勇, 2020. 计算机代数. 北京: 科学出版社.

程鹏飞, 成英燕, 文汉江, 等, 2008. 2000 国家大地坐标系实用宝典. 北京: 测绘出版社.

程阳, 1985. 复变函数与等角投影. 测绘学报, 14(1): 51-60.

郗钦文, 1987. 引潮位的计算机演绎展开. 中国地震(2): 18-30.

丁大正, 2013. Mathematica 基础与应用. 北京: 电子工业出版社.

鄂栋臣, 张胜凯, 2011. 中国南极地区坐标系统的建设. 极地研究, 23(3): 226-231.

鄂栋臣, 2018. 极地测绘遥感信息学. 北京: 科学出版社.

闾国年, 汤国安, 赵军, 等, 2019. 地理信息科学导论. 北京: 科学出版社.

方炳炎, 1978. 地图投影学. 北京: 地图出版社.

方俊, 1958. 地图投影学. 北京: 科学出版社.

高俊, 2004. 地图学四面体: 数字化时代地图学的诠释. 测绘学报 (1): 6-11.

高俊, 2012. 地图学寻迹: 高俊院士文集. 北京: 测绘出版社.

高俊, 曹雪峰, 2021. 空间认知推动地图学学科发展的新方向. 测绘学报, 50(6): 711-725.

龚健雅, 2007. 对地观测数据处理与分析研究进展. 武汉: 武汉大学出版社.

郭际明, 史俊波, 孔祥元, 等, 2021. 大地测量学基础(第三版). 武汉: 武汉大学出版社.

郭仁忠, 2001. 空间分析(第二版). 北京: 高等教育出版社.

郭仁忠, 应申, 2017. 论 ICT 时代的地图学复兴. 测绘学报, 46(10): 1274-1283.

过家春, 2012. 基于第二类椭圆积分的子午线弧长反解新方法. 大地测量与地球动力学, 32(3): 116-120.

过家春, 2020. 基于微分几何和流形映射原理的几何大地测量与地图投影分析及应用. 武汉：武汉大学.

过家春, 赵秀侠, 吴艳兰, 2014. 空间直角坐标与大地坐标转换的拉格朗日反演方法. 测绘学报, 43(10): 998-1004.

过家春, 李厚朴, 庄云玲, 等, 2016. 依不同纬度变量的子午线弧长正反解公式的级数展开. 测绘学报, 45(5): 560-565.

洪维恩, 2002. 数学运算大师 Mathematica 4. 北京：人民邮电出版社.

胡鹏, 游连, 杨传勇, 等, 2006. 地图代数. 武汉：武汉大学出版社.

胡毓钜, 龚剑文, 黄伟, 1992. 地图投影(第二版). 北京：测绘出版社.

华棠, 1985. 海图数学基础. 天津：中国人民解放军海军司令部航海保证部.

华棠, 丁佳波, 边少锋, 等, 2018. 地图海图投影学. 西安：西安地图出版社.

华棠, 边少锋, 丁佳波, 等, 2020. 再论采用双重投影法的椭球面日晷投影. 海洋测绘, 40(2): 19-22.

黄文骞, 张立华, 吴迪, 等, 2022. 地图投影. 北京：测绘出版社.

焦晨晨, 2022. 常用地图投影变形计算机代数分析与优化. 武汉：中国地质大学(武汉).

焦晨晨, 李厚朴, 边少锋, 等, 2022. 以地心纬度为变量的常用纬度正反解符号表达式. 武汉大学学报(信息科学版), 47(5): 707-714.

焦晨晨, 李松林, 李厚朴, 等, 2023. 等角圆锥投影基准纬度非迭代算法. 武汉大学学报(信息科学版), 48(2): 301-307.

金立新, 付宏平, 2012. 法截面子午线椭球高斯投影理论. 西安：西安地图出版社.

金立新, 付宏平, 陈向阳, 2013. 法截面子午线椭球空间几何理论. 西安：西安地图出版社.

金立新, 付宏平, 2017. 法截面子午线椭球工程应用研究. 西安：西安地图出版社.

孔祥元, 郭际明, 刘宗泉, 2005. 大地测量学基础. 武汉：武汉大学出版社.

李德仁, 王树良, 李德毅, 2019. 空间数据挖掘理论与应用(第三版). 北京：科学出版社.

李国藻, 杨启和, 胡定荃, 1993. 地图投影. 北京：解放军出版社.

李厚朴, 2012. 基于计算机代数系统的大地坐标系精密计算理论及其应用研究. 测绘学报, 41(4): 638.

李厚朴, 边少锋, 2007. 等量纬度展开式的新解法. 海洋测绘, 27(4): 5-10.

李厚朴, 边少锋, 2008a. 辅助纬度反解公式的 Hermite 插值法新解. 武汉大学学报(信息科学版), 33(6): 623-626.

李厚朴, 边少锋, 2008b. 等角航线正反解算的符号表达式. 大连海事大学学报, 34(2): 15-18.

李厚朴, 边少锋, 2009a. 高斯投影与墨卡托投影解析变换的复变函数表达式. 武汉大学学报(信息科学版), 34(3): 279-273.

李厚朴, 王瑞, 边少锋, 2009b. 复变函数表示的高斯投影非迭代公式. 海洋测绘, 29(6): 17-20.

李厚朴, 王瑞, 2009c. 大椭圆航法及其导航参数计算. 海军工程大学学报, 21(4): 7-12.

李厚朴, 刘敏, 孔海英, 等, 2011a. 子午线弧长和等面积纬度函数变换的直接展开式. 海洋测绘, 31(1): 17-19.

李厚朴, 边少锋, 陈良友. 等, 2011b. 面积纬度函数和等量纬度变换的直接解算公式. 武汉大学学报(信息科学版), 36(7): 843-846.

李厚朴, 边少锋, 李海波, 2012a. 常用等角投影及其解析变换的复变函数表示. 测绘科学技术学报, 29(2): 109-112.

李厚朴, 边少锋, 2012b. 不同变形性质正轴圆柱投影和正轴圆锥投影间的直接变换模型. 测绘学报, 41(4): 536-542.
李厚朴, 边少锋, 刘敏, 2013. 地图投影中三种纬度间变换直接展开式. 武汉大学学报(信息科学版), 38(2): 217-220.
李厚朴, 边少锋, 钟斌, 2015. 地理坐标系计算机代数精密分析理论. 北京: 国防工业出版社.
李厚朴, 边少锋, 刘强, 等, 2017. 常用极区海图投影直接变换的闭合公式. 海洋测绘, 37(2): 32-34.
李厚朴, 李海波, 唐庆辉, 2019. 椭球情形下等角和等面积正圆柱投影间的直接变换. 海洋技术学报, 38(5): 15-20.
李连营, 刘沛兰, 许小兰, 等, 2023. 地图投影原理与实践. 北京: 测绘出版社.
李胜全, 李厚朴, 边少锋, 2012. 拉格朗日投影和常用等角投影间解析变换的复变函数表示. 武汉大学学报(信息科学版), 37(11): 1382-1385.
李树军, 张哲, 李惠雯, 等, 2012. 编制北极地区航海图有关问题的探讨. 海洋测绘, 32(1): 58-60.
李松林, 2021. 基于微分几何原理与计算机代数分析的地图投影优化算法研究. 武汉: 海军工程大学.
李松林, 陈成, 边少锋, 等, 2019. 常用海图投影平面上大椭圆航线的表象与曲率分析. 测绘学报, 48(10): 1331-1338.
李松林, 李厚朴, 边少锋, 等, 2020. 等面积纬度与子午线弧长间的直接变换. 海军工程大学学报, 32(1): 26-31.
李晓勇, 2022. 基于计算机代数的海图投影分析与优化. 武汉: 海军工程大学.
李晓勇, 李厚朴, 刘国辉, 等, 2022. 等面积纬度函数与常用纬度间的直接变换. 海洋测绘, 42(2): 78-82.
李晓勇, 李厚朴, 刘国辉, 等, 2024. 依不同纬度变量的常用曲率半径的直接展开式. 测绘地理信息, 49(2): 45-50.
李忠美, 2013. 墨卡托投影数学分析. 武汉: 海军工程大学.
李忠美, 边少锋, 孔海英, 2013a. 符号迭代法解算椭球大地测量学反问题. 海洋测绘, 33(1): 27-29.
李忠美, 于金星, 李厚朴, 等, 2013b. 高斯投影与横墨卡托投影等价性证明. 海洋测绘, 33(3): 17-20.
李忠美, 李厚朴, 边少锋, 2014. 常用纬度差异极值符号表达式. 测绘学报, 43(2): 214-220.
李忠美, 边少锋, 金立新, 等, 2017. 极区不分带高斯投影的正反解表达式. 测绘学报, 46(6): 780-788.
刘宏林, 吕晓华, 江南, 等, 2010. 等面积多圆锥投影的研究. 测绘科学技术学报, 27(3): 221-224.
刘大海, 2011. 高斯投影复变换与 Maple 计算机代数系统的实现方法. 测绘科学, 36(3): 136-138.
刘大海, 2012. 高斯投影复变换的数值计算方法. 测绘科学技术学报, 29(1): 9-11.
刘佳奇, 2018. 中小比例尺地图投影计算机代数设计与优化. 武汉: 海军工程大学.
刘强, 2016. 海图投影理论及其在航海导航中的应用. 武汉: 海军工程大学.
刘强, 边少锋, 李忠美, 2015. 球面高斯投影及其变形的闭合公式. 海军工程大学学报, 27(1): 45-49.
刘文超, 温朝江, 卞鸿巍, 等, 2019. 利用双重投影改进横墨卡托投影极区应用方法. 武汉大学学报(信息科学版), 44(8): 1138-1143.
马玉晓, 2018. 大地测量学基础. 成都: 西南交通大学出版社.
吕志平, 乔书波, 2010. 大地测量学基础. 北京: 测绘出版社.
吕晓华, 李少梅, 2016. 地图投影原理与方法. 北京: 测绘出版社.
宁津生, 陈俊勇, 李德仁, 等, 2016. 测绘学概论(第三版). 武汉: 武汉大学出版社.
庞小平, 2016. 遥感制图与应用. 北京: 测绘出版社.

任留成, 2003. 空间投影理论及其在遥感技术中的应用. 北京: 科学出版社.
任留成, 2013. 空间地图投影原理. 北京: 测绘出版社.
孙东磊, 赵俊生, 郭忠磊, 2011. 对高斯投影与横轴墨卡托投影差异的研究. 海洋测绘, 31(1): 9-11.
孙群, 杨启和, 1985. 底点纬度解算以及等量纬度和面积函数反解问题的探讨. 解放军测绘学院学报(2): 64-75.
孙达, 蒲英霞, 2005. 地图投影. 南京: 南京大学出版社.
田桂娥, 王晓红, 杨久东, 等, 2014. 大地测量学基础. 武汉: 武汉大学出版社.
王家耀, 2022. 地图科学技术: 由数字化到智能化. 武汉大学学报(信息科学版), 47(12): 1963-1977.
王家耀, 孙群, 王光霞, 等, 2006. 地图学原理与方法. 北京: 科学出版社.
王家耀, 武芳, 吕晓华, 2011. 地图制图学与地理信息工程学科进展与成就. 北京: 测绘出版社.
王清华, 鄂栋臣, 陈春明, 等, 2002. 南极地区常用地图投影及其应用. 极地研究(3): 226-233.
王瑞, 李厚朴, 2008. 辅助纬度反解公式的 Lagrange 级数法推演. 海洋测绘, 28(3): 18-23.
王瑞, 李厚朴, 2010. 基于地球椭球模型的符号形式的航迹计算法. 测绘学报, 39(2): 151-155.
汪绍航, 李厚朴, 金立新, 等, 2021. 高斯投影长度比和子午线收敛角公式改化. 海洋测绘, 41(5): 32-36.
温朝江, 卞鸿巍, 边少锋, 等, 2015a. 基于等距圆的极球面投影距离量测方法. 武汉大学学报(信息科学版), 40(11): 1504-1508.
温朝江, 卞鸿巍, 陈秋, 等, 2015b. 双重极球面投影的极区投影误差分析. 海洋测绘, 35(1): 34-37.
吴立新, 邓浩, 赵玲, 等, 2019. 空间数据可视化. 北京: 科学出版社.
吴忠性, 1980. 地图投影. 北京: 测绘出版社.
吴忠性, 杨启和, 1989. 数学制图学原理. 北京: 测绘出版社.
武芳, 钱海忠, 邓红艳, 等, 2008. 面向地图自动综合的空间信息处理. 北京: 科学出版社.
熊介, 1988. 椭球大地测量学. 北京: 解放军出版社.
杨启和, 1989. 地图投影变换原理与方法. 北京: 解放军出版社.
杨元喜, 2009. 2000 中国大地坐标系. 科学通报, 54(16): 2271-2276.
闫浩文, 2007. 计算机地图制图原理与算法基础. 北京: 科学出版社.
叶彤, 李厚朴, 钟业勋, 等, 2020. 3 种辅助纬度关于归化纬度的正反解表达式. 测绘科学技术学报, 37(1): 106-110.
叶彤, 2021. 极区海图投影与绘算研究. 武汉: 海军工程大学.
叶彤, 李厚朴, 钟业勋, 等, 2022. 常用纬度与归化纬度差异极值分析表达式. 武汉大学学报(信息科学版), 47(3): 473-480.
张宝善, 2007. Mathematica 符号运算与数学实验. 南京: 南京大学出版社.
张立华, 2011. 基于电子海图的航线自动生成理论与方法. 北京: 科学出版社.
张晓平, 焦晨晨, 李厚朴, 等, 2023. 子午线弧长正反解表达式 3 种形式的解析. 海洋测绘, 43(6): 70-76.
张晓平, 叶彤, 李厚朴, 等, 2023. 极区高斯投影与通用极球面投影的直接变换. 海洋测绘, 43(1): 73-77.
张新长, 任伏虎, 郭庆胜, 等, 2015. 地理信息系统工程. 北京: 测绘出版社.
张韵华, 王新茂, 2014. Mathematica 7 实用教程(第 2 版). 合肥: 中国科学技术大学出版社.
宗敬文, 边少锋, 李厚朴, 2020. 常用曲率半径间差异符号表达式. 海军工程大学学报, 32(6): 30-35.
宗敬文, 李厚朴, 钟业勋, 2022. 地球椭球向径和平均曲率半径的积分表达式. 武汉大学学报(信息科学版), 47(7): 1063-1070.

张志衡，彭认灿，董箭，等, 2015. 极地海区等距离正圆柱投影平面上等角航线的展绘方法. 测绘科学技术学报, 32(5): 535-538.

钟业勋, 2007. 数理地图学：地图学及其数学原理. 北京：测绘出版社.

钟业勋，胡宝清，朱亚荣，2010. 地图投影设计中地球椭球基本元素的计算及应用. 桂林理工大学学报, 30(2): 246-249.

钟业勋，胡宝清，童新华，等, 2015. 地图学概念的数学表述研究. 北京：科学出版社.

周成虎，裴韬, 2011. 地理信息系统理论与应用. 北京：科学出版社.

朱华统，黄继文, 1993. 椭球大地计算. 北京：八一出版社.

朱庆，林珲, 2004. 数码城市地理信息系统. 武汉：武汉大学出版社.

Adams O S, 1921. Latitude developments connected with geodesy and cartography with tables, including a table for lambert equal-area meridional projection. Washington D. C. : U. S. Government Printing Office.

Alashaikh A H, Bilani H M, Alsalman A S, 2014. Modified perspective cylindrical map projection. Arabian Journal of Geosciences, 7(4): 1559-1565.

Awange J L, Grafarend E W, 2005. Solving algebraic computational problems in geodesy and geoinformatics. Berlin: Springer Verlag.

Awange J L, Grafarend E W, Pal´ancz B, et al., 2010. Algebraic geodesy and geoinformatics. Berlin: Springer Verlag.

Baselga S, 2018. Fibonacci lattices for the evaluation and optimization of map projections. Computers and Geosciences, 117: 1-8.

Beresford P C, 1953. Map projection used in polar regions. Journal of Navigation, 6(1): 29-37.

Bermejo-Solera M, Jesús O, 2009. Simple and highly accurate formulas for the computation of transverse Mercator coordinates from longitude and isometric latitude. Journal of Geodesy, 83: 1-2.

Bian Shaofeng, Chen Yongbing, 2006. Solving an inverse problem of a meridian arc in terms of computer algebra system. Journal of Surveying Engineering, 132(1): 153-155.

Bowring B R, 1990. The transverse Mercator projection-a solution by complex numbers. Survey Review, 30: 325-342.

Bugayevskiy L M, Snyder J P, 1995. Map projections: A reference manual. London: Taylor & Francis.

Colvocoresses A P, 1974. Space oblique Mercator. Photogrammetric Engineering and Remote Sensing, 40(8): 921-926.

Daniel D S, 2019. A bevy of area-preserving transforms for map projection designers. Cartography and Geographic Information Science, 46(3): 260-276.

Deakin R E, 1990. A minimum-error equal-area pseudocylindrical map projection. Cartography & Geographic Information Science, 17(2): 161-167.

Dyer G C, 1971. Polar navigation: A new transverse Mercator technique. Institute of Navigation (24): 484-495.

Gathen J, Gerhard J, 2013. Modern computer algebra. 3rd ed. New York: Cambridge University Press.

Gosling P C, Symeonakis E, 2020. Automated map projection selection for GIS. Cartography and Geographic Information Science, 47(3): 261-276.

Grafarend E W, Syffus R, 1998. The Solution of the Korn-Lichtenstein equations of conformal mapping: The direct generation of ellipsoidal Gauß-Krüger conformal coordinates or the transverse Mercator projection. Journal of Geodesy, 72: 282-293.

Grafarend E W, You R J, Syffus R, 2014. Map projections: Cartographic information systems. 2nd ed. Berlin: Springer Verlag.

Guo J C, Shen W B, Ning J S, 2020. Development of Lee's exact method for Gauss-Krüger projection. Journal of Geodesy, 94(6): 1-16.

Hager J W, Behensky J F, Drew B W, 1989. The universal grids: Universal transverse mercator (UTM) and universal polar stereographic (UPS). DMA Technical Manual: 8358.

Hinks A R, 1940. Maps of the world on an oblique Mercator projection. The Geographical Journal, 95(5): 381-383.

Ipbuker C, Bildirici O, 2005. Computer program for the inverse transformation of the Winkel projection. Journal of Surveying Engineering, 131(4): 125-129.

Jenny B, Patterson T, Hurni L, 2008. Flex projector: Interactive software for designing world map projections. Cartographic Perspectives (59): 12-27.

Jenny B, Šavrič B, Patterson T, 2015. A compromise aspect-adaptive cylindrical projection for world maps. International Journal of Geographical Information Science, 29(6): 935-952.

Jiao C C, Wan X, Li H P, et al., 2024. Dynamic projection method of electronic navigational charts for polar navigation. Journal of Marine Science and Engineering, 12(4): 577.

Junkins J L, Turner J D, 1977. Formalation of a space oblique Mercator map projection. Charlattesville: University of Virginia.

Karney C F F, 2011. Transverse Mercator with an accuracy of a few nanometers. Journal of Geodesy, 85: 475-485.

Karney C F F, 2024. On auxiliary latitudes. Survey Review, 56(395): 165-180.

Kawase K, 2013. Concise derivation of extensive coordinate conversion formulae in the Gauss-Krüger projection. Bulletin of the Geospatial Information Authority of Japan, 60: 1-6.

Kazushige K, 2011. A general formula for calculating meridian arc length and its application to coordinate conversion in the Gauss-Krüger projection. Bulletin of the Geospatial Information Authority of Japan, 59: 1-13.

Klotz J, 1993. Eine analytische loesung der Gauss-Krüger abbildung. Zeitschrift für Vermessungs, 118(3): 106-115.

Lapaine M, Usery E, 2017. Choosing a map projection. Berlin: Springer Verlag.

Li X Y, Li H P, Liu G H, et al., 2022a. Simplified expansions of common latitudes with geodetic latitude and geocentric latitude as variables. Applied Sciences, 12(15): 7818.

Li X Y, Li H P, Liu G H, et al. 2022b. Optimization of complex function expansions for Gauss-Krüger projections. ISPRS International Journal of Geo-Information, 11(11): 566.

Martina T H, Miljenko L, 2015. Determination of definitive standard parallels of normal aspect conic projections equidistant along meridians on an old map. International Journal of Cartography, 1(1): 32-44.

Naumann J, 2011. Grid navigation with polar stereographic charts. European Journal of Navigation, 9(1): 4-8.

Nyrtsov M V, Fleis M E , Borisov M M , et al., 2015. Equal-area projections of the triaxial ellipsoid: First time derivation and implementation of cylindrical and azimuthal projections for small solar system bodies. The Cartographic Journal, 52(2): 114-124.

Nyrtsov M V, Fleis M E , Borisov M M, et al., 2017. Conic projections of the triaxial ellipsoid: The projections for regional mapping of celestial bodies. Cartographica, 52(4): 322-331.

Osborne P, 2008. The Mercator projections. Edinburgh: Edinburgh University Press.

Oztug Bildirici I, Ipbuker C, Yanalak M, 2006. Function matching for Soviet-era table-based modified polyconic projections. International Journal of Geographical Information Science, 20(7): 769-795.

Paweł P, 2017. Equidistant map projections of a triaxial ellipsoid with the use of reduced coordinates. Geodesy and Cartography, 66(2): 271-290.

Peter O, 2013. The Mercator projection. Edinburgh: Edinburgh University Press.

Ratner D A, 1991. An implementation of the robinson map projection based on cubic splines. Cartography and Geographic Information Systems, 18(2): 104-108.

Ren L C, Keith C C, Zhou C H, et al., 2010. Geometric rectification of satellite imagery with minimal ground control using space oblique Mercator projection theory. Cartography and Geographic Information Science, 37(4): 261-272.

Šavrič B, Jenny B, 2016. Automating the selection of standard parallels for conic map projections. Computers & Geosciences, 90: 202-212.

Schuhr P, 1995. Transformationen zwischen ellipsoidischen geographis-chen Konformen Gauss-Krüger bzw. UTM-Koordinaten. Forum, 5: 259-264.

Skopeliti A, Tsoulos L, 2013. Choosing a suitable projection for navigation in the Arctic. Marine Geodesy, 36(2): 234-259.

Snyder J P, 1977. Space oblique Mercator projection mathematical development. Washington D. C.: U. S. Government Printing Office.

Snyder J P, 1987. Map projections-a working manual. Washington D. C.: U. S. Government Printing Office.

Thomas P D, 1952. Conformal projections in geodesy and cartography. Washington D. C.: U. S. Government Printing Office.

Tomas B, 2016. Advanced methods for the estimation of an unknown projection from a map. Geoinformatica, 20(2): 241-284.

Yang Q H, Snyder J P, Tobler W R, 2000. Map projection transformation: Principles and applications. London: Taylor & Francis.

Zong J W, Li H P, Bian S F, et al., 2020. Symbolic expressions of differences between Erath Radii. Journal of Geodesy and Geoinformation Science, 3(1): 45-51.

后记和致谢

地图投影的实质在于建立地球椭球面（或球面）与地图平面上的点之间的对应关系。地图投影计算是地图数学基础中的重要组成部分，并且是相当复杂的数学计算。地图投影需要处理涉及参考椭球的各类数学分析问题，从而不可避免地会遇到椭球偏心率幂级数展开、隐函数高阶导数求取、复变函数运算等大量的各种类型的数学分析和数值分析过程。在这一研究领域，我国已故地图学家杨启和教授曾取得了令国内外同行瞩目的成就。但由于历史条件的限制，当时许多数学分析过程是人工完成的，表达式阶数不高，还有一些小的错误，并且反解一般表示为数值形式或正解系数的多项式形式。

借助计算机代数分析方法和计算机代数系统强大的数学推导能力，可以极大地简化地图投影学已有的数学分析过程，使人们在一定程度上从烦琐的数学分析和代数推导中解放出来，提高工作效率；并且更重要和更有意义的是，依托计算机代数系统强大的数学分析演绎能力，可以导出一些地图投影前辈们想到但限于当时条件未能完成的公式和算法，大幅度提高计算效率和计算精度，实现地图投影学在个别理论和应用方面的突破和创新，丰富当代地图投影学的数理基础。

当然，对于这样的问题，业内有一些不同观点也是正常的。我们申请国家自然科学基金相关项目时，有一些人就认为，似乎没有必要再去研究这样一些已经“完全解决”的老问题，但大多数业内人士还是给我们以理解和鼓励，认为利用新的计算机代数分析方法，从新的视角去解决这些比较古老的问题，很有必要，也非常有意义。

在此情况下，在地理信息新技术日益发展的今天，我们仍然执着于这样一个非常古老的话题，似乎有些不合时宜。但我们经过持续的研究，利用计算机代数分析代替烦琐的人工推导，将地图投影正反解均表示为统一的符号形式，精度得到了极大的提高。继而，我们又将这种方法推广至不同纬度和地图投影之间的变换，结果表明变换公式和过程得到了极大的压缩和简化，变换精度甚至有 10^4～10^5 量级的提高，极大地提高了分析和计算的效率，效果令人称奇。

总之，本书是我们应用计算机代数分析解决地图投影各类数学分析问题的总结，我们认为，计算机代数分析在地图投影和地理信息领域大有可为，希望本书能够对大家有所启发和帮助，尤其希望能对从事地图投影和地理信息研究的各位青年才俊起到抛砖引玉的作用。

借此机会，特别鸣谢解放军测绘学院（现中国人民解放军战略支援部队信息工程大学地理空间信息学院）黄维彬教授，中国工程院院士、武汉大学测绘学院宁津生教授，德国斯图加特大学 Erik W. Grafarend 教授，德国弗莱贝格工业大学 Joachim Menz 教授对我们团队的培养和支持，感谢国家自然科学基金委员会的资助。

边少锋　李厚朴

2024 年 3 月于武汉